工程测量

陈秀忠　常玉奎　金荣耀　编著

清华大学出版社

北京

内 容 简 介

本书是根据《高等学校土木工程专业本科教育培养目标和培养方案及课程教学大纲》(高等学校土木工程学科专业指导委员会,2011)要求编写的系列教材之一。全书内容由四部分构成:①测量基础:测量基准、高斯投影、误差理论、水准测量、经纬仪测角、钢尺量距、控制测量、经纬仪测图、施工测量基础等。②测绘新技术:全站仪、数字水准仪、卫星定位技术、三维激光扫描技术等。③工程应用:地形图应用、工业与民用建筑施工测量、线路工程测量、桥隧及道路工程测量等。④课程拓展:工程测量课程实训、工程测量求职面试应对、测量计算 Excel 程序、多媒体教学课件、"多题多卷"模拟考试软件、测量模拟操作软件——可在 PC、手机(安卓 Android 系统)、苹果产品(IOS 系统)上自学练习。

本书适用于土木工程类高等院校城市规划、土木工程、交通工程、道路与桥梁工程、给水排水工程等相关专业的教学,也可作为高等教育自学及相关工程技术人员的参考书。

图书在版编目(CIP)数据

工程测量/陈秀忠,常玉奎,金荣耀编著.--北京:清华大学出版社,2013(2024.7重印)
ISBN 978-7-302-32425-6

Ⅰ. ①工…　Ⅱ. ①陈… ②常… ③金…　Ⅲ. ①工程测量　Ⅳ. ①TB22

中国版本图书馆 CIP 数据核字(2013)第 105242 号

责任编辑:张占奎　洪　英
封面设计:陈国熙
责任校对:赵丽敏
责任印制:沈　露

出版发行:清华大学出版社
　　　　网　　址:https://www.tup.com.cn,https://www.wqxuetang.com
　　　　地　　址:北京清华大学学研大厦 A 座　　　　邮　　编:100084
　　　　社 总 机:010-83470000　　　　　　　　　　邮　　购:010-62786544
　　　　投稿与读者服务:010-62776969,c-service@tup.tsinghua.edu.cn
　　　　质量反馈:010-62772015,zhiliang@tup.tsinghua.edu.cn
印 装 者:北京嘉实印刷有限公司
经　　销:全国新华书店
开　　本:185mm×260mm　　　　印　张:17　　　　字　　数:409 千字
版　　次:2013 年 8 月第 1 版　　　　　　　　　　印　　次:2024 年 7 月第 19 次印刷
定　　价:49.80 元

产品编号:050819-05

前 言

本书是根据《高等学校土木工程专业本科教育培养目标和培养方案及课程教学大纲》(高等学校土木工程学科专业指导委员会,2011)要求编写的系列教材之一。适用于土木工程类高等院校城市规划、土木工程、交通工程、道路与桥梁工程、给水排水工程等相关专业的教学,也可作为高等教育自学及相关工程技术人员的参考书。

本书凝炼了北京市工程测量精品课程建设的经验,广泛调研工程建设单位对工程测量的需求,密切结合现代测绘技术现状,依据现行规范,保留测量经典,增加典型工程案例和测绘新技术应用,补充 CAI 教学课件。

本书内容由四部分构成:①基础部分:测量基准、高斯投影、误差理论、水准测量、经纬仪测角、钢尺量距、控制测量、经纬仪测图、施工测量基础等。②测绘新技术部分:全站仪、数字水准仪、卫星定位技术、三维激光扫描技术等。③工程应用部分:地形图应用、工业与民用建筑施工测量、线路工程测量、桥隧及道路工程测量等。④拓展部分:工程测量课程实训、工程测量求职面试应对、测量计算 Excel 程序、多媒体教学课件、"多题多卷"模拟考试软件、测量模拟操作软件——可在 PC、手机(安卓 Android 系统)、苹果产品(IOS 系统)上自学练习。

本书由北京建筑大学测绘与城市空间信息学院编写。全书共 15 章,参编人员有陈秀忠(第 1、2、5、13 章)、金荣耀(第 6、11、12、14、15 章)、常玉奎(第 3、4、7~10 章)。工程应用部分可根据专业方向选定。

全书由北京建筑大学朱光教授主审,朱光教授对本书的编写工作提出了宝贵的意见和建议,在此表示诚挚的感谢。

由于时间紧,编者水平有限,书中难免存在错误和不当之处,恳请使用本书的教师、工程技术人员与读者批评指正。如需要本书多媒体教学课件、配套教学资源,或对本书有何建议,请发邮件至 cyk1998@sina.com 与作者联系,我们将热烈欢迎并及时回复。

编　者
2013 年 7 月

目 录

CONTENTS

第1章

绪　论

1.1　工程测量的作用及任务

1.1.1　测绘学及工程测量

测绘学是研究地球形状和大小以及确定地球表面物体的空间位置,并将这些空间位置信息进行处理、存储和管理的科学。其任务概括起来主要有三个方面:一是精确地测定地面点的位置及地球的形状和大小;二是将地球表面的形态及其他相关信息制成各种类型的成果、相片、图件和其他资料;三是进行经济建设和国防建设所需要的其他测绘工作,如土木工程测量、交通工程测量、桥梁隧道工程测量、矿山测量、城市测量、军事工程测量、水利工程测量、海洋工程测量等。

测绘被广泛用于陆地、海洋和空间的各个领域,对国土规划整治、经济和国防建设、国家管理和人民生活都有重要作用,是国家建设中的一项先行性、基础性工作。在国民经济和社会发展规划中,测绘信息是最重要的基础信息之一。

测绘学按照研究范围、研究对象及采用技术手段的不同分为:①研究地球的形状和大小,解决大范围地区的点位测定和地球重力场问题的大地测量学;②不顾及地球曲率影响,研究在地球表面局部区域内测绘地形图的理论、技术和方法的普通测量学;③研究利用摄影或遥感技术获取被测物体的信息,以确定其形状、大小和空间位置的摄影测量学;④研究工程建设在设计、施工和管理各个阶段进行测量工作的理论、技术和方法的工程测量学;⑤研究各种地图的制作理论、原理、工艺技术和应用的地图制图学。

工程测量是测绘学的一个组成部分,是普通测量学和工程测量学的理论与方法在工程建设中的具体应用,其目的是研究并解决工程建设在勘测设计、施工建造和运营管理各阶段所遇到的各种测量问题。其主要工作内容为**地形图测绘**、**施工放样**和**地形图应用**三个方面。

1.1.2　工程测量的作用与任务

工程测量是工程建设规划的重要依据，是工程建设勘察设计现代化的重要技术，是工程建设顺利施工的重要保证，是工程综合质量检验、房地产管理、重要土木工程设施安全监视的重要手段。

工程测量贯穿于工程建设的勘测设计、施工建造和运营管理各阶段。①勘测设计阶段需要测绘各种比例尺地形图，供规划设计使用；②施工建造阶段需要将图纸上设计好的建筑物、构造物、道路、桥梁及管线的平面位置和高程，运用测量仪器和测量方法在地面上标定出来，以便进行施工；③工程结束后，需要进行竣工测量，供日后维修和扩建用，对于大型或重要建筑物、构造物还需要定期进行变形观测，确保其安全。

空间点的位置确定是工程测量的核心。空间点位置的表示随投影方法和投影基准的不同而不同，采用地心坐标系时，空间点位置可用 X、Y、Z 三维坐标表示。工程建设的规划与设计通常是在平面上进行的，需要将地球表面上的位置投影在平面上，以满足规划与设计需求。我国工程测量选用了高斯投影方法，在高斯平面建立直角坐标系，用 X、Y 表示点的平面位置，另一维坐标采用高程 H 表示。

1.2　地球的形状和大小

地球的形状与大小，自古以来人类对它就很关心，对它的研究从来没有停止过。研究地球的大小和形状是通过测量工作进行的。

地球是太阳系中的一颗行星，它围绕着太阳旋转，又绕着自己的旋转轴旋转。地球的自转和公转使地球形体形成了椭球状，其赤道半径大、极半径小。地球的自然表面极其复杂，有高山、丘陵、深谷；有盆地、平原和海洋；有高于海平面8 844.43m的珠穆朗玛峰；有低于海平面11 022m的马里亚纳海沟，地形起伏很大。但是由于地球半径很大，约6 371km，地面高低变化幅度相对于地球半径只有1/300，从宏观上看，仍然可以将地球看作为圆滑椭球体。地球自然表面大部分是海洋，占地球表面积的71%，陆地仅占29%，所以人们设想将静止的海水面向大陆延伸形成的闭合曲面来代替地球表面。

地球上每个质点都受到地球引力的作用，由于地球的自转，每个质点又受到离心力的作用。因此地球上每个质点都受到这两个力的作用。这两个力的合力称为重力，如图1-1所示，重力方向线又称为铅垂线。地球表面的水面，每个水分子都会受到重力作用，当水面静止时，说明每个水分子的重力位相等。静止的水面称为水准面，水准面上处处重力位相等，所以水准面是等位面，水准面上的任何一点均与重力方向正交。水准面有无穷多个，并且互不相交，其中与静止的平均海水面相重合的闭合水准面，

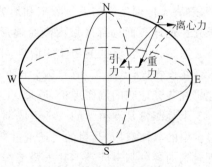

图1-1　地球重力

称为大地水准面。大地水准面同水准面一样,也是等位面,该面上的任何一点均与重力方向正交。大地水准面所包含的形体称为大地体。

铅垂线和大地水准面是测量工作的基准线和基准面。

大地水准面与地球表面相比,可算是个光滑的曲面,如图 1-2 所示。但是由于地球表面起伏和地球内部物质分布不均匀,引起重力的大小和方向会产生不规则的变化,造成与重力方向正交的大地水准面会有微小的起伏变化。因此大地水准面是个不规则的曲面,是个物理面。它与地球内部物质构造密切相关。因此大地水准面又是研究地球重力场和地球内部构造的重要依据。

大地水准面不规则的起伏,使得大地体并不是一个规则的几何球体,其表面不是数学曲面。在这样一个非常复杂的曲面上无法进行测量数据的处理。为此需要寻找一个与大地体极为接近的数学椭球体代替大地体,由于地球形状非常接近一个旋转椭球,所以测量中选择可用数学公式严格描述的旋转椭球代替大地体,图 1-2 为地球自然表面、大地水准面和参考椭球面三个面的位置关系图。

椭球参数为 a、b 和 α。a 为长半轴,b 为短半轴,α 为扁率:

$$\alpha = \frac{a-b}{a} \tag{1-1}$$

若 $\alpha = 0$,椭球则成了圆球。旋转椭球面是个数学面,在空间直角坐标系 $OXYZ$ 中,椭球标准方程为

$$\frac{X^2}{a^2} + \frac{Y^2}{a^2} + \frac{Z^2}{b^2} = 1 \tag{1-2}$$

测量中将旋转椭球面代替大地水准面作为测量计算和制图的基准面,图 1-3 为旋转椭球体。

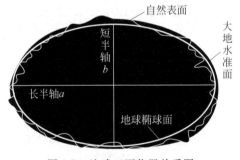

图 1-2　地球三面位置关系图

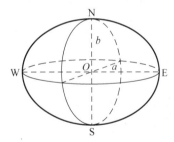

图 1-3　旋转椭球体

1.3　地球椭球及地球圆球

各国大地测量学者一直设法利用弧度测量、三角测量、天文、重力测量和地壳均衡补偿理论推求地球椭球体的大小,求定椭球元素。过去由于受到技术条件限制,只能用个别国家或局部地区的大地测量资料推求椭球体元素,因此有局限性,只能作为地球形状和大小的参考,故称为参考椭球。参考椭球确定后,还必须确定椭球与大地体的相关位置,使椭球体与大地体间达到最好扣合,这一工作称为椭球定位。最简单的是单点定位,如图 1-4 所示,在地面选择 P 点,将 P 点沿垂线投影到大地水准面 P' 点,然后使椭球在 P' 与大地体相切,这

时过 P' 的法线与过 P' 点垂线重合。椭球与大地体的关系就确定了。切点 P' 为大地原点。参考椭球与局部大地水准面密合,它是局部地区大地测量计算的基准面。卫星大地测量出现后,可以得到围绕地球运转的卫星测量资料,同时顾及地球几何及物理参数,即:

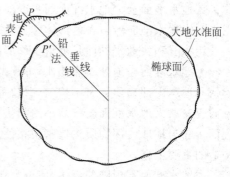

图 1-4　参考椭球体定位

几何参数长半径　a;

物理参数　引力常数和地球质量乘积 GM;

　　　　　地球重力场二阶带球谐系数 J_2;

　　　　　地球自转角速度 ω_e。

就可推算出与大地体密合得最好的地球椭球,这样的椭球称为总地球椭球。总地球椭球有以下性质:

(1) 和地球大地体体积相等,质量相等;

(2) 椭球中心和地球质心重合;

(3) 椭球短轴和地球地轴重合;

(4) 椭球和全球大地水准面差距 N 的平方和最小。

当测区范围较小时($<100\mathrm{km}^2$),可以将椭球近似看作圆球看待,圆球平均半径为

$$R = \frac{1}{3}(2a+b) \approx 6\,371\mathrm{km}$$

表 1-1 为部分著名的地球椭球参数。

表 1-1　几种地球椭球参数

参数推算者	长半轴 a/m	短半轴 b/m	扁率 α	推算年代和国家
德兰布尔	6 375 653	6 356 564	1∶334.0	1800 年,法国
白塞尔	6 377 397	6 356 079	1∶299.2	1841 年,德国
克拉克	6 378 249	6 356 515	1∶293.5	1880 年,英国
海福特	6 378 388	6 356 912	1∶297.0	1909 年,美国
克拉索夫斯基	6 378 245	6 356 863	1∶298.3	1940 年,苏联
IUGG-75	6 378 140	6 356 755.3	1∶298.257	1979 年,国际大地测量与地球物理联合会
WGS-84	6 378 137		1∶298.257 223 563	1984 年,美国

1.4　高斯投影和高斯平面直角坐标系统

1.4.1　高斯投影原理

小面积测图时可不考虑地球曲率的影响,直接将地面点沿铅垂线投影到水平面上,并用直角坐标系表示投影点的位置,可以不进行复杂的投影计算。但当测区范围较大,就不能将地球表面当做平面看待,把地球椭球面上的图形展绘到平面上,只有采用某种地图投影的方

法来解决。

　　地图投影有等角投影、等面积投影和任意投影等。等角投影又称正形投影,经过投影后,原椭球面上的微分图形与平面上的图形保持相似。

　　高斯(Gauss)投影是横切椭圆柱等角投影,最早由德国数学家高斯提出,后经德国大地测量学家克吕格完善、补充并推导出计算公式,故也称为高斯-克吕格投影。高斯投影是一种数学投影,而不是透视投影。高斯投影的条件为:①投影后没有角度变形;②中央子午线的投影是一条直线,并且是投影点的对称轴;③中央子午线的投影没有长度变形。

　　设想用一个椭圆柱横套在地球椭球体外,与地球南、北极相切,如图1-5(a)所示,并与椭球体某一子午线相切(此子午线称为中央子午线),椭圆柱中心轴通过椭球体赤道面及椭球中心,将中央子午线两侧一定经度(如3°、1.5°)范围内的椭球面上的点、线按正形条件投影到椭圆柱面上,然后将椭圆柱面沿着通过南、北极的母线展开成平面,即成高斯投影平面,如图1-5(b)所示。在此平面上,中央子午线和赤道的投影都是直线,并且正交。其他子午线和纬线都是曲线。中央子午线长度不变形,离开中央子午线越远变形越大,并凹向中央子午线。各纬圈投影后凸向赤道。

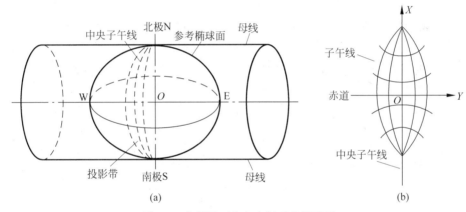

图 1-5　高斯平面直角坐标系的投影图

　　由图1-5(b)可看出,距离中央子午线越远,投影变形越大。为了控制长度变形,测量中采用限制投影带宽度的方法,即将投影区域限制在中央子午线的两侧狭长地带,这种方法称为分带投影。投影带宽度根据相邻两个子午线的经差来划分,有6°带、3°带等不同分带方法。

　　6°带投影的划分是从英国格林尼治子午线开始,自西向东,每隔6°投影一次。这样将椭球分成60个带,编号为1~60带,见图1-6。各带中央子午线的经度 L_0^6 可用公式计算

　　中央子午线经度 $\qquad\qquad L_0^6 = 6° \cdot N - 3°$ $\qquad\qquad$ (1-3)

　　6°投影带带号 $\qquad\qquad N = \mathrm{int}\left(\dfrac{L}{6°}\right) + 1$ $\qquad\qquad$ (1-4)

式中,int( )为取整函数。

　　3°带划分是从东经1°30′起,由西向东划分为120个带,称为3°带,如图1-6所示。

　　中央子午线经度 $\qquad\qquad L_0^3 = 3° \cdot n$ $\qquad\qquad$ (1-5)

　　3°投影带带号 $\qquad\qquad n = \mathrm{int}\left(\dfrac{L}{3°} + 0.5\right)$ $\qquad\qquad$ (1-6)

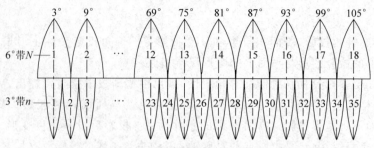

图 1-6   统一 6°带投影与统一 3°带投影高斯平面直角坐标系的关系

我国通常采用 6°带和 3°带两种分带方法。测图比例尺小于 1∶10 000 时,一般采用 6°分带;测图比例尺大于等于 1∶10 000 时则采用 3°分带。在工程测量中,有时也采用任意带投影,即把中央子午线放在测区中央的高斯投影。在高精度的测量中,也可采用小于 3°的分带投影。

1.4.2   高斯平面直角坐标

高斯平面直角坐标系是以赤道和中央子午线的交点作为坐标原点 O,中央子午线方向为 X 轴,北方向为正值。赤道投影线为 Y 轴,东方向为正。象限按顺时针 Ⅰ、Ⅱ、Ⅲ、Ⅳ 排列,如图 1-7 所示。

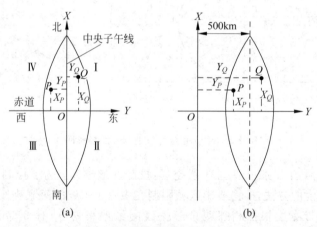

(a)   (b)

图 1-7   高斯平面直角坐标系

地面点在图 1-7(a)所示坐标系中的坐标值称为自然坐标。在同一投影带内横坐标有正值、有负值,这对坐标的计算和使用不方便。为了使 Y 值都为正,将纵坐标 X 轴西移 500km,并在 Y 坐标前面冠以带号,称为通用坐标。如在第 21 带,中央子午线以西的 P 点,在高斯平面直角坐标系中的坐标自然值为

$$X_P = 4\,429\,757.075\text{m}$$

$$Y_P = -58\,269.593\text{m}$$

而 P 点坐标的通用值为

$$X_P = 4\,429\,757.075\text{m}$$

$$Y_P = 21\,441\,730.407\text{m}$$

1.5 测量常用坐标系统

1.5.1 大地坐标系

大地坐标系是以大地经度 L、大地纬度 B 和大地高 H 表示地面点的空间位置。

大地坐标是以法线为基准线,以椭球体面为基准面。如图 1-8 所示,地面点 P 沿着法线投影到椭球面上为 P'。P' 与椭球短轴构成子午面和起始大地子午面,即首子午面间两面角为大地经度 L。过 P 点的法线与赤道面的交角为大地纬度 B,过 P 点沿法线到椭球面的距离 PP' 称为大地高,用 $H_{\text{大}}$ 表示。

大地坐标是根据大地原点坐标(原点坐标采用该点天文经纬度表示),再按大地测量所测得的数据推算而得。由于天文坐标和大地坐标选用的基准线和基准面不同,所以同一点的天文坐标与大地坐标不一样,同一点的垂线和法线也不一致,因而产生垂线偏差。

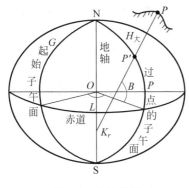
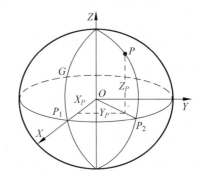

图 1-8　大地坐标　　　　　　图 1-9　空间直角坐标系

1.5.2 空间直角坐标系

空间直角坐标系根据所选取的坐标原点位置的不同,可分为地心空间直角坐标系和参心空间直角坐标系,前者的坐标原点与地球质心相重合,后者的坐标原点则偏离于地心,而重合于某个国家、地区所采用的参考椭球的中心。

空间大地直角坐标系的原点 O 为椭球中心,如图 1-9 所示,Z 轴与椭球旋转轴一致,指向地球北极,X 轴与椭球赤道面和格林尼治平均子午面的交线重合,Y 轴与 XZ 平面正交,指向东方,X、Y、Z 构成右手坐标系,P 点的空间大地直角坐标用 (X,Y,Z) 表示。

参考椭球的中心一般不会与地球的质心相重合。这种原点位于地球质心附近的坐标系通常又称为地球参心坐标系,简称为参心坐标系,主要用于常规大地测量的成果处理。

1.5.3　我国目前常用坐标系

1. 1954 北京坐标系

我国建国初期采用克拉索夫斯基椭球建立的坐标系为参考坐标系。由于大地原点在苏联,利用我国东北边境呼玛、吉拉林、东宁三个基线网与苏联大地网联测后的坐标作为我国天文大地网起算数据,然后通过天文大地网坐标计算,推算出北京名义上的原点坐标,故命名为 1954 北京坐标系。建国以来,用这个坐标系进行了大量测绘工作,在我国经济建设和国防建设中发挥了重要作用。但是这个坐标系存在一些问题:①参考椭球长半轴偏大,比地球总椭球大了一百多米;②椭球基准轴定向不明确;③椭球面与我国境内大地水准面不太吻合,东部高程异常可达 +68m,西部新疆地区高程异常小,有的地方为零;④点位精度不高。

2. 1980 西安坐标系

为了更好地适应经济建设、国防建设和地球科学研究的需要,克服 1954 北京坐标系的问题,充分发挥我国原有天文大地网的潜在精度,20 世纪 70 年代末,对原天文大地网重新进行平差。该坐标系选用 IUGG-75 地球椭球,大地原点选在陕西省泾阳县永乐镇,这一点上椭球面与我国境内大地水准面相切,大地水准面垂线和该点参考椭球面法线重合。平差后其全国大地水准面与椭球面差距在 ±20m 之内,边长精度为 1/500 000。

3. 新 1954 北京坐标系

由于 1954 北京坐标系与 1980 西安坐标系的椭球参数和定位均不相同,大地控制点在两个坐标系中的坐标就存在较大差异,甚至达到百米以上。这将造成测量成果换算的不便和地形图图廓以及方格网线位置的变化。但是 1954 北京坐标系已使用多年,全国测量成果很多,换算工作量相当繁重,为了过渡,就建立了新 1954 北京坐标系。新 1954 坐标系是通过将 1980 西安坐标系的三个定位参数平移至克拉索夫斯基椭球中心,长半径与扁率仍采用原来的克拉索夫斯基椭球的几何参数,而定位与 1980 大地坐标系相同(即大地原点相同),定向也与 1980 椭球相同。因此,新 1954 坐标系的精度与 1980 坐标系的精度相同,而坐标值与旧 1954 北京坐标系的坐标值接近。

4. 2000 国家大地坐标系统(CGCS 2000)

2000 国家大地坐标系的原点为包括海洋和大气的整个地球的质量中心。2000 国家大地坐标系的 Z 轴由原点指向历元 2000.0 的地球参考极的方向,该历元的指向由国际时间局给定的历元为 1984.0 的初始指向推算,定向的时间演化保证相对于地壳不产生残余的全球旋转,Z 轴由原点指向格林尼治参考子午线与地球赤道面(历元 2000.0)的交点,Y 轴与 Z 轴、X 轴构成右手正交坐标系,采用广义相对论意义上的尺度。

2000 国家大地坐标系采用的地球椭球参数为:

长半轴　　　　　　　$a = 6\ 378\ 137m$

扁率　　　　　　　　$\alpha = 1/298.257\ 222\ 101$

地心引力常数　　　　$G_M = 3.986\ 004\ 418 \times 10^{14}\,m^3/s^2$

自转角速度　　　　　$\omega = 7.292\ 115 \times 10^{-5}\,rad/s$

CGCS 2000 是地心坐标系。我国北斗卫星导航定位系统采用的是 2000 国家大地坐标系统。

5. WGS-84 坐标系

在卫星大地测量中,需要建立一个以地球质心为坐标原点的大地坐标系,称为地心空间直角坐标系。

地心空间直角坐标系是在大地体内建立的坐标系 $OXYZ$,它的原点与地球质心重合,Z 轴与地球自转轴重合,X 轴与地球赤道面和起始子午面的交线重合,Y 轴与 XZ 平面正交,指向东方,X、Y、Z 构成右手坐标系。地心坐标系是唯一的,因此,这一坐标系确定地面点的"绝对坐标",它在卫星大地测量中获得广泛应用。

GPS 全球定位系统的 WGS-84 世界大地坐标系就是这种类型。该坐标系的几何定义为:坐标原点与地球质心重合,Z 轴指向国际时间局 BIH 1984.0 定义的协议地球极(CIO)方向,X 轴指向 BIH 1984.0 的零子午面和 CTP 赤道的交点,Y 轴与 Z 轴构成右手坐标系,称为 1984 年世界大地坐标系统。

WGS-84 采用的椭球是国际大地测量与地球物理联合会(IUGG)1980 年第十七届大会大地测量常数的推荐值。

WGS-84 世界大地坐标系于 1985 年开始启用,GPS 卫星定位系统的广播星历和精密星历以及接收机的处理都是采用 WGS-84 世界大地坐标系的地心坐标。

6. 假定平面直角坐标系

当测区面积较小($<100\mathrm{km}^2$)时,根据工程设计的要求,可以用测区中心点 C 的切平面来代替曲面。通过 C 点的子午线投影在切平面上,形成纵轴 X,纵向北为正值;过 C 点垂直于 X 轴方向形成横轴 Y,横轴向东为正,如图 1-10 所示。

为了使测区的纵、横坐标都为正值,将坐标原点移至测区西南角,形成测量平面直角坐标系 XOY。

高斯平面直角坐标系与笛卡儿平面坐标系有以下几点不同:

(1)高斯坐标系中纵坐标为 X,正向指北;横轴为 Y,正向指东。而笛卡儿坐标系中纵坐标是 Y,横坐标为 X。

(2)表示直线方向的方位角定义不同。高斯坐标系是以纵坐标 X 的北端起算,顺时针到直线的角度。而笛卡儿坐标是以横轴 X 东端起算,逆时针计算。

(3)坐标象限不同。高斯坐标以北东为第一象限,顺时针划分四个象限,笛卡儿坐标也是从北东为第一象限,逆时针划分四个象限,见图 1-11。

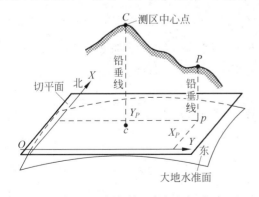

图 1-10　假定平面直角坐标系

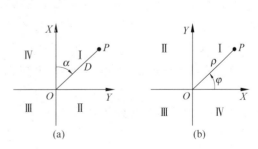

图 1-11　测量平面直角坐标系

(a)测量坐标系;(b)笛卡儿坐标系

上述规定目的是为了定向方便,能将数学中的公式直接应用到测量计算中。

1.6　高程系统

高程系统指的是与确定高程有关的参考面及以其为基础的高程的定义。目前,常用的高程系统包括大地高、正常高和正高系统等。我国采用的法定高程系统是以大地水准面为基准面的正常高系统,在工程测量领域,简称为以大地水准面为基准的高程系统。

大地水准面在海洋上被认为是平均海水面,可由海边验潮站进行长期观测确定,并在验潮标尺上标出这一位置作为海拔高程的起算点(零高程点)。利用精密水准测量方法测量地面某一固定点与起算点的高差,从而确定这个固定点的海拔高程,该固定点就称为水准原点,作为全国水准测量的高程基准,并命名一个国家的高程系统,见图1-12。

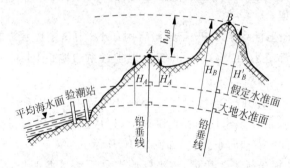

图 1-12　高程与高差的定义及其相互关系

1. 1956 黄海高程系

采用青岛验潮站1950—1956年测定的黄海平均海水面作为全国统一的高程基准面,1957年建成,称为1956黄海高程系。1956黄海高程系的水准原点设在青岛市的观象山上,它对黄海平均海水面的高程为 72.289 4m。

2. 1985 国家高程基准

采用青岛验潮站1952—1979年潮汐观测资料计算的黄海平均海水面为高程起算面,称为"1985国家高程基准"。用该基准测得国家水准原点的高程值为 72.260 4m。

3. 相对(假定)高程

地面点到某一假定水准面的铅垂距离称为相对高程,用 H' 表示,如图1-12所示,A 点高程 H'_A。

4. 高差

地面两点的高程之差称为高差,用 h 来表示。由图1-12得

$$h_{AB} = H_B - H_A = H'_B - H'_A \tag{1-7}$$

由此可见,两点高差与高程起算面无关。

同理

$$h_{BA} = H_A - H_B = -h_{AB} \tag{1-8}$$

可见,AB 的高差 h_{AB} 和 BA 的高差 h_{BA} 绝对值相等,符号相反。

1.7 用水平面代替水准面的限度

在工程测量中，由于测区范围小，或者工程对测量精度要求较低时，为了简化投影计算，常将椭球体面视为球面，甚至将一定范围的球面视为平面。直接将地面点沿铅垂线投影到平面上，进行几何计算或绘图。但是，这样的替代是有限度的，即要求将椭球体面作为平面所产生的误差不超过高精度测量的误差要求。本节将要讨论水平面代替圆球面对距离、水平角和高程的影响。

1.7.1 地球曲率对水平距离的影响

如图 1-13 所示，AB 投影在大地水准面上弧形长 S，投影在水平面上直线长度为 D，两者之差 $\Delta S = D - S$，即是用水平面代替水准面所引起的距离误差。将大地水准面近似地看成半径为 R 的球面，圆弧 S 所对圆心角为 θ，则有

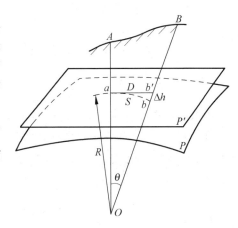

$$\Delta S = D - S = R \cdot (\tan\theta - \theta) \quad (1-9)$$

$\tan\theta = \theta + \frac{1}{3}\theta^3 + \frac{2}{15}\theta^5 + \cdots$，因 θ 角很小，只取前两项代入式(1-9)，得

$$\Delta S = R\left(\theta + \frac{1}{3}\theta^3 - \theta\right)$$

因为 $\theta = \frac{S}{R}$，所以

图 1-13 用水平面代替水准面对距离和高差的影响

$$\Delta S = \frac{S^3}{3R^2} \quad (1-10)$$

或

$$\frac{\Delta S}{S} = \frac{S^2}{3R^2} \quad (1-11)$$

式中，$\Delta S/S$——相对差数，用 $1/M$ 形式表示。

地球半径 $R = 6\,371\text{km}$，以不同距离代入式(1-10)和式(1-11)，得到表 1-2 中的数据。

表 1-2 用水平面代替水准面引起距离误差

S/km	$\Delta S/\text{mm}$	$\Delta S/S$
5	1.0	1∶4 900 000
10	8.2	1∶1 220 000
20	65.7	1∶300 000

　　由上述计算可知,当水平距离为 10km 时,用水平面代替水准面所产生的距离相对误差为 1/1 220 000。现代最精密的距离丈量时允许误差为其长度的 1/1 000 000。故此可得结论:在半径为 10km 的圆面积内进行距离测量时,可以不必考虑地球曲率的影响。

1.7.2　地球曲率对水平角的影响

　　地球上一个多边形投影在大地水准面上得到球面多边形,见图 1-14,其内角和为 $\sum\beta_球$;投影在水平面上,得到一个平面多边形,其内角和为 $\sum\beta_平$。由球面三角学知道

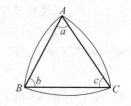

图 1-14　水平面代替水准面引起的角度误差

$$\begin{cases} \sum\beta_球 = \sum\beta_平 + \varepsilon'' \\ \varepsilon'' = \rho'' \cdot \dfrac{P}{R^2} \end{cases} \qquad (1\text{-}12)$$

式中,ε——球面角超;

　　　P——球面多边形的面积;

　　　R——地球半径;

　　　ρ''——1 弧度的秒数,其值是 206 265″。

　　用不同的面积代入式(1-12),即可求出球面角超,得到表 1-3 中数据。由上述计算可知,当面积为 100km² 时,用水平面代替水准面,所产生的角度误差为 0.51″,这种误差只有精密工程测量中才需要考虑。故此可得结论:在面积为 100km² 的范围内水平角测量时,可以不必考虑地球曲率的影响。

表 1-3　水平面代替水准面引起的角度误差

P/km^2	$\varepsilon/('')$	P/km^2	$\varepsilon/('')$
50	0.25	200	1.02
100	0.51		

1.7.3　地球曲率对高程的影响

　　由图 1-13 所示,以水平面作为基准面 a 与 b' 同高;以大地水准面为基准面 a 与 b 同高。两者之差为 Δh 即为对高程的影响

$$\Delta h = Ob' - Ob = R \cdot \sec\theta - R = R \cdot (\sec\theta - 1) \qquad (1\text{-}13)$$

$\sec\theta = 1 + \dfrac{\theta^2}{2} + \dfrac{5}{24}\theta^4 + \cdots$,由于 θ 角度很小,取前两项代入式(1-13)得

$$\Delta h = R \cdot \left(1 + \frac{\theta^2}{2} - 1\right) = \frac{R \cdot \theta^2}{2} = \frac{(R\theta)^2}{2R} = \frac{S^2}{2R} \qquad (1\text{-}14)$$

用不同的距离代入上式,计算出 Δh 列入表 1-4 中。

　　从表 1-4 中可以看出,用水平面代替水准面对高程的影响很大。当距离为 0.2km 时,$\Delta h = 3$mm,这种误差在高程测量中是不允许的。因此可得出结论:即使在很短的距离上进行高程测量时,也必须要考虑地球曲率的影响。

表 1-4　用平面代替水准面对高程的影响

S/km	Δh/mm	S/km	Δh/mm
10	7 848	0.5	20
5	1 962	0.2	3
1	78		

1.8　测绘地形图的程序和原则

　　进行测量工作,无论是测绘地形图还是施工放样,要在某一点上测绘该地区所有的地物和地貌或测设建筑物的全部细部是不可能的。如图 1-15 所示,在 A 点只能测绘附近的房屋、道路等的平面位置和高程,对于山的另一面或较远的地物就观测不到,因此必须连续逐个设站。所以测量工作必须按照一定的原则进行。

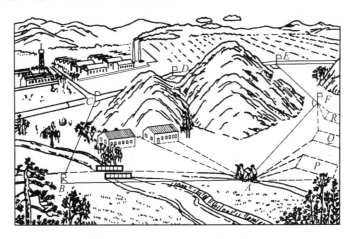

图 1-15　某地区地物地貌透视图

1.8.1　地形与地形图

1. 地物、地貌和地形

　　地球表面各种物体种类繁多,地势起伏、形态各异,但总体上可分为地物和地貌两大类。地面上有明显轮廓的,天然形成或人工建造的各种固定物体,如江河、湖泊、道路、桥梁、房屋和农田等称为地物。地球表面的高低起伏状态,如高山、丘陵、平原、洼地、沟谷等称为地貌。地物和地貌总称为地形。

2. 地形图

　　将地面上地物和地貌的平面位置和高程沿铅垂线方向投影到水平面上,并按一定的比例尺,用《国家基本比例尺地形图图式》(GB/T 20257.1—2007)统一规定的符号和注记,将其缩绘在图纸上,这种表示地物平面位置和地貌起伏形态的图,称为地形图。

1.8.2 测绘地形图的程序和测量工作的原则

测绘地形图的程序通常分为两步：第一步为控制测量，第二步为碎部测量，如图 1-15 所示。

首先在整个测区内选择若干具有控制意义的点 A、B、C、…称为控制点，用较精密的仪器和较严密的方法，测定各控制点间水平距 D、水平角 β 和高差 h，精确地计算各控制点的坐标和高程。这些测量工作称为控制测量，如图 1-15 和图 1-16 中的 A、B、C、…。

然后根据控制点，用较低精度的仪器和一般方法，来测定碎部点，即地物、地貌特征点的坐标和高程，这些测量工作称为碎部测量。

最后依据测图比例尺和图式符号，将碎部点描述的地物和地貌绘制成地形图，如图 1-16 所示。

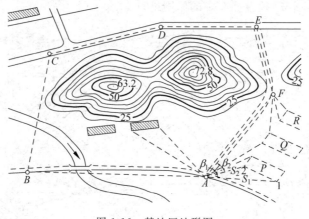

图 1-16 某地区地形图

总之，在测量的布局上，是"由整体到局部"，在测量次序上是"先控制后碎部"，在测量的精度上是"从高级到低级"，这是测量工作应遵循的一个基本原则。

另外，从上述可知，当控制测量有误差，以其为基础的碎部测量也会有误差；碎部测量有误差，地形图也就有误差。因此，要求测量工作必须有严格的检核工作，故"步步有检核"是测量工作应遵循的又一个原则。

思考题与练习题

1. 工程测量在工程建设中有何作用？其主要任务是什么？

2. 简述高斯投影原理。

3. 测量上采用的平面直角坐标系统有几种？各适用于什么场合？它们与数学平面直角坐标系统有何异同？

4. 设某点的经度为东经 $138°25'30''$，试求它在 $6°$ 带的带号及中央子午线的经度。

5. 在高斯平面直角坐标系中，某点的坐标通用值为 $X = 3\,236\,108\text{m}$，$Y = 20\,443\,897\text{m}$，

试求某点的坐标自然值。

6. 我国采用的法定高程系统有何特点?

7. 测量工作应遵循哪些原则? 为什么?

8. 圆形的测区半径为 7km,面积约 154km²,在该测区内进行测量工作时,用水平面来代替水准面,则 ΔS、$\Delta S/S$、ε''、Δh 对水平距离、水平角和高程的影响分别为多少?

第 2 章

水准测量

2.1 水准测量原理

测定地面点高程的工作称为高程测量。高程测量按所使用的仪器和施测方法的不同，可分为水准测量、三角高程测量、卫星定位测量(GPS)、重力测量、气压测量等。水准测量是一种直接得到点位高程的方法，不仅精度较高，而且施测简便，是工程测量中获取地面点位高程最常用的方法。

2.1.1 水准测量原理

水准测量是利用水准仪提供的水平视线，借助于带有分划的水准尺，直接测定地面上两点间的高差，然后根据已知点高程和测得的高差，推算出待定点的高程。

如图 2-1 所示，已知 A 点的高程为 H_A，欲测定待定点 B 的高程 H_B。在 A、B 两点上立水准尺，两点之间安置水准仪，当视线水平时分别在 A、B 尺上读数 a、b，则 A 点到 B 点的高差 h_{AB} 为

$$h_{AB} = a - b \tag{2-1}$$

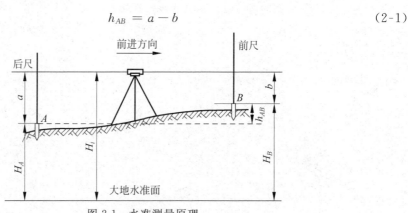

图 2-1 水准测量原理

设水准测量是由 A 向 B 进行的,则 A 点为后视点,A 点尺上的读数 a 称为后视读数;B 点为前视点,B 点尺上的读数 b 称为前视读数。因此,高差等于后视读数减去前视读数。

2.1.2　待定点高程计算

1. 高差法

测得 A 点到 B 点间高差 h_{AB} 后,如果已知 A 点的高程 H_A,则 B 点的高程 H_B 为

$$H_B = H_A + h_{AB} = H_A + (a - b) \qquad (2\text{-}2)$$

这种直接利用高差计算待定点 B 高程的方法称为高差法。

2. 视线高法

B 点高程也可以通过水准仪的视线高程 H_i 来计算,即

$$\left. \begin{array}{l} H_i = H_A + a \\ H_B = H_i - b \end{array} \right\} \qquad (2\text{-}3)$$

这种利用仪器视线高程 H_i 计算待定点 B 点高程的方法称为视线高法。在线路纵断面测量、场地平整等施工测量中,通常安置一次仪器,测定多个地面点的高程,采用视线高法测量方便、高效。所以我们也把立在已知点上水准尺的读数叫做后视读数 a,把立在待定点上水准尺的读数叫做前视读数 b。

2.2　水准测量的仪器和工具

水准测量所使用的仪器为水准仪,工具有水准尺和尺垫等。

水准仪按其精度分,有 DS_{05}、DS_1、DS_3 及 DS_{10} 等几种型号。"D"表示大地测量;"S"表示水准仪;05、1、3 和 10 表示水准仪精度等级。按其结构分,主要有:微倾式水准仪、自动安平水准仪和数字水准仪。在工程测量领域主要使用 DS_3 级水准仪。本章将以 DS_3 微倾式水准仪为重点讲述。

2.2.1　DS₃微倾式水准仪的构造

DS_3 水准仪主要由望远镜、水准器及基座三部分组成,见图 2-2。

1. 望远镜

望远镜是用来精确瞄准远处目标并对水准尺进行读数的装置。它主要由物镜、目镜、调焦透镜和十字丝分划板组成,见图 2-3。

物镜和目镜多采用复合透镜组,目标 AB 经过物镜成像后形成一个倒立而缩小的实像 ab,通过调焦螺旋可沿光轴移动调焦透镜,使不同距离的目标均能清晰地成像在十字丝平面上,再通过目镜的作用,便可看清同时放大了的十字丝和目标虚像 $a'b'$,如图 2-4 所示。

十字丝交点与物镜光心的连线,称为视准轴 CC。视准轴的延长线即为视线,水准测量就是在视准轴水平时,用十字丝的横丝在水准尺上截取读数。

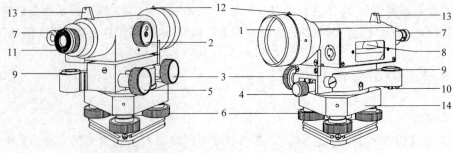

图 2-2　DS₃水准仪的主要构造

1—物镜；2—物镜调焦螺旋；3—水平微动螺旋；4—水平制动螺旋；5—微倾螺旋；6—脚螺旋；7—水准管气泡观察窗；
8—水准管；9—圆水准器；10—圆水准器校正螺丝；11—目镜调焦螺旋；12—准星；13—照门；14—基座

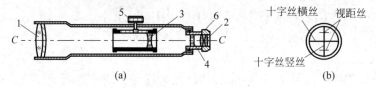

图 2-3　望远镜的主要构造

1—物镜；2—目镜；3—物镜调焦透镜；4—十字丝分划板；5—物镜调焦螺旋；6—目镜调焦螺旋

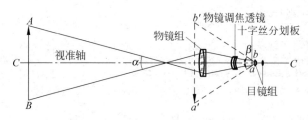

图 2-4　光学成像

2. 水准器

1）管水准器

管水准器与望远镜固连在一起，用于指示视准轴是否处于水平位置。如图 2-5 所示，它是一玻璃管，其纵剖面方向的内壁研磨成一定半径的圆弧形，水准管上一般刻有间隔为 2mm 的分划线，分划线的中点 O 称为水准管零点，通过零点与圆弧相切的纵向切线 LL 称为水准管轴。水准管轴平行于视准轴。

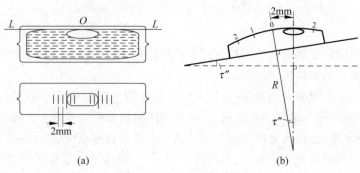

图 2-5　水准器

水准管上 2mm 圆弧所对的圆心角 τ,称为水准管的分划值,如图 2-5(b)所示。即

$$\tau'' = \frac{2}{R} \cdot \rho''$$ (2-4)

水准管分划越小,水准管灵敏度越高,用其整平仪器的精度也越高。DS$_3$型水准仪的水准管分划值为 20″,记作 20″/2mm。

为了提高水准管气泡居中的精度,采用符合水准器,如图 2-6 所示。

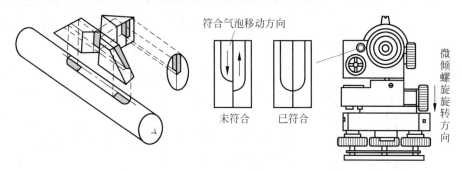

图 2-6　符合水准器

2)圆水准器

圆水准器装在水准仪基座上,用于仪器粗略整平,使仪器的竖轴竖直。圆水准器是在玻璃盒内表面研磨成一定半径的球面,球面的正中刻有圆圈,其圆心称为圆水准器的零点。过零点的球面法线 $L'L'$,称为圆水准器轴。圆水准器轴 $L'L'$ 平行于仪器竖轴 VV,如图 2-7 所示。

气泡中心偏离零点 2mm 时竖轴所倾斜的角值,称为圆水准器的分划值,一般为 $(8'\sim10')/2$mm,精度较低,故用于仪器的粗略整平。

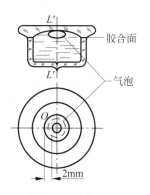

图 2-7　圆水准器

3. 基座

基座的作用是支承仪器的上部,并通过连接螺旋与三脚架连接。它主要由轴座、脚螺旋、底板和三脚压板构成。转动脚螺旋,可使圆水准气泡居中。

2.2.2　水准尺和尺垫

1. 水准尺

水准尺是进行水准测量时与水准仪配合使用的标尺。常用的水准尺有塔尺、折尺和双面尺等,如图 2-8 所示。

1)塔尺

塔尺是一种套接的组合尺,其长度为 3～5m,由两节或三节套接在一起,尺的底部为零点,尺面上黑白格相间,每格宽度为 1cm,有的为 0.5cm,在米和分米处有数字注记。

2)折尺

折尺与塔尺的刻划标注基本相同,只是尺子可以一分为二对折。使用时打开,方便使用

和运输。

3）双面水准尺

尺长一般为 3m，两根尺为一对。尺的双面均有刻划，正面为黑白相间，称为黑面尺（也称主尺）；背面为红白相间，称为红面尺（也称辅尺）。两面的刻划均为 1cm，在分米处注有数字。两根尺的黑面尺尺底均从零开始，而红面尺尺底，一根从 4.687m 开始，另一根从 4.787m 开始。在视线高度不变的情况下，同一根水准尺的红面和黑面读数之差应等于常数 4.687m 或 4.787m，这对常数称为尺常数，用 K 来表示，以此可以检核读数是否正确。

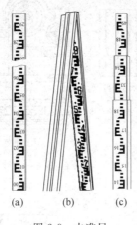 

图 2-8　水准尺
（a）双面尺；（b）折尺；（c）塔尺

图 2-9　尺垫

2. 尺垫

尺垫由生铁铸成。一般为三角形板座，其下方有三个脚，可以踏入土中。尺垫上方有一突起的半球体，水准尺立于半球顶面，如图 2-9 所示。尺垫用于转点处传递高程。

2.3　水准仪的使用

微倾式水准仪的基本操作程序为：安置仪器、粗略整平、瞄准水准尺、精确整平和读数。

1. 安置仪器

首先在测站上松开三脚架架腿的固定螺旋，按需要的高度调整架腿长度，再拧紧固定螺旋，张开三脚架将架腿踩实，并使三脚架架头大致水平。然后从仪器箱中取出水准仪，用连接螺旋将水准仪固定在三脚架架头上。

2. 粗略整平

通过调节脚螺旋使圆水准器气泡居中。具体操作步骤如下：

如图 2-10 所示，用两手按箭头所指的相对方向转动脚螺旋 1 和 2，使气泡沿着 1、2 连线方向由 a 移至 b。用左手按箭头所指方向转动脚螺旋 3，使气泡由 b 移至中心。

整平时，气泡移动的方向与左手大拇指旋转脚螺旋时的移动方向一致，与右手大拇指旋转脚螺旋时的移动方向相反。粗略整平动画演示参见附录 B。

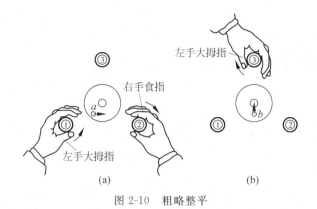

图 2-10　粗略整平

3. 瞄准水准尺

(1) 目镜调焦　松开水平制动螺旋,将望远镜转向明亮的背景,转动目镜对光螺旋,使十字丝成像清晰。

(2) 初步瞄准　通过望远镜筒上方的照门和准星瞄准水准尺,旋紧水平制动螺旋。

(3) 物镜调焦　转动物镜对光螺旋,使水准尺的成像清晰。

(4) 精确瞄准　转动水平微动螺旋,使十字丝的竖丝瞄准水准尺中央,如图 2-11 所示。

(5) 消除视差　眼睛在目镜端上下移动,如果看见十字丝的横丝与水准尺影像之间相对移动,这种现象叫视差。产生视差的原因是水准尺的尺像与十字丝平面不重合,如图 2-12(a)所示。视差的存在将影响读数的正确性,应予消除。消除视差的方法是仔细地转动物镜对光螺旋和目镜调焦螺旋,直至尺像与十字丝平面重合,如图 2-12(b)所示。

黑面读数1.610
(a)

红面读数6.295
(b)

图 2-11　瞄准水准尺

(a)

(b)

图 2-12　视差
(a) 存在视差;(b) 消除视差

4. 精确整平

水准管的精确整平简称精平。观察水准管气泡观察窗内的气泡影像,转动微倾螺旋,使气泡两端的影像严密吻合,此时视线即为水平视线。微倾螺旋的转动方向与左侧半气泡影像的移动方向一致,如图 2-13 所示。

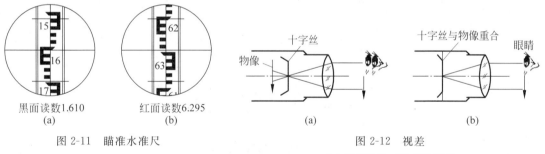

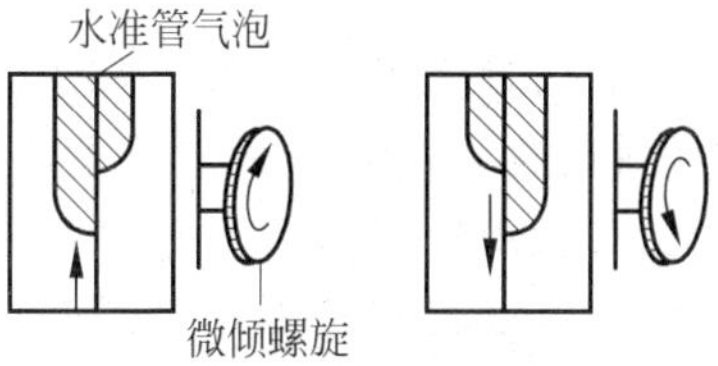

图 2-13　精平

5. 读数

符合水准器气泡居中后,应立即用十字丝横丝在水准尺上读数。无论是倒像还是正像的水准仪,读数时应从小数向大数读取。直接读取米、分米和厘米,并估读出毫米,共 4 位数。如图 2-11 所示,横丝读数为 1.610m。读数后再检查符合水准器气泡是否居中,若不居中,应再次精平,重新读数。水准测量读数练习参见附录 B。

2.4　水准测量的方法

1. 水准点

用水准测量的方法测定的高程控制点,称为水准点,记为 BM(bench mark)。进行水准测量首先要布设水准点。水准点有永久性水准点和临时性水准点两种。

1) 永久性水准点

永久性水准点一般用混凝土制成标石,如图 2-14(a)所示,标石顶部嵌有半球形的耐腐蚀金属或其他材料制成的标芯,其顶部高程即代表该点的高程。建筑测量中的埋石水准点如图 2-14(b)所示;有些永久性水准点的金属标志也可镶嵌在稳定的墙角上,称为墙上水准点,如图 2-14(c)所示。

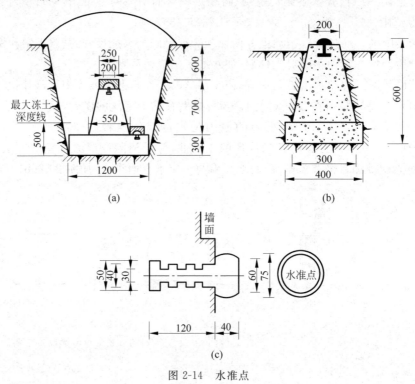

图 2-14　水准点

2) 临时性水准点

临时性水准点可用地面上突出的坚硬岩石或用大木桩打入地下,桩顶钉以半球状铁钉,作为水准点的标志。

2. 水准测量的施测方法

当已知水准点与待定点距离较远或高差较大,安置一次仪器(一测站)无法测出两点间高差时,就需要利用一些过渡点来传递高程,这种传递高程的点称为转点,用符号 TP 表示。

如图 2-15 所示,已知水准点 BM_A 的高程为 H_A,现欲测定待定点 B 点的高程 H_B。普通水准测量的观测步骤如下:

从 A 点到 B 点逐站观测的高差

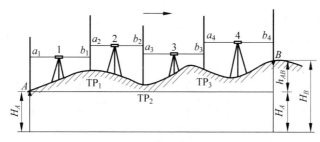

图 2-15　普通水准测量

$$\left.\begin{array}{l} h_1 = a_1 - b_1 \\ h_2 = a_2 - b_2 \\ \cdots \\ h_5 = a_5 - b_5 \end{array}\right\} \tag{2-5}$$

将上述各式相加,得

$$h_{AB} = \sum h = \sum a - \sum b \tag{2-6}$$

则 B 点高程为

$$H_B = H_A + h_{AB} \tag{2-7}$$

〔**例 2-1**〕　如图 2-16 所示,自水准点 BM_0(高程为 149.285m)起,利用普通水准测量方法测定 P 点的高程,观测数据如图所示。试将观测数据填入水准测量记录表 2-1 中,推算 P 点的高程,并进行计算检核。

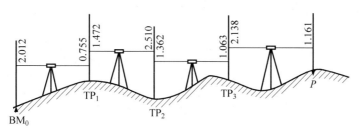

图 2-16　普通水准测量实测

表 2-1　普通水准测量手簿

测站	点名	水准尺读数		高差 h/m		高程 H/m	备注
		后视 a	前视 b	+	−		
	BM_0	2.012				149.285	
1	TP_1	1.472	0.755	1.257			
2	TP_2	1.362	2.510		1.038		
3	TP_3	2.138	1.063	0.299			
4	P		1.161	0.977		150.780	
$\sum$		6.984	5.489	2.533	1.038		
计算检核	$\sum a = 6.984$,　$\sum b = 5.489$,　$\sum h = +1.495$ $\sum a - \sum b = 6.984 - 5.489 = +1.495 = \sum h$						

为了保证记录表中数据的正确,应对后视读数总和减前视读数总和、高差总和、B 点高程与 A 点高程之差进行检核,这三个数字应相等。见表 2-1 中计算检核。

3. 水准测量的成果检核

1）测站检核

（1）变动仪器高法

变动仪器高法是在同一个测站上用两次不同的仪器高度，测得两次高差进行检核。要求：改变仪器高度应大于 10cm，两次所测高差之差不超过容许值，取其平均值作为该测站最后结果，否则需要重测。

（2）双面尺法

双面尺法分别对双面水准尺的黑面和红面进行观测。利用前、后视的黑面和红面读数，考虑 K 值后，分别算出两个高差。如果两高差之差不超过规定的限差（例如四等水准测量容许值为 ± 5mm），取其平均值作为该测站最后结果，否则需要重测。

2）路线检核

测站检核可发现读数错误，但不能发现立尺点变动等错误。为了评定水准测量成果的精度，应根据实际情况将水准测量路线布设成具有检核条件的形式。

在水准点间进行水准测量所经过的路线，称为水准路线。相邻两水准点间的路线称为测段。在一般的建筑测量中，单一水准路线布设形式主要有以下三种形式。

（1）附合水准路线

附合水准路线的布设方法如图 2-17 所示，从已知高程的水准点 BM_A 出发，沿待定高程的水准点 P_1、P_2、P_3 进行水准测量，最后附合到另一已知高程的水准点 BM_B 上所构成的水准路线，称为附合水准路线。

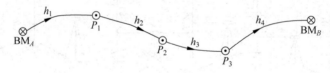

图 2-17　附合水准路线

从理论上讲，附合水准路线各测段高差代数和应等于两个已知高程的水准点之间的高差，即

$$\sum h = H_B - H_A \tag{2-8}$$

由于测量中各种误差的影响，实测高差 $\sum h$ 与理论高差（$H_B - H_A$）往往不相等，则称实测高差与理论高差之间的差值为高差闭合差，即

$$f_h = \sum h - (H_{终} - H_{始}) = \sum h - (H_B - H_A) \tag{2-9}$$

各种测量规范对不同等级的水准测量都规定了高差闭合差的允许值，见表 2-2。

表 2-2　水准测量高差闭合差允许值

等级	规范名称	高差闭合差允许值		备　注
		平地	山地	
图根	工程测量规范 GB 50026—2007	$\pm 40\sqrt{L}$	$\pm 12\sqrt{n}$	L 为水准路线长，km；n 为测站数。
图根	城市测量规范 CJJ/T 8—2011	$\pm 40\sqrt{L}$	$\pm 12\sqrt{n}$	

在山地每公里超过 16 站时用 $\pm 12\sqrt{n}$。施工中,如设计单位根据工程性质提出具体要求时,应按要求精度施测。

当 $|f_h| \leqslant |f_{h允}|$,则成果符合要求,否则应分析原因,进行重测。

（2）闭合水准路线

闭合水准路线的布设方法如图 2-18 所示,从已知高程的水准点 BM_A 出发,沿各待定高程的水准点 1、2、3、4 进行水准测量,最后又回到原出发点 BM_A 的环形路线,称为闭合水准路线。

闭合水准路线各测段高差代数和应等于零,即

$$\sum h_{理} = 0 \tag{2-10}$$

由于测量中各种误差的影响,实测高差之和并不等于零,其高差闭合差为

$$f_h = \sum h_{测} - \sum h_{理} = \sum h_{测} \tag{2-11}$$

（3）支水准路线

从已知高程的水准点 BM_A 出发,测量至待定点 1 之后返回,这种既不闭合又不附合的水准路线,称为支水准路线。如图 2-19 所示。

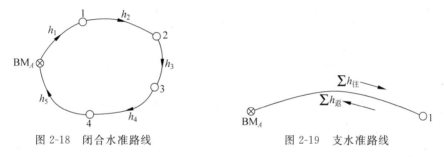

图 2-18　闭合水准路线　　　　　　图 2-19　支水准路线

支水准测量应进行往返观测,其往测高差与返测高差的代数和应等于零。由于测量误差的影响,其高差闭合差为

$$f_h = \sum h_{往} + \sum h_{返} \tag{2-12}$$

4. 水准测量的成果整理

1）附合水准路线的计算

[**例 2-2**]　图 2-20 为某一附合水准路线图根水准测量示意图,A、B 为已知高程的水准点,1、2、3 为待定高程的水准点,h_1、h_2、h_3 和 h_4 为各测段观测高差,n_1、n_2、n_3 和 n_4 为各测段测站数,L_1、L_2、L_3 和 L_4 为各测段长度。已知 $H_A = 65.376$m,$H_B = 68.623$m,各测段站数、长度及高差均注于图 2-20 中。

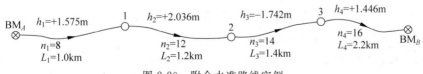

图 2-20　附合水准路线实例

计算过程如下:

（1）填写已知数据和观测数据

将点号、测段长度、测站数、观测高差及已知水准点 A、B 的高程填入附合水准路线成果计算表 2-3 中有关各栏内。

表 2-3　水准测量成果计算表

点号	距离/km	测站数 n	实测高差/m	改正数/mm	改正后高差/m	高程/m	备注
1	2	3	4	5	6	7	
BM$_A$						65.376	
	1.0	8	+1.575	−12	+1.563		
1						66.939	
	1.2	12	+2.036	−14	+2.022		
2						68.961	
	1.4	14	−1.742	−16	−1.758		
3						67.203	
	2.2	16	+1.446	−26	+1.420		
BM$_B$						68.623	
$\sum$	5.8	50	+3.315	−68	+3.247		
辅助计算							

辅助计算：
$$f_h = \sum h - (H_B - H_A) = 3.315 - (68.623 - 65.376) = +0.068 \text{(m)}$$
$$f_{h允} = \pm 40\sqrt{L} = \pm 40\sqrt{5.8} = \pm 96 \text{(mm)}, \quad |f_h| < |f_{h允}|, \quad \text{成果合格}$$

根据测站及路线长度，求出每公里测站数，以确定采用平地还是山地计算限差公式。$\dfrac{\sum n}{\sum L}$

$= \dfrac{50}{5.8} = 8.6$ 站 < 16 站。故高差闭合差的允许值采用平地公式，即 $f_{h允} = \pm 40\sqrt{L}\,\text{mm}$。

（2）高差闭合差计算

高差闭合差

$$f_h = \sum h - (H_B - H_A) = 3.315 - (68.623 - 65.376) = +0.068 \text{(m)}$$

允许误差（限差）

$$f_{h允} = \pm 40\sqrt{L} = \pm 40\sqrt{5.8} = \pm 96 \text{(mm)}$$

因为 $|f_h| < |f_{h允}|$，说明观测成果精度符合要求，所以可对高差闭合差进行调整。

（3）高差闭合差调整

高差闭合差调整的原则和方法，是按与测站数或测段长度成正比例的原则，将高差闭合差反号分配到各相应测段的高差上，得改正数，即

$$v_i = \frac{-f_h}{\sum L} \cdot L_i \quad \text{或} \quad v_i = \frac{-f_h}{\sum n} \cdot n_i \qquad (2\text{-}13)$$

式中，v_i——第 i 测段的高差改正数；

n_i 和 L_i——第 i 测段的测站数和测段长度，km；

$\sum n$ 和 $\sum L$——水准路线总测站数和总长度，km。

本例中，各测段改正数为

$$v_i = \frac{-f_h}{\sum L} \cdot L_i = \frac{-68}{5.8} \cdot L_i$$

计算检核：理论上讲 $\sum v = -f_h$，由于计算取位凑正误差的影响，不满足该式，可将余数凑至段长较长或测站较多的测段高差上。本例中 $\sum v = -68\text{mm}$，$\sum v = -f_h$，计算无误。

（4）各测段改正后高差计算

各测段改正后高差等于各测段观测高差加上相应的改正数，即

$$\bar{h}_i = h_i + v_i \tag{2-14}$$

式中，$\bar{h}_i$——第 i 段的改正后高差。

计算检核：

$$\sum \bar{h}_i = H_B - H_A \tag{2-15}$$

（5）待定点高程计算

根据已知水准点 A 的高程和各测段改正后高差，即可依次推算出各待定点的高程，即

$$H_1 = H_A + \bar{h}_1$$
$$H_2 = H_1 + \bar{h}_2 \tag{2-16}$$
$$\cdots$$

计算检核：最后推算出的 B 点高程应与已知的 B 点高程相等，以此作为计算检核。水准测量成果计算 EXCEL 程序参见附录 B。

2）闭合水准路线的计算

闭合水准路线成果计算的步骤与附合水准路线基本相同，不再赘述。

2.5　水准仪的检验与校正

1. 水准仪应满足的几何条件

根据水准测量的原理，水准仪必须能提供一条水平的视线，它才能正确地测出两点间的高差。如图 2-21 所示，水准仪在结构上应满足的条件：

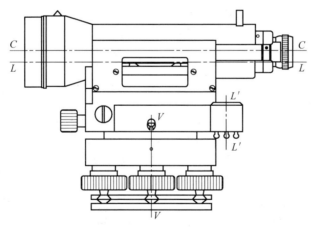

图 2-21　经纬仪的主要轴线

（1）圆水准器轴应平行于仪器的竖轴（$L'L' /\!/ VV$）；

（2）十字丝的横丝应垂直于仪器的竖轴 VV；

（3）水准管轴应平行于视准轴（$LL /\!/ CC$）。

在水准测量之前，应对水准仪进行认真的检验与校正。

2. 水准仪的检验与校正

1）圆水准器轴平行于仪器的竖轴（$L'L' /\!/ VV$）的检验与校正

（1）检验：旋转脚螺旋使圆水准器气泡居中，然后将仪器绕竖轴旋转 180°，如果气泡仍

居中,则表示该几何条件满足;如果气泡偏出分划圈外,则需要校正。

(2)校正:校正时先调整脚螺旋,使气泡向零点方向移动偏离值的一半,此时竖轴处于铅垂位置。然后,稍旋松圆水准器底部的固定螺钉,用校正针拨动三个校正螺钉,使气泡居中,这时圆水准器轴平行于仪器竖轴且处于铅垂位置。

圆水准器校正螺钉的结构如图 2-22 所示。此项校正,需反复进行,直至仪器旋转到任何位置时,圆水准器气泡皆居中为止。最后旋紧固定螺钉。

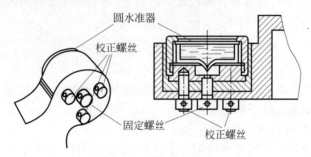

图 2-22　圆水准器校正

2)十字丝横丝垂直于仪器的竖轴的检验与校正

(1)检验:安置水准仪,使圆水准器的气泡严格居中后,先用十字丝交点瞄准某一明显的点状目标 P,如图 2-23(a)所示,然后旋紧制动螺旋,转动微动螺旋,如果目标点 P 不离开横丝,如图 2-23(b)所示,则表示横丝垂直于仪器的竖轴;如果目标点 P 离开横丝,如图 2-23(d)所示,则需要校正。

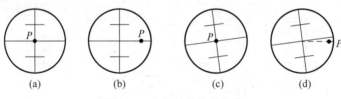

<table>
<tr><td>(a)</td><td>(b)</td><td>(c)</td><td>(d)</td></tr>
</table>

图 2-23　十字丝横丝的检验

(2)校正:松开十字丝分划板座的固定螺钉,转动十字丝分划板座,使横丝一端对准目标点 P,再将固定螺钉拧紧,如图 2-24 所示。此项校正也需反复进行。

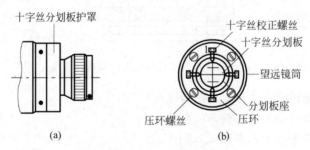

图 2-24　十字丝分划的校正

3)水准管轴平行于视准轴($LL /\!/ CC$)的检验与校正

(1)检验:如图 2-25 所示,在较平坦的地面上选择相距约 80m 的 A、B 两点,打下木桩或放置尺垫。用皮尺丈量,定出 AB 的中间点 C。

首先,在 C 点处安置水准仪,用变动仪器高法,连续两次测出 A、B 两点的高差,若两次测定的高差之差不超过 3mm,则取两次高差的平均值 h_{AB} 作为最后结果。由于距离相等,视准轴与水准管轴不平行所产生的前、后视读数误差 x 相等,故高差 h_{AB} 不受视准轴误差的影响。

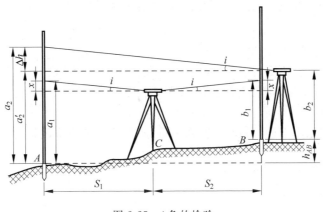

图 2-25　i 角的检验

然后,在离 B 点大约 3m 左右处安置水准仪,精平后读得 B 点尺上的读数为 b_2,读取 A 点尺上读数 a_2,因水准仪离 B 点很近,两轴不平行引起的读数误差 x 可忽略不计。根据 b_2 和高差 h_{AB} 算出 A 点尺上视线水平时的应有读数:

$$a'_2 = b_2 + h_{AB} \tag{2-17}$$

如果 $a'_2 = a_2$,则表示两轴平行。否则存在 i 角,其角值为

$$i'' = \frac{a'_2 - a_2}{S_{AB}} \cdot \rho'' \tag{2-18}$$

式中,S_{AB}——A、B 两点间的水平距离,m;

　　　　i——视准轴与水准管轴的夹角,(″);

　　　　ρ''——弧度的秒值,$\rho'' = 206\,265''$。

对于 DS_3 型水准仪来说,i 角值不得大于 $20''$,如果超限,则需要校正。

(2) 校正:转动微倾螺旋,使十字丝的横丝对准 A 点尺上应读读数 a'_2,用校正针先拨松水准管一端左、右校正螺钉,如图 2-26 所示,再拨动上、下两个校正螺钉,使偏离的气泡重新居中,最后要将校正螺钉旋紧。此项校正工作需反复进行,直至达到要求为止。

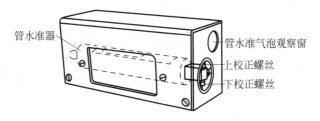

图 2-26　水准管轴的校正

水准仪的检验和校正有条件的情况下,都应送到有检校资质的检校场所进行检校,检校合格后由检校场所出具合格证书,仪器在证书有效合格期内方能使用。

2.6 水准测量误差与注意事项

水准测量误差包括仪器误差、观测误差和外界环境的影响三个方面。

1. 仪器误差

1）水准管轴与视准轴不平行误差

水准管轴与视准轴不平行，虽然经过校正，仍然可存在少量的残余误差。这种误差的影响与距离成正比，只要观测时注意使前、后视距离相等，便可消除此项误差对测量结果的影响。

2）水准尺误差

由于水准尺刻划不准确、尺长变化、弯曲等原因，会影响水准测量的精度。因此，水准尺要经过检核才能使用。

2. 观测误差

1）水准管气泡的居中误差

由于气泡居中存在误差，致使视线偏离水平位置，从而带来读数误差。为减小此误差的影响，每次读数时，都要使水准管气泡严格居中。

2）估读水准尺的误差

水准尺估读毫米数的误差大小与人眼的分辨率、望远镜的放大倍率以及视线长度有关。在测量作业中，应遵循不同等级的水准测量对望远镜放大倍率和最大视线长度的规定，以保证估读精度。

3）视差的影响误差

当存在视差时，由于十字丝平面与水准尺影像不重合，若眼睛的位置不同，便读出不同的读数，而产生读数误差。因此，观测时要仔细调焦，严格消除视差。

4）水准尺倾斜的影响误差

水准尺倾斜，将使尺上读数增大，从而带来误差。如水准尺倾斜 $3°30'$，在水准尺上 1m 处读数时，将产生 2mm 的误差。为了减少这种误差的影响，水准尺必须扶直。

3. 外界条件的影响误差

1）水准仪下沉误差

由于水准仪下沉，使视线降低，而引起高差误差。如采用"后、前、前、后"的观测程序，可减弱其影响。

2）尺垫下沉误差

如果在转点发生尺垫下沉，将使下一站的后视读数增加，也将引起高差的误差。采用往返观测的方法，取成果的中数，可减弱其影响。

为了防止水准仪和尺垫下沉，测站和转点应选在土质坚实处，并踩实三脚架和尺垫，使其稳定。

3）地球曲率及大气折光的影响

地球曲率和大气折光的影响，使得视线弯曲。可采用使前、后视距离相等的方法来消除。

4）温度的影响误差

温度的变化不仅会引起大气折光的变化，而且当烈日照射水准管时，由于水准管本身和管内液体温度的升高,气泡向着温度高的方向移动,从而影响了水准管轴的水平,产生了气泡居中误差。所以,测量中应随时注意为仪器打伞遮阳。

2.7　自动安平水准仪

自动安平水准仪与微倾式水准仪的区别在于,自动安平水准仪没有水准管和微倾螺旋,而是在望远镜的光学系统中装置了补偿器。

1. 视线自动安平的原理

如图 2-27 所示,当圆水准器气泡居中后,视准轴仍存在一个微小倾角 α,在望远镜的光路上安置一补偿器,使通过物镜光心的水平光线经过补偿器后偏转一个 β 角,仍能通过十字丝交点,这样十字丝交点上读出的水准尺读数,即为视线水平时应该读出的水准尺读数。

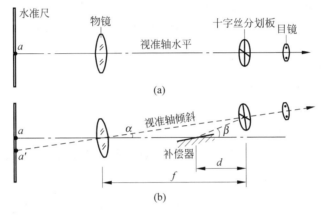

图 2-27　补偿原理

由于无需精平,这样不仅可以缩短水准测量的观测时间,而且对于施工场地地面的微小震动、松软土地的仪器下沉等原因,引起的视线微小倾斜,能迅速自动安平仪器,从而提高了水准测量的观测精度。图 2-28 为北京光学仪器厂生产的自动安平水准仪,图 2-29 为该仪器的光学结构。

图 2-28　自动安平水准仪

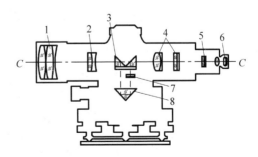

图 2-29　光学结构

1—物镜；2—物镜调焦透镜；3—补偿棱镜组；
4—转像物镜；5—十字丝分划板；6—目镜；
7—补偿器警告指示板；8—底物镜

2. 自动安平水准仪的使用

使用自动安平水准仪时,首先将圆水准器气泡居中,然后瞄准水准尺,等待 2～4s 后,即可进行读数。有的自动安平水准仪配有一个补偿器检查按钮,每次读数前按一下该按钮,确认补偿器能正常作用再读数。

思考题与练习题

1. 简述水准仪的测量原理。
2. 简述测定待定点高程的两种方法。
3. 分别叙述圆水准器轴、仪器的竖轴、水准管轴和视准轴的定义。
4. 简述视差的定义、产生的原因和消除的方法。
5. 简述水准测量成果的检核方法。
6. 水准测量中要求前后视距离相等,可以消除或减弱哪些误差的影响?
7. 水准仪轴系间应满足何种关系?
8. 简述 i 角的检校方法。
9. 高差的正负号有何意义?
10. 简述自动安平水准仪的补偿原理。
11. 简述数字水准仪的特点。
12. 图 2-30 为某附合水准路线,观测高差和测站数如水准路线略图所标注,试计算 P_1、P_2 两点的平差后高程。

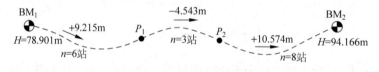

图 2-30 附合水准路线示意图

13. 某闭合水准路线如图 2-31 所示,已知高程点 BM 的高程为 67.648m,各测段的观测高差和测段长标注于水准路线略图 2-31 上,试计算该路线水准测量成果。

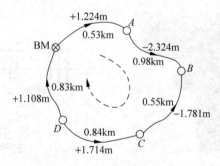

图 2-31 闭合水准路线示意图

第 **3** 章

角 度 测 量

3.1 角度测量原理

在确定地面点的位置时,需要进行角度测量。角度测量最常用的仪器是经纬仪。角度测量分为水平角测量与竖直角测量。水平角测量用于求算点的平面位置,竖直角测量用于测定高差或将倾斜距离改化成水平距离。

3.1.1 水平角测量原理

水平角是地面上一点到两目标的方向线垂直投影到水平面上所夹的角度 β,也就是过这两方向线所作两竖直面间的二面角,如图 3-1 所示。水平角的取值范围是 $0°\sim360°$。

为了测量水平角,经纬仪需有望远镜、水平度盘和水平度盘的读数指标。观测水平角时,水平度盘中心应安放在过测站点的铅垂线上,并能使之水平。为了瞄准不同方向,经纬仪的望远镜应能沿水平方向转动,也能高低俯仰。当望远镜高低俯仰时,其视线应划出一竖直面,这样才能使得在同一竖直面内高低不同的目标有相同的水平度盘读数。

两方向线 BA 和 BC,投影在水平度盘上的相应读数为 a 和 c,则水平角为

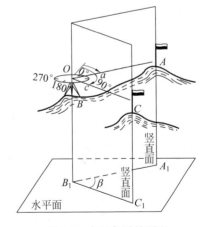

图 3-1 水平角测量原理

$$\beta = c - a \qquad\qquad (3\text{-}1)$$

若 $\beta < 0°$,则加 $360°$,因为水平角没有负值。

3.1.2　竖直角测量原理

1. 竖直角

竖直角是指在同一竖直面内，视线与水平线的夹角，用 α 表示。角值范围为 $0°\sim\pm90°$。视线在水平线之上称仰角，角值为正；视线在水平线之下称俯角，角值为负。

2. 天顶距

视线与指向天顶铅垂线方向之间的夹角称天顶距，用 z 表示，$z=90°-\alpha$，角值范围为 $0°\sim180°$。

3. 竖直角测量的原理

为了测量竖直角，经纬仪需要望远镜、竖直度盘和竖盘的读数指标。观测竖直角时，竖盘中心应位于竖直角的角顶 B，竖盘平面应是竖直面，竖盘指标位于通过 B 点的铅垂线方向，竖盘与望远镜连成整体。由图 3-2 得

$$\alpha = 90° - L \tag{3-2}$$

式中，L——指标在竖盘上的读数。

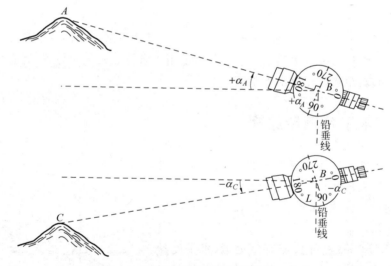

图 3-2　竖直角测量原理

3.1.3　经纬仪

根据上述测角原理，研制出的能完成水平角和竖直角测量的仪器称为经纬仪。

3.2　DJ$_6$ 型光学经纬仪

经纬仪的种类：

（1）按读数系统区分类：光学经纬仪、电子经纬仪。

（2）按测角精度分类：DJ_{07}、DJ_1、DJ_2、DJ_6，其中 J 为经纬仪；脚标数字为一测回的方向误差，单位为秒。

经纬仪主要由照准部、水平度盘和基座三部分组成，如图 3-3 和图 3-4 所示。

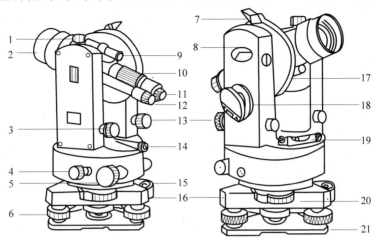

图 3-3 DJ_6 型光学经纬仪

1—望远镜制动螺旋；2—物镜；3—望远镜微动螺旋；4—水平制动螺旋；5—水平微动螺旋；6—脚螺旋；
7—竖盘指标水准管观察镜；8—竖盘指标水准管；9—瞄准器；10—物镜调焦螺旋；11—望远镜目镜；
12—读数显微镜目镜；13—竖盘指标水准管微动螺旋；14—光学对中器；15—圆水准器；16—基座；
17—竖盘；18—反光镜；19—照准部水准管；20—水平度盘位置变换手轮；21—基座底板

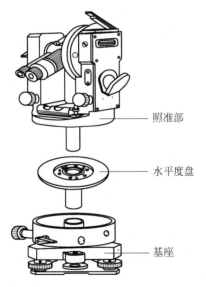

照准部

水平度盘

基座

图 3-4 DJ_6 光学经纬仪的结构

图 3-5 经纬仪十字丝分划板

3.2.1 照准部

照准部主要由望远镜、旋转轴、支架、横轴、竖盘装置、读数设备等组成。望远镜的构造与水准仪基本相同，主要用来照准目标，仅十字丝分划板稍有不同，如图 3-5 所示。照准部的旋转轴即为仪器的竖轴,竖轴插入基座内的竖轴轴套中旋转。照准部在水平方向的转动,由水平制动螺旋和水平微动螺旋来控制。望远镜的旋转轴称为横轴(也叫水平轴),它架于照准部的支架上。放松望远镜制动螺旋后,望远镜绕横轴在竖直面内自由旋转;旋紧望远镜制动螺旋后,转动望远镜微动螺旋,可使望远镜在竖直面内作微小的上、下转动,制动螺旋放松时,转动微动螺旋不起作用。照准部上有照准部水准管,用以置平仪器。竖直度盘固定在望远镜横轴的一端,随同望远镜一起转动。竖盘读数指标与竖盘指标水准管固连在一起,不随望远镜转动。竖盘指标水准管用于安置竖盘读数指标的正确位置,并借助支架上的竖盘指标水准管微动螺旋来调节。读数设备包括读数显微镜、测微器及光路中一系列光学棱镜和透镜。有的仪器安有光学对中器,它用于调节仪器使水平度盘中心与地面点处于同一铅垂线上。

3.2.2　水平度盘

水平度盘是一个光学玻璃圆盘,边缘顺时针方向刻有 $0°\sim360°$ 刻划。水平度盘轴套又称外轴,在外轴下方装有一个金属圆盘,称为复测盘,用以带动水平度盘的转动。有些型号的仪器没有复测装置,而装有度盘变换手轮,测量时可利用度盘变换手轮将度盘转到所需的位置上。

3.2.3　基座

基座包括轴座、脚螺旋和连接板。轴座是将仪器竖轴与基座连接固定的部件,轴座上有一个固定螺旋,放松这个螺旋,可将经纬仪水平度盘连同照准部从基座中取出,所以平时此螺旋必须拧紧,防止仪器坠落损坏。脚螺旋用来整平仪器。连接板用来将仪器稳固的连接在三脚架上。

3.3　DJ$_6$ 经纬仪的读数和使用

3.3.1　DJ$_6$ 经纬仪的读数装置

为了提高光学经纬仪的读数精度,光学经纬仪采用了显微放大装置和测微装置。DJ$_6$ 级经纬仪的测微装置一般有分微尺测微器和单板平玻璃测微器两种类型,下面重点介绍分微尺测微器读数方法。

1. 读数原理

光学经纬仪的读数 L 由两部分组成

$$L = L_0 + \Delta L$$

式中,L_0——度盘上得到的读数;

　　　ΔL——测微尺上得到的读数。

2. 读数装置

度盘上最小分划值为 1°,如图 3-6 所示。测微尺的总长也是 1°,把它分成 6 个大格,每一大格为 10'。每一大格再分成 10 个小格,每个小格为 1'。因此读数可以直接读到 1',估读到 0.1'=6"。

3. 读数显微镜中看到的图像

上面注记有"水平或 H"字样的像是水平度盘的读数,如图 3-6 水平度盘读数为

$$L_\mathrm{H} = 214° + 54.7' = 214°54'42''$$

下面注记有"竖直或 V"字样的像是竖盘的读数,如图 3-6 竖直度盘读数为

$$L_\mathrm{V} = 79° + 05.5' = 79°05'30''$$

DJ₆ 经纬仪读数练习参见附录 B 文件。

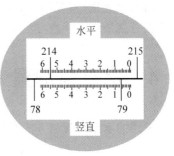

水平度盘读数214°54'42"

竖直度盘读数79°05'30"

图 3-6　测微尺的读数窗视场

3.3.2　经纬仪的使用

经纬仪的使用包括对中、精确整平、瞄准和读数四个操作步骤。

1. 对中

对中目的是使仪器的中心与测站点位于同一铅垂线上。

先目估三脚架头大致水平,且三脚架中心大致对准地面标志中心,踏紧一条架脚。双手分别握住另两条架腿稍离地面前后左右摆动,眼睛看对中器的望远镜,直至分划圈中心对准地面标志中心为止,放下两架腿并踏紧。调节架腿高度使圆水准气泡基本居中,然后用脚螺旋精确整平。检查地面标志是否位于对中器分划圈中心,若不居中,可稍旋松连接螺旋,在架头上移动仪器,使其精确对中。

2. 精确整平

整平的目的是使经纬仪的竖轴竖直和水平度盘水平。

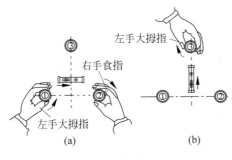

图 3-7　水准管整平方法

对中后,先伸缩三脚架使圆水准气泡居中,精确整平时,先转动照准部,使照准部水准管与任一对脚螺旋的连线平行,两手同时向内或外转动这两个脚螺旋,使水准管气泡居中,如图 3-7(a)所示。将照准部旋转 90°,转动第三个脚螺旋,使水准管气泡居中,如图 3-7(b)所示,按以上步骤反复进行,直到照准部转至任意位置气泡皆居中为止。整平动画演示参见附录 B 文件。

3. 瞄准

粗瞄、制动、调焦消除视差、水平微动精确瞄准。用水平微动完成瞄准。尽量瞄准目标下部,减少由于目标不垂直引起的方向误差。

4. 读数

打开反光镜,调整其位置,使读数窗内进光明亮均匀。然后进行读数显微镜调焦,使读数窗内分划清晰。读数方法如 3.3.1 节所述。

3.4　水平角测量

常用的水平角观测方法有测回法和全圆方向观测法。

3.4.1　测回法(适用于两个方向)

经纬仪安置在 B 点,用测回法观测 BA、BC 两个方向的水平角 $\angle ABC = \beta$,测回法的操作步骤:

(1) 如图 3-8 所示,经纬仪置 B 点,盘左位置精确瞄准左目标 A,调整水平度盘读数为零度稍大,读数 $a_左$,记录表 3-1 相应栏内。

图 3-8　测回法观测水平角

表 3-1　测回法观测记录

测站	目标	竖盘位置	水平度盘读数	半测回角值	一测回平均角值	各测回平均值
一测回 B	A	左	0°06′24″	111°39′54″	111°39′51″	111°39′52″
	C		111°46′18″			
	A	右	180°06′48″	111°39′48″		
	C		291°46′36″			
二测回 B	A	左	90°06′18″	111°39′48″	111°39′54″	
	C		201°46′06″			
	A	右	270°06′30″	111°40′00″		
	C		21°46′30″			

(2) 松开水平制动螺旋,顺时针转动照准部,瞄准右方目标 C,读取水平度盘读数 $c_左$,记录表 3-1 相应栏内。以上称上半测回,其角值为

$$\beta_上 = c_左 - a_左 \tag{3-3}$$

(3) 松开水平及竖直制动螺旋,倒转望远镜,旋转照准部,盘右位置瞄准右方目标 C,读取水平度盘读数 $c_右$,再逆时针旋转照准部,瞄准左方目标 A,读数 $a_右$,记录表 3-1 相应栏内。以上称下半测回,其角值为

$$\beta_{\text{下}} = c_{\text{右}} - a_{\text{右}} \tag{3-4}$$

（4）上、下半测回合称一测回。一测回的角值为

$$\beta = (\beta_{\text{上}} + \beta_{\text{下}})/2 \tag{3-5}$$

（5）当测角精度要求较高时，往往要测几个测回，为了减少度盘分划误差的影响，各测回间应根据测回数 n，按 $180°/n$ 变换水平度盘位置各测回起始方向的读数。

（6）DJ$_6$ 经纬仪观测水平角限差：上下半测回允许角差 $36''$；各测回允许角差 $24''$。

表 3-1 为观测两测回，第二测回观测时，A 方向的读数应安置在略大于 $90°$ 的位置，如果第二测回的测回角差符合要求，则取两测回角值的平均值作为最后结果。

测回法计算 EXCEL 程序参见附录 B 文件。

3.4.2　方向观测法（适用于两个以上方向）

方向观测法适用于在一个测站上观测两个以上的方向。

1. 方向观测法的观测方法

如图 3-9 所示，设 O 为测站点，A、B、C、D 为观测目标，用方向观测法观测各方向间的水平角，具体施测步骤如下：

（1）在测站点 O 安置经纬仪，在 A、B、C、D 观测目标处竖立观测标志。

（2）盘左位置：选择一个明显目标 A 作为起始方向，瞄准零方向 A，将水平度盘读数安置在稍大于 $0°$ 处，读取水平度盘读数，记入 3-2 方向观测法观测手簿第 4 栏。

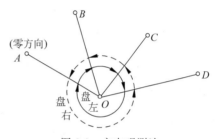

图 3-9　方向观测法

松开照准部制动螺旋，顺时针方向旋转照准部，依次瞄准 B、C、D 各目标，分别读取水平度盘读数，记入表 3-2 第 4 栏，为了校核，再次瞄准零方向 A，称为上半测回归零，读取水平度盘读数，记入表 3-2 第 4 栏。

表 3-2　方向观测法观测手簿

测站	测回数	目标	水平度盘读数		2c	平均读数	归零后方向值	各测回归零后方向平均值
			盘左	盘右				
1	2	3	4	5	6	7	8	9
O	1	A	0°02′12″	180°02′00″	+12	(0°02′10″) 0°02′06″	0°00′00″	0°00′00″
		B	37°44′15″	217°44′05″	+10	37°44′10″	37°42′00″	37°42′04″
		C	110°29′04″	290°28′52″	+12	110°28′58″	110°26′48″	110°26′52″
		D	150°14′51″	330°14′43″	+8	150°14′47″	150°12′37″	150°12′33″
		A	0°02′18″	180°02′08″	+10	0°02′13″		
	2	A	90°03′30″	270°03′22″	+8	(90°03′24″) 90°03′26″	0°00′00″	
		B	127°45′34″	307°45′28″	+6	127°45′31″	37°42′07″	
		C	200°30′24″	20°30′18″	+6	200°30′21″	110°26′57″	
		D	240°15′57″	60°15′49″	+8	240°15′53″	150°12′29″	
		A	90°03′25″	270°03′18″	+7	90°03′22″		

零方向 A 的两次读数之差,称为半测回归零差,归零差不应超过表 3-3 中的规定,如果归零差超限,应重新观测。以上称为上半测回。

(3) 盘右位置:逆时针方向依次照准目标 A、D、C、B、A,并将水平度盘读数由下向上记入表 3-2 第 5 栏,此为下半测回。

上、下两个半测回合称一测回。为了提高精度,有时需要观测 n 个测回,则各测回起始方向仍按 $180°/n$ 的差值,安置水平度盘读数。

2. 方向观测法的计算

1)计算两倍视准轴误差 $2c$ 值

$$2c = 盘左读数 - (盘右读数 \pm 180°) \tag{3-6}$$

式中,盘右读数大于 $180°$ 时取"-"号,盘右读数小于 $180°$ 时取"+"号。计算各方向的 $2c$ 值,填入表 3-2 第 6 栏。一测回内各方向 $2c$ 值互差不应超过表 3-3 中的规定。如果超限,应在原度盘位置重测。

2)计算各方向的平均读数

平均读数又称为一个测回的方向值。

$$平均读数 = \frac{1}{2}[盘左读数 + (盘右读数 \pm 180°)]$$

计算时,以盘左读数为准,将盘右读数加或减 $180°$ 后,和盘左读数取平均值。计算各方向的平均读数,填入表 3-2 第 7 栏。起始方向有两个平均读数,故应再取其平均值,填入表 3-2 第 7 栏上方小括号内。

3)计算归零后的方向值

将第 7 栏各方向的平均读数减去起始方向的平均读数(括号内数值),即得各方向的"归零后方向值",填入表 3-2 第 8 栏。起始方向归零后的方向值为零度。

4)计算各测回归零后方向值的平均值

多测回观测时,同一方向值各测回互差,符合表 3-3 中的规定,则取各测回归零后方向值的平均值,作为该方向的最后结果,填入表 3-2 第 9 栏。

5)计算各目标间水平角角值

将第 9 栏相邻两方向值相减即可求得。

当需要观测的方向为三个时,除不做归零观测外,其他均与三个以上方向的观测方法相同。

3. 方向观测法的技术要求

《城市测量规范》(CJJ/T 8—2011)规定,方向观测法的限差应符合表 3-3 的规定。

表 3-3　方向观测法的技术要求

经纬仪型号	半测回归零差	一测回内 $2c$ 较差	同一方向值各测回较差
DJ_2	$8''$	$13''$	$9''$
DJ_6	$18''$		$24''$

3.5 竖直角测量

3.5.1 竖直角的概念

在 3.1 节中介绍,在同一竖直面内,观测视线与水平线之间的夹角,称为竖直角,又称倾角,用 α 表示。其角值范围为 $0°\sim\pm90°$。如图 3-10 所示,视线在水平线的上方,竖直角为仰角,符号为正;视线在水平线的下方,竖直角为俯角,符号为负。

同水平角一样,竖直角的角值也是竖盘上两个方向的读数之差。如图 3-10 所示,望远镜瞄准目标的视线与水平线分别在竖直度盘上有对应读数,两读数之差即为竖直角的角值。所不同的是,竖直角的两方向中的一个方向是水平方向。无论对哪一种经纬仪来说,视线水平时的竖盘读数都应为 $90°$ 的倍数。所以,测量竖直角时,只要瞄准目标读出竖盘读数,即可计算出竖直角。

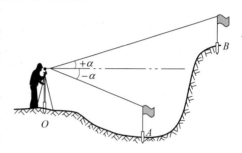

图 3-10 竖直角测量原理

3.5.2 竖直度盘构造

如图 3-11 所示,光学经纬仪竖直度盘的构造包括竖直度盘、竖盘指标、竖盘指标水准管和竖盘指标水准管微动螺旋。

竖直度盘固定在横轴的一端,当望远镜在竖直面内转动时,竖直度盘也随之转动,而用于读数的竖盘指标则不动。

当竖盘指标水准管气泡居中时,竖盘指标所处的位置称为正确位置。

光学经纬仪的竖直度盘也是一个玻璃圆环,分划与水平度盘相似,度盘刻度 $0°\sim360°$ 的注记有顺时针方向和逆时针方向两种。如图 3-12(a)所示目镜刻画为 $0°$,物镜刻画为 $180°$ 的为顺时针方向注记,如图 3-12(b)所示目镜刻画为 $180°$,物镜刻画为 $0°$ 的为逆时针方向注记。

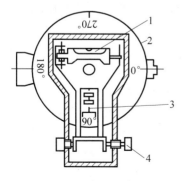

图 3-11 竖直度盘的构造

1—竖盘指标水准器;2—竖盘;3—竖盘读数指标;4—竖盘指标水准器微动螺旋

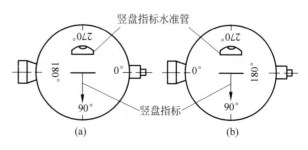

图 3-12 竖直度盘刻度注记(盘左位置)

竖直度盘构造的特点是：当望远镜视线水平，竖盘指标水准管气泡居中时，盘左位置的竖盘读数为 90°，盘右位置的竖盘读数为 270°。

3.5.3 竖直角计算公式

由于竖盘注记形式不同，竖直角计算的公式也不一样。现在以顺时针注记的竖盘为例，推导竖直角计算的公式。

如图 3-13 所示，盘左位置：视线水平时，竖盘读数为 90°。当瞄准一目标时，竖盘读数为 L，则盘左竖直角 α_L 为

$$\alpha_L = 90° - L \tag{3-7}$$

以上称为上半测回的角值。

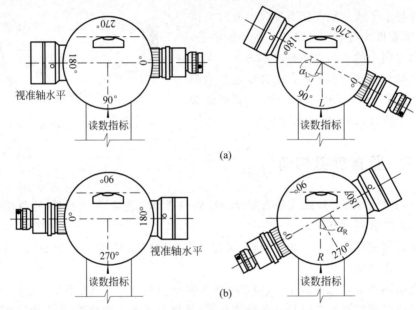

图 3-13 竖盘读数与竖直角计算

(a) 盘左；(b) 盘右

如图 3-13 所示，盘右位置：视线水平时，竖盘读数为 270°。当瞄准原目标时，竖盘读数为 R，则盘右竖直角 α_R 为

$$\alpha_R = R - 270° \tag{3-8}$$

以上称为下半测回的角值。

将盘左、盘右位置的两个竖直角取平均值，即得竖直角 α 计算公式为

$$\alpha = \frac{1}{2}(\alpha_L + \alpha_R) \tag{3-9}$$

以上称为一测回的竖直角。

对于逆时针注记的竖盘，用类似的方法推得竖直角的计算公式为

$$\left. \begin{array}{l} \alpha_L = L - 90° \\ \alpha_R = 270° - R \end{array} \right\} \tag{3-10}$$

在观测竖直角之前,盘左位置将望远镜大致放置水平,观察竖盘读数,首先确定视线水平时的读数;然后上仰望远镜,观测竖盘读数是增加还是减少:

若读数增加,则竖直角的计算公式为

$$\alpha = 瞄准目标时竖盘读数 - 视线水平时竖盘读数 \tag{3-11}$$

若读数减少,则竖直角的计算公式为

$$\alpha = 视线水平时竖盘读数 - 瞄准目标时竖盘读数 \tag{3-12}$$

以上规定,适合任何竖直度盘注记形式。

3.5.4　竖盘指标差

在竖直角计算公式中,认为当视准轴水平、竖盘指标水准管气泡居中时,竖盘读数应是 $90°$ 的整数倍。但是实际上这个条件往往不能满足,竖盘指标常常偏离正确位置,这个偏离的差值 x 角,称为竖盘指标差。竖盘指标差 x 本身有正负号,一般规定当竖盘指标偏移方向与竖盘注记方向一致时,x 取正号,反之 x 取负号。

如图 3-14 所示盘左位置,由于存在指标差,其正确的竖直角计算公式为

$$\alpha = 90° - L + x = \alpha_{L} + x \tag{3-13}$$

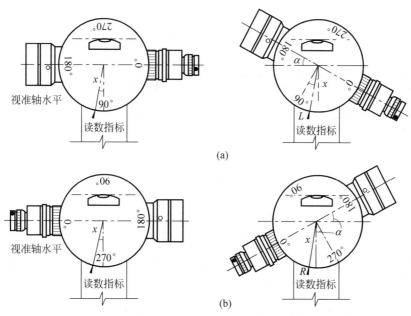

图 3-14　竖直度盘指标差

(a) 盘左;(b) 盘右

同样如图 3-14 所示盘右位置,其正确的竖直角计算公式为

$$\alpha = R - 270° - x = \alpha_{R} - x \tag{3-14}$$

将式(3-13)和式(3-14)相加并除以 2,得

$$\alpha = \frac{1}{2}(\alpha_{L} + \alpha_{R}) = \frac{1}{2}(R - L - 180°) \tag{3-15}$$

由此可见,在竖直角测量时,用盘左、盘右观测,取平均值作为竖直角的观测结果,可以

消除竖盘指标差的影响。

将式(3-13)和式(3-14)相减并除以 2,得

$$x = \frac{1}{2}(\alpha_R - \alpha_L) = \frac{1}{2}(L + R - 360°) \tag{3-16}$$

式(3-16)为竖盘指标差的计算公式,对于两种不同竖盘刻划都适用。指标差互差(即所求指标差之间的差值)可以反映观测成果的精度。《城市测量规范》规定:竖直角观测时,指标差互差的限差,DJ_2 型仪器不得超过 $\pm15''$;DJ_6 型仪器不得超过 $\pm25''$。

3.5.5　竖直角观测

竖直角的观测、记录和计算步骤如下:

(1) 如图 3-10 所示,在测站点 O 安置经纬仪,在目标点 A 竖立观测标志,按前述方法确定该仪器竖直角计算公式,为方便应用,可将公式记录于竖直角观测手簿表 3-4 备注栏中。

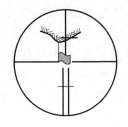

图 3-15　竖直角测量瞄准

(2) 盘左位置:瞄准目标 A,使十字丝横丝精确地切于目标顶端,如图 3-15 所示。转动竖盘指标水准管微动螺旋,使水准管气泡严格居中,然后读取竖盘读数 L,设为 $95°22'00''$,记入竖直角观测手簿表 3-4 相应栏内。

(3) 盘右位置:重复步骤(2),设其读数 R 为 $264°36'48''$,记入表 3-4 相应栏内。

表 3-4　竖直角观测手簿

测站	目标	竖盘位置	竖盘读数	半测回竖直角	指标差	一测回竖直角	备　注
1	2	3	4	5	6	7	8
O	A	左	$95°22'00''$	$-5°22'00''$	$-36''$	$-5°22'36''$	$\alpha_L = 90° - L$
		右	$264°36'48''$	$-5°23'12''$			$\alpha_R = R - 270°$
O	B	左	$81°12'36''$	$+8°47'24''$	$-45''$	$+8°46'39''$	
		右	$278°45'54''$	$+8°45'54''$			

(4) 根据竖直角计算公式计算,得

$$\alpha_L = 90° - L = 90° - 95°22'00'' = -5°22'00''$$
$$\alpha_R = R - 270° = 264°36'48'' - 270° = -5°23'12''$$

那么一测回竖直角为

$$\alpha = \frac{1}{2}(\alpha_L + \alpha_R) = \frac{1}{2}(-5°22'00'' - 5°23'12'') = -5°22'36''$$

竖盘指标差为

$$x = \frac{1}{2}(L + R - 360°) = \frac{1}{2}(95°22'00'' + 264°36'48'' - 360°) = -36''$$

将计算结果分别填入表 3-4 相应栏内。

当竖直角需要观测 n 测回时重复以上步骤就可以。

有些经纬仪,采用了竖盘指标自动归零装置,其原理与自动安平水准仪补偿器基本相同。当经纬仪整平后,瞄准目标,打开自动补偿器,竖盘指标即居于正确位置,从而明显提高了竖直角观测的速度和精度。

3.6　经纬仪的检验

3.6.1　经纬仪的轴线及其应满足的关系

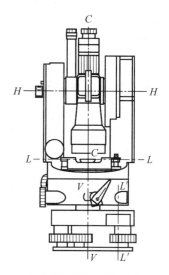

由测角原理可知,观测角度时,经纬仪水平度盘必须水平,竖盘必须竖直,望远镜上下转动的视准轴应在一个竖直面内。如图 3-16 所示,经纬仪应满足下列条件:

（1）水准管轴垂直于竖轴　　$LL \perp VV$；

（2）视准轴垂直于横轴　　$CC \perp HH$；

（3）横轴垂直于竖轴　　　$HH \perp VV$；

（4）十字丝竖丝垂直于横轴　竖丝$\perp HH$；

（5）竖盘指标差 x 应为零。

3.6.2　经纬仪的检验

1. 照准部水准管轴应垂直于竖轴的检验

图 3-16　经纬仪的轴线

竖轴不垂直于水准管轴的偏角 α,称为竖轴误差。

如图 3-17 所示,先整平仪器,照准部水准管平行于任意一对脚螺旋,转动该对脚螺旋使气泡居中,再将照准部旋转 $180°$,若气泡仍居中,说明此条件满足,否则需要校正。

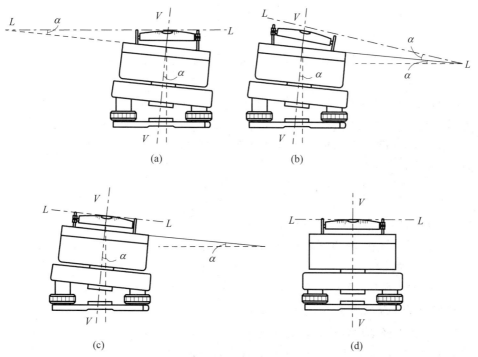

图 3-17　照准部管水准器的检验与校正

2. 十字丝竖丝应垂直于横轴的检验

如图 3-18 所示用十字丝竖丝一端瞄准细小点状目标 A 转动望远镜竖直微动螺旋,使其移至竖丝另一端,若目标点始终在竖丝上移动,说明此条件满足,否则需要校正。

松开四个校正螺丝 E,轻轻转动十字丝环,使点 A 从 A' 处向纵丝移动偏离量的一半 $\Delta/2$ 即可。

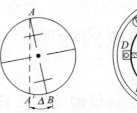

图 3-18　十字丝竖丝的检验

3. 视准轴应垂直于横轴的检验

视准轴不垂直于横轴所偏离的角值 c 称为视准轴误差。具有视准轴误差的望远镜绕横轴旋转时,视准轴将扫过一个圆锥面,而不是一个竖直面。

视准轴误差的检验方法有盘左盘右读数法和四分之一法两种,下面具体介绍四分之一法检验的步骤。

(1) 在平坦地面上,选择相距约 100m 的 A、B 两点,在 AB 连线中点 O 处安置经纬仪,如图 3-19 所示,并在 A 点设置一瞄准标志,在 B 点横放一根刻有毫米分划的直尺,使直尺垂直于视线 OB,A 点的标志、B 点横放的直尺应与仪器大致同高。

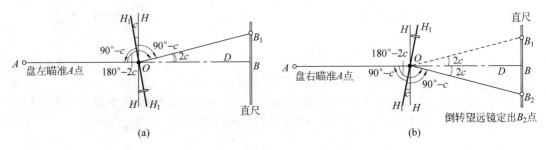

图 3-19　视准轴误差的检验(四分之一法)

(2) 用盘左位置瞄准 A 点,制动照准部,然后纵转望远镜,在 B 点尺上读得 B_1,如图 3-19(a)所示。

(3) 用盘右位置再瞄准 A 点,制动照准部,然后纵转望远镜,再在 B 点尺上读得 B_2,如图 3-19(b)所示。

如果 B_1 与 B_2 两读数相同,说明视准轴垂直于横轴。如果 B_1 与 B_2 两读数不相同,由图 3-19(b)可知,$\angle B_1 O B_2 = 4c$,由此算得

$$c = \frac{B_1 B_2}{4D} \rho'' \tag{3-17}$$

式中,D——O 点到 B 点的水平距离,m;

　　　$B_1 B_2$——B_1 与 B_2 的读数差值,m;

　　　ρ''——一弧度秒值,$\rho'' = 206\,265''$。

对于 DJ_6 型经纬仪,如果 $c > 60''$,则需要校正。

4. 横轴垂直于竖轴的检验

横轴不垂直于竖轴的偏角 i,称为横轴误差。

如图 3-20 所示,在离建筑物 20～30m 处安置仪器,盘左瞄准墙上高目标点标志 P(竖

直角 α 大于 $30°$),将望远镜放平,十字丝交点投在墙上定出 P_1 点。盘右瞄准 P 点同法定出 P_2 点。若 P_1、P_2 点重合,则说明此条件满足,否则需要校正。计算 i 角的公式为

$$i = \frac{\overline{P_1 P_2}}{2D\tan\alpha}\rho'' \tag{3-18}$$

式中,$\overline{P_1 P_2}$——P_1、P_2 两点的距离;

　　　　D——仪器到 P 点的水平距离。

图 3-20　HH 垂直 VV 的检验与校正

　　对 DJ$_6$ 型经纬仪,若 $i > 20''$ 则需要校正。由于仪器横轴是密封的,故该项校正应由专业维修人员进行。

　　5. 竖盘指标差的检验

　　安置经纬仪,仪器整平后,用盘左、盘右观测同一水平方向的目标点 A,分别使竖盘指标水准管气泡居中,读取竖盘读数 L 和 R,用式(3-16)计算竖盘指标差 x,若 x 值超过 $1'$ 时,需要校正。

　　此项检校需反复进行,直至指标差小于规定的限度为止。

3.7　水平角测量的误差分析

　　水平角测量误差来源三个方面:仪器误差、观测误差和外界条件的影响。现将其几种主要误差来源介绍如下。

3.7.1　仪器误差

　　1. 竖轴误差

　　竖轴 VV 不垂直于水准管轴 LL 的偏差称为竖轴误差。此种误差在盘左、盘右观测时保持同样的符号和数值。

　　2. 视准轴误差

　　视准轴 CC 不垂直于横轴 HH 的偏差 C 称为视准轴误差,如图 3-21 所示。

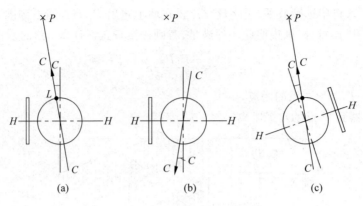

图 3-21　视准轴误差

3. 横轴误差

横轴 HH 不垂直于竖轴 VV 的偏差称为横轴误差,当 VV 铅垂时,HH 与水平面的夹角为 i。如图 3-22 所示。

4. 照准部偏心误差

照准部旋转中心与水平度盘分划中心不重合而产生的水平角误差,称为照准部偏心差。第 2、3、4 种误差,用盘左、盘右观测取平均值,可以消除它们对水平角测量的影响。

5. 水平度盘分划误差

由于制造原因,使得水平度盘分划有误差。为了减少它对水平角测量的影响,采用变换起始方向读数,这样可以减少此项误差的影响。

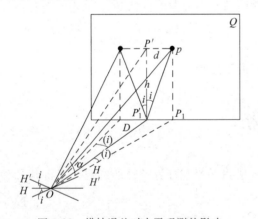

图 3-22　横轴误差对水平观测的影响

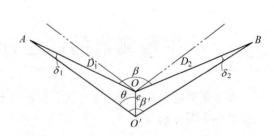

图 3-23　仪器对中误差

3.7.2　观测误差

1. 仪器对中误差

在安置仪器时,由于对中不准确,使仪器中心与测站点不在同一铅垂线上,称为对中误差。如图 3-23 所示,A、B 为两目标点,O 为测站点,O' 为仪器中心,OO' 的长度称为测站偏心距,用 e 表示,其方向与 OA 之间的夹角 θ 称为偏心角。β 为正确角值,β' 为观测角值,由对中误差引起的角度误差 $\Delta\beta$ 为

$$\Delta\beta = \beta - \beta' = \delta_1 + \delta_2$$

因 δ_1 和 δ_2 很小,故

$$\delta_1 \approx \frac{e\sin\theta}{D_1}\rho''$$

$$\delta_2 \approx \frac{e\sin(\beta'-\theta)}{D_2}\rho''$$

$$\Delta\beta = \delta_1 + \delta_2 = e\rho''\left[\frac{\sin\theta}{D_1} + \frac{\sin(\beta'-\theta)}{D_2}\right] \tag{3-19}$$

分析上式可知,对中误差对水平角的影响有以下特点:

（1）$\Delta\beta$ 与偏心距 e 成正比,e 越大,$\Delta\beta$ 越大;

（2）$\Delta\beta$ 与测站点到目标的距离 D 成反比,距离越短,误差越大;

（3）$\Delta\beta$ 与水平角 β' 和偏心角 θ 的大小有关。当 $\beta'=180°$,$\theta=90°$ 时,$\Delta\beta$ 有最大值,公式变成

$$\Delta\beta_{\max} = e\rho''\left(\frac{1}{D_1} + \frac{1}{D_2}\right)$$

例如,当 $\beta'=180°$,$\theta=90°$,$e=0.003\text{m}$,$D_1=D_2=100\text{m}$ 时

$$\Delta\beta_{\max} = 0.003 \times 206\,265'' \times \left(\frac{1}{100} + \frac{1}{100}\right) = 12.4''$$

对中误差引起的角度误差不能通过观测方法消除,所以观测水平角时应仔细对中,当边长较短或两目标与仪器接近在一条直线上时,要特别注意仪器的对中,避免引起较大的误差。一般规定对中误差不超过 3mm。

2. 目标偏心误差

水平角观测时,常用测钎、标杆或觇牌等立于目标点上作为观测标志,当观测标志倾斜或没有立在目标点的中心时,将产生目标偏心误差。如图 3-24 所示,O 为测站,A 为地面目标点,AA' 为标杆,标杆长度为 L,倾斜角度为 α,则目标偏心距 e 为

$$e = L\sin\alpha \tag{3-20}$$

目标偏心对观测方向的影响为

$$\delta = \frac{e}{D}\rho'' = \frac{L\sin\alpha}{D}\rho'' \tag{3-21}$$

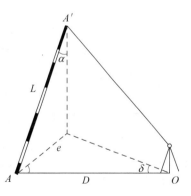

图 3-24　目标偏心误差

目标偏心误差对水平角观测的影响与偏心距 e 成正比,与距离成反比。为了减小目标偏心差,瞄准标杆时,标杆应立直,并尽可能瞄准标杆的底部。当目标较近,又不能瞄准目标的底部时,可采用垂球线或选用专用觇牌作为目标。

3. 整平误差

整平误差是指安置仪器时竖轴不竖直的误差。倾角越大,影响也越大。一般规定在观测过程中,水准管偏离零点不得超过一格。

4. 照准误差

照准误差主要与人眼的分辨能力和望远镜的放大倍率有关,人眼分辨两点的最小视角一般为 $60''$。设经纬仪望远镜的放大倍率为 V,则用该仪器观测时,其照准误差为

$$m_V = \pm \frac{60''}{V} \tag{3-22}$$

一般 DJ_6 型光学经纬仪望远镜的放大倍率 V 为 $25\sim30$ 倍,因此照准误差 m_V 一般为 $2.0''\sim2.4''$。

5. 读数误差

读数误差主要取决于仪器的读数设备,同时也与照明情况和观测者的经验有关。对于 DJ_6 型光学经纬仪,用分微尺测微器读数,一般估读误差不超过分微尺最小分划的 $1/10$,即不超过 $\pm6''$,对于 DJ_2 型光学经纬仪一般不超过 $\pm1''$。

3.7.3 外界条件的影响

外界条件的影响很多,如大风、松软的土质会影响仪器的稳定,地面的辐射热会引起物像的跳动,观测时大气透明度和光线的不足会影响瞄准精度,温度变化影响仪器的正常状态等,这些因素都直接影响测角的精度。因此,要选择有利的观测时间和避开不利的观测条件,使这些外界条件的影响降低到较小的程度。

思考题与练习题

1. 什么是水平角? 若某测站点与两个不同高度的目标点位于同一竖直面内,那么其构成的水平角是多少?
2. 观测水平角时,对中、整平的目的是什么? 试述用光学对中器对中整平的步骤和方法。
3. 为什么安置经纬仪比安置水准仪的步骤复杂?
4. 简述测回法测水平角的步骤,并整理表 3-5 测回法观测记录。

表 3-5 测回法观测手簿

测站	竖盘位置	目标	水平度盘读数	半测回角值	一测回角值	各测回平均值	备注
第一测回 O	左	A	0°01′00″				
		B	88°20′48″				
	右	A	180°01′30″				
		B	268°21′12″				
第二测回 O	左	A	90°00′06″				
		B	178°19′36″				
	右	A	270°00′36″				
		B	358°19′54″				

5. 观测水平角时,若测三个测回,各测回盘左起始方向水平度盘读数应安置为多少?
6. 经纬仪上有哪些制动螺旋和微动螺旋? 各起什么作用? 如何正确使用?

7. 整理表 3-6 方向观测法观测记录。

表 3-6　方向观测法观测手簿

| 测站 | 测回数 | 目标 | 水平度盘读数 | | 2c | 平均读数 | 归零后方向值 | 各测回归零后方向平均值 | 略图及角值 |
			盘左	盘右					
O	1	A	0°02′30″	180°02′36″					
		B	60°23′36″	240°23′42″					
		C	225°19′06″	45°19′18″					
		D	290°14′54″	110°14′48″					
		A	0°02′36″	180°02′42″					
	2	A	90°03′30″	270°03′24″					
		B	150°23′48″	330°23′30″					
		C	315°19′42″	135°19′30″					
		D	20°15′06″	200°15′00″					
		A	90°03′24″	270°03′18″					

8. 计算水平角时,如果被减数不够减时为什么可以再加 360°?

9. 试述竖直角观测的步骤,并完成表 3-7 的计算(注:盘左视线水平时指标读数为 90°,仰起望远镜读数减小)。

表 3-7　竖直角观测手簿

测站	目标	竖盘位置	竖盘读数	半测回竖角	指标差	一测回竖角	备　注
O	A	左	78°18′24″				
		右	281°42′00″				
	B	左	91°32′42″				
		右	268°27′30″				

10. 何谓竖盘指标差? 观测竖直角时如何消除竖盘指标差的影响?

11. 经纬仪有哪几条主要轴线? 各轴线间应满足怎样的几何关系? 为什么要满足这些条件? 这些条件如果不满足,如何进行检验?

12. 测量水平角时,采用盘左盘右法可消除哪些误差? 能否消除仪器竖轴倾斜引起的误差?

13. 测量水平角时,当测站点与目标点较近时,更要注意仪器的对中误差和瞄准误差,对吗? 为什么?

第 4 章

距离测量与直线定向

4.1 钢尺量距的一般方法

测量距离是测量的基本工作之一,所谓距离是指两点间的水平长度。如果测得的是倾斜距离,还必须改算为水平距离。按照所用仪器、工具的不同,测量距离的方法有钢尺直接量距、光电测距仪测距和光学视距法测距等。

4.1.1 量距的工具

钢尺是钢制的带尺,如图 4-1 所示,常用钢尺宽 10mm,厚 0.4mm;长度有 20m、30m 及 50m 几种,卷放在圆形盒内或金属架上。钢尺的基本分划为厘米,在每米及每分米处有数字注记。一般钢尺在起点处 1dm 内刻有毫米分划;有的钢尺,整个尺长内都刻有毫米分划。

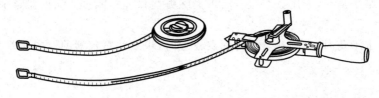

图 4-1 钢尺

由于尺的零点位置的不同,有端点尺和刻线尺的区别,如图 4-2 所示。端点尺是以尺的最外端作为尺的零点,当从建筑物墙边开始丈量时使用很方便。刻线尺是以尺前端的一刻线作为尺的零点。

丈量距离的工具,除钢尺外,还有标杆、测钎和垂球,如图 4-3 所示。标杆长 2~3m,直径 3~4cm,杆上涂以 20cm 间隔的红、白漆,以便远处清晰可见,用于标定直线。测钎用粗铁丝制成,用来标志所量尺段的起、终点和计算已量过的整尺段数。测钎一组为 6 根或 11

根。垂球用来投点。此外还有弹簧秤和温度计,如图 4-4 所示,以控制拉力和测定温度。

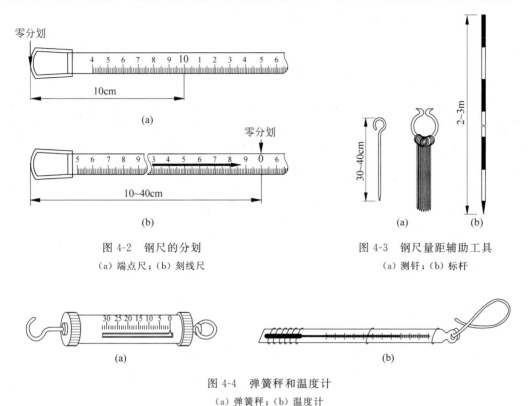

图 4-2 钢尺的分划

(a) 端点尺;(b) 刻线尺

图 4-3 钢尺量距辅助工具

(a) 测钎;(b) 标杆

图 4-4 弹簧秤和温度计

(a) 弹簧秤;(b) 温度计

4.1.2 钢尺量距的一般方法

当两个地面点之间的距离较长或地势起伏较大时,为使量距工作方便起见,可分成几段进行丈量。这种把多根标杆标定在已知直线上的工作称为直线定线。一般量距用目估定线,如图 4-5 所示。

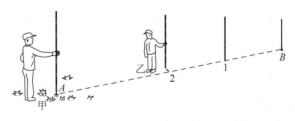

图 4-5 目估定线

1. 平坦地面的距离丈量

丈量前,先将待测距离的两个端点 A、B 用木桩(桩上钉一小钉)标志出来,然后在端点的外侧各立一标杆,清除直线上的障碍物后,即可开始丈量。如图 4-6 所示,由后尺手指挥前尺手进行丈量。

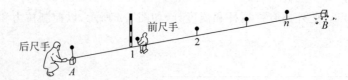

图 4-6　平坦地面上的量距方法

为了防止丈量中发生错误及提高量距精度,距离要往、返丈量。上述为往测,返测时要重新进行定线,取往、返测距离的平均值作为丈量结果。量距精度以相对误差表示,通常化为分子为 1 的分式形式。普通钢尺量距时,要求相对误差一般不应大于 1/3 000。

1) 往测

由 A 到 B

$$D_往 = nL + \Delta L_往 \tag{4-1}$$

式中,L——整尺段长度;

$\quad n$——整尺段个数;

$\quad \Delta L_往$——往测余长。

2) 返测

由 B 到 A

$$D_返 = nL + \Delta L_返 \tag{4-2}$$

3) 计算平均值 D

$$D = (D_往 + D_返)/2 \tag{4-3}$$

相对误差 K

$$K = \frac{|D_往 - D_返|}{D} = \frac{\Delta D}{D} \tag{4-4}$$

[**例 4-1**]　用 50m 长的钢尺往返丈量 A、B 两点间的水平距离,丈量结果分别为:往测 3 个整尺段,余长为 35.32m;返测 3 个整尺段,余长为 35.38m。计算 A、B 两点间的水平距离 D_{AB} 及其相对误差 K。

解　往返测距离:

$$D_往 = 3 \times 50 + 35.32 = 185.32(\text{m})$$
$$D_返 = 3 \times 50 + 35.38 = 185.38(\text{m})$$

平均距离:

$$D = \frac{1}{2}(185.32 + 185.38) = 185.35(\text{m})$$

相对误差:

$$K = \frac{|185.32 - 185.38|}{185.35} = \frac{1}{3\,089} \approx \frac{1}{3\,000}$$

相对误差分母越大,则 K 值越小,精度越高;反之,精度越低。在平坦地区,钢尺量距一般方法的相对误差一般不应大于1/3 000。

2. 倾斜地面的距离丈量

当倾斜地面的坡度均匀时,如图 4-7 所示,可以沿着斜坡丈量出 AB 的斜距 L,测出地面倾斜角,然后计算 AB 的水平距离 D。

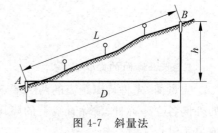

图 4-7　斜量法

4.2　钢尺量距的精密方法

4.2.1　钢尺的检定

1. 尺长方程式

钢尺由于其制造误差、经常使用中的变形以及丈量时温度和拉力不同的影响,使得其实际长度往往不等于名义长度。因此,丈量之前必须对钢尺进行检定,求出它在标准拉力和标准温度下的实际长度,以便对丈量结果加以改正。钢尺检定后,应给出尺长随温度变化的函数式,通常称为尺长方程式,其一般形式为

$$l_t = l_0 + \Delta l + \alpha l_0 (t - t_0) \tag{4-5}$$

式中,l_t——钢尺在温度 t 时的实际长度,m;

$\quad l_0$——钢尺的名义长度,m;

$\quad \Delta l$——钢尺尺长改正数,即钢尺在温度 t_0 时的改正数,m;

$\quad \alpha$——钢尺的膨胀系数,一般取 $\alpha = 1.25 \times 10^{-5}$ m/(m·℃);

$\quad t_0$——钢尺检定时的温度,℃;

$\quad t$——钢尺使用时的温度,℃。

2. 钢尺检定的方法

钢尺应送设有比长台的测绘单位检定,但若有检定过的钢尺,在精度要求不高时,可用检定过的钢尺作为标准尺来检定其他钢尺。检定宜在室内水泥地面上进行,在地面上贴两张绘有十字标志的图纸,使其间距约为一整尺长。用标准尺施加标准拉力丈量这两个标志之间的距离,并修正端点使该距离等于标准尺的长度。然后再将被检定的钢尺施加标准拉力丈量该两标志间的距离,取多次丈量结果的平均值作为被检定钢尺的实际长度,从而求得尺长方程式。

4.2.2　钢尺精密量距的方法

1. 定线

欲精密丈量直线 AB 的距离,首先清除直线上的障碍物,然后安置经纬仪于 A 点上,瞄准 B 点(见图 4-8),用经纬仪进行定线。

2. 量距

用检定过的钢尺丈量相邻两木桩之间的距离。丈量组一般由 5 人组成,2 人拉尺,2 人读数,1 人指挥兼记录和读温度。如图 4-8 所示,从 A 点测到 B 点为往测,往测完毕后立即返测,每条直线所需丈量的次数视量边的精度要求而定。

3. 测量高差

上述所量的距离,是相邻桩顶间的倾斜距离,为了改算成水平距离,要用水准测量方法测出相邻两桩高差,以便进行倾斜改正。水准测量宜在量距前或量距后往、返观测一次,以

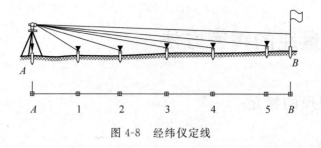

图 4-8　经纬仪定线

资检核。相邻两桩顶往、返所测高差之差，一般不得超过±10mm；如在限差以内，取其平均值作为观测成果。

4. 尺段长度的计算

精密量距中，每一尺段长需进行尺长改正、温度改正及倾斜改正，求出改正后的尺段水平距离。计算各改正数如下：

1）尺长改正

钢尺在标准拉力、标准温度下的检定长度 l_t，与钢尺的名义长度 l_0 往往不一致，其差 $\Delta l = l_t - l_0$，即为整尺段的尺长改正。任一尺段 L 的尺长改正数为

$$\Delta l_d = \frac{\Delta l}{l_0} \times L \tag{4-6}$$

2）温度改正

设钢尺在检定时的温度为 t_0℃，丈量时的温度为 t℃，钢尺的线膨胀系数为 α，则某尺段 L 的温度改正数为

$$\Delta l_t = \alpha(t - t_0)L \tag{4-7}$$

3）倾斜改正

设 L 为量得的斜距，h 为尺段两端间的高差，现要将 L 改算成水平距离，故要加倾斜改正数

$$\Delta l_h = -\frac{h^2}{2L} \tag{4-8}$$

每一尺段的水平距离为

$$d = L + \Delta l_d + \Delta l_t + \Delta l_h \tag{4-9}$$

[例 4-2]　已知：钢尺方程式 $L_t = 30 - 0.003 + 1.25 \times 10^{-5}(t-20) \times 30$m，用此钢尺在温度 $t_1 = 26.0$℃下丈量 $A—1$ 的距离为 $L_1 = 29.486$m，两点之间的高差 $h_1 = 1.12$m，求：$A—1$ 水平距离 d_1。

解　1）尺长改正

$$\Delta l_d = \frac{\Delta l}{l_0} \times L = \frac{(-0.003) \times 29.486}{30} = -0.002\,9(\text{m})$$

2）温度改正

$$\Delta l_t = \alpha(t - t_0)L = 1.25 \times 10^{-5}(26 - 20) \times 29.486 = +0.002\,2(\text{m})$$

3）倾斜改正

$$\Delta l_h = -h^2/2L = -\frac{(1.12)^2}{2 \times 29.486} = -0.021\,3(\text{m})$$

$A—1$ 的水平距离为

$$d_1 = 29.486 - 0.0029 + 0.0022 - 0.0213 = 29.464(\text{m})$$

同样方法得表 4-1 中数据：

$$d_2 = 25.059\text{m}, \quad d_3 = 28.039\text{m}$$
$$d_4 = 24.115\text{m}, \quad d_5 = 21.455\text{m}$$

全长计算

$$D_{往} = \sum d_{往} = 128.132\text{m}$$

若 $D_{返} = \sum d_{返} = 128.136\text{m}$，则平均值

$$D = 128.134\text{m}$$

相对误差

$$K = \frac{0.004}{128.134} = \frac{1}{32\,000}$$

$$K_{允} = \frac{1}{20\,000}$$

$K < K_{允}$，合格。

表 4-1　钢尺精密量距计算

线段	尺段	斜距 L/m	丈量温度 t/℃	高差 h/m	尺长改正 Δl_d/m	温度改正 Δl_t/m	倾斜改正 Δl_h/m	平距 d/m
	A—1	29.486	26.0	+1.12	−0.0029	+0.0022	−0.0213	29.464
	1—2	25.070	26.0	+0.73	−0.0025	+0.0019	−0.0106	25.059
AB	2—3	28.041	25.5	+0.24	−0.0028	+0.0019	−0.0010	28.039
	3—4	24.122	25.0	−0.54	−0.0024	+0.0015	−0.0060	24.115
	4—B	21.461	24.0	−0.47	−0.0021	+0.0011	−0.0051	21.455

4.2.3　钢尺量距的误差分析

1. 定线误差

在量距时直线的方向点不在直线方向上，量得是折线长度，而不是直线长度，其差数称为定线误差。因此精密量距时，必须用经纬仪定线。

2. 尺长误差

钢尺必须经过检定以求得其尺长改正数。尺长误差具有系统积累性，它与所量距离成正比。

3. 检定误差

钢尺检定后仍存在钢尺长度的误差，称为钢尺检定误差。一般尺长检定方法只能达到 ±0.5mm。

4. 温度误差

由于用温度计测量温度，测定的是空气的温度，而不是尺子本身的温度，在夏季阳光曝晒下，此两者温度之差可大于 5℃。因此，量距宜在阴天进行，并要设法测定钢尺本身的温度。

综上所述，精密量距时，除经纬仪定线、用弹簧秤控制拉力外，还需进行尺长、温度和倾

斜改正。而一般量距可不考虑上述各项改正。但当尺长改正数较大或丈量时的温度与标准温度之差大于 8℃时进行单项改正,此类误差用一根尺往返丈量发现不了。另外尺子拉平不容易做到,丈量时可以手持一悬挂垂球,抬高或降低尺子的一端,尺上读数最小的位置就是尺子水平时的位置,并用垂球进行投点及对点。

4.3　视距测量

视距测量是用仪器望远镜内的视距丝装置,根据光学原理同时测定距离和高差的一种方法。这种方法具有操作方便、速度快,一般不受地形限制等优点。但精度较低,普通视距测量仅能达到 1/200～1/300 的精度。

4.3.1　距视测量原理

视距测量所用的仪器主要有经纬仪、水准仪和平板仪等。进行视距测量,要用到视距丝和视距尺。视距丝即望远镜内十字丝平面上的上下两根短丝,它与横丝平行且等距离,如图 4-9 所示。视距尺是有刻划的尺子,和水准尺基本相同。

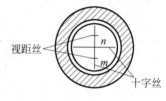

图 4-9　视距丝

1. 视线水平时计算公式

如图 4-10 所示,AB 水平距离为

$$D = Kl + C \tag{4-10}$$

式中,K——视距乘常数,通常 $K=100$;

　C——视距加常数;

　l——视距尺间隔,即上下丝读数之差,$l=m-n$。

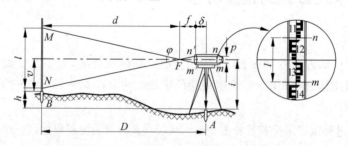

图 4-10　视准轴水平时视距测量原理图

式(4-10)是用外对光望远镜进行视距测量时计算水平距离的公式。对于内对光望远镜,其加常数 C 值接近零,可以忽略不计,故水平距离为

$$D = Kl = 100l \tag{4-11}$$

同时,由图 4-11 可知,A、B 两点间的高差 h 为

$$h = i - v \tag{4-12}$$

式中，i——仪器高，m；

　　v——十字丝中丝在视距尺上的读数，即中丝读数，m。

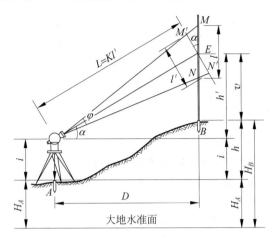

图 4-11　视线倾斜时的视距测量原理图

2. 视距倾斜时计算公式

　　如图 4-11 所示，在地面起伏较大的地区进行视距测量时，必须使望远镜视线处于倾斜位置才能瞄准尺子。此时，视线便不垂直于竖立的视距尺尺面，因此式（4-11）和式（4-12）不能适用。下面介绍视线倾斜时的水平距离和高差的计算公式。

　　如图 4-11 所示，A、B 两点间的水平距离为

$$D = L\cos\alpha = Kl\cos^2\alpha \tag{4-13}$$

　　式（4-13）为视线倾斜时水平距离的计算公式。

　　由图 4-11 可以看出，A、B 两点间的高差 h 为

$$h = D \times \tan\alpha + i - v \tag{4-14}$$

所以

$$h = \frac{1}{2}Kl\sin 2\alpha + i - v \tag{4-15}$$

　　式（4-14）和式（4-15）为视线倾斜时高差的计算公式。

　　［例 4-3］ 已知：视线倾斜时，A 点高程 $H_A = 142.60$m，经纬仪下丝读数为 1.900m，上丝读数为 0.900m，中丝 $v = 1.40$m，仪器高为 $i = 1.40$m，测得 A 点至 B 点竖直角 $\alpha = -11°29'$，试求：水平距离 D、高差 h_{AB}、B 点高程 H_B。

　　解　水平距离　$D = Kl\cos^2\alpha = 100 \times (1.900 - 0.900) \times \cos^2(-11°29') = 96.04$（m）

　　高差　$h_{AB} = D \times \tan\alpha + i - v = 96.04 \times \tan(-11°29') + 1.40 - 1.40 = -19.51$（m）

　　或　$h_{AB} = \frac{1}{2}Kl\sin 2\alpha + i - v = \frac{1}{2} \times 100 \times 1.000 \times \sin 2 \times (-11°29') + 1.40 - 1.40$

　　　　　　$= -19.51$（m）

　　B 点高程　$H_B = H_A + h_{AB} = 142.60 + (-19.51) = 123.09$（m）

4.3.2　视距测量步骤

（1）观测：在测站安置经纬仪，对中、整平、量仪器高；

在测点竖水准尺，瞄准视距尺（要求三丝都能读数）。

（2）读数：每个测点读四个读数

上丝读数 n　　读至毫米；

下丝读数 m　　读至毫米；

中丝读数 v　　读至厘米；

竖盘读数　　　读至秒，视距测量通常只测盘左（或盘右），测量前要对竖盘指标差
进行检验与校正。

（3）根据上下丝读数 m、n，计算尺间隔 l，由尺间隔 l，竖直角 α，仪器高 i 及中丝读数 v，
计算水平距离 D 和高差 h。

4.4　直线定向

确定地面上两点之间的相对位置，除了需要测定两点之间的水平距离外，还需确定两点
所连直线的方向。一条直线的方向，是根据某一标准方向来确定的。确定直线与标准方向
之间角度的关系，称为直线定向。

4.4.1　标准方向的种类

1. 真子午线方向

通过地球表面某点的真子午线的切线方向，称为该点的真子午线方向。真子午线方向
可用天文测量方法测定。

2. 磁子午线方向

磁子午线方向是在地球磁场作用下，磁针在某点自由静止时其轴线所指的方向。磁子
午线方向可用罗盘仪测定。

3. 纵坐标轴方向

在高斯平面直角坐标系中，纵坐标轴线方向就是地面点所在投影带的中央子午线方向。
在同一投影带内，各点的坐标纵轴线方向是彼此平行的。

4.4.2　直线定向的方法

测量工作中，常采用方位角表示直线的方向。从直线起点的标准方向北端起，顺时针方
向量至该直线的水平夹角，称为该直线的方位角。方位角取值范围是 $0°\sim360°$。因标准方
向有真子午线方向、磁子午线方向和坐标纵轴方向之分，对应的方位角分别称为真方位角

（用 A 表示）、磁方位角（用 A_m 表示）和坐标方位角（用 α 表示）。

因标准方向选择的不同，使得一条直线有不同的方位角，如图 4-12 所示。过 P 点的真北方向与磁北方向之间的夹角称为磁偏角，用 δ 表示。过 P 点的真北方向与坐标纵轴北方向之间的夹角称为子午线收敛角，用 γ 表示。

δ 和 γ 的符号规定相同：当磁北方向或坐标纵轴北方向在真北方向东侧时，δ 和 γ 的符号为"＋"；当磁北方向或坐标纵轴北方向在真北方向西侧时，δ 和 γ 的符号为"－"。同一直线的三种方位角之间的关系为

$$A = A_m + \delta \tag{4-16}$$
$$A = \alpha + \gamma \tag{4-17}$$
$$\alpha = A_m + \delta - \gamma \tag{4-18}$$

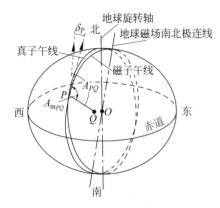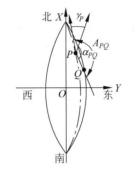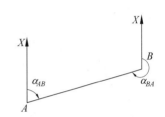

图 4-12　三种方位角之间的关系　　　图 4-13　正反坐标方位角的关系

4.4.3　正、反坐标方位角的关系

以 A 为起点、B 为终点的直线 AB 的坐标方位角 α_{AB}，称为直线 AB 的正坐标方位角。而直线 BA 的坐标方位角 α_{BA}，称为直线 AB 的反坐标方位角。由图 4-13 中可以看出正、反坐标方位角间的关系为

$$\alpha_{BA} = \alpha_{AB} + 180° \quad 或 \quad \alpha_{反} = \alpha_{正} + 180° \tag{4-19}$$

注意：若 $\alpha_{反} \geq 360°$，则减 $360°$。

4.4.4　坐标方位角的推算

在实际工作中并不需要测定每条直线的坐标方位角，而是通过与已知坐标方位角的直线连测后，推算出各直线的坐标方位角。如图 4-14 所示，已知直线 12 的坐标方位角 α_{12}，观测了水平角 β_2 和 β_3，要求推算直线 23 和直线 34 的坐标方位角。

因 β_2 在推算路线前进方向的右侧，该转折角称为右角；β_3 在左侧，称为左角。

1）观测线路右角

已知：α_{12}，水平角 β_2、β_3、$\cdots$、β_N，求：α_{23}、$\cdots$、$\alpha_{终}$。

解　由图 4-14 得

$$\alpha_{23} = \alpha_{12} - \beta_2 + 180° \tag{4-20}$$

注意:(1) $\alpha_{23} < 0°$,则加 360°;

　　　(2) $\alpha_{23} \geqslant 360°$,则减 360°。

若观测了 N 个右角,则有

$$\alpha_{终} = \alpha_{起} - \sum \beta_{右} + N \times 180°$$

2)观测路线左角时

由图 4-14 得

$$\alpha_{34} = \alpha_{23} + \beta_3 - 180°$$

注意:(1) $\alpha_{34} < 0°$,则加 360°;

　　　(2) $\alpha_{34} \geqslant 360°$,则减 360°。

若观测了 N 个左角,则有

$$\alpha_{终} = \alpha_{起} + \sum \beta_{左} - N \times 180°。$$

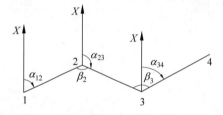

图 4-14　坐标方位角推算

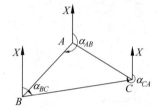

图 4-15　坐标方位角推算

[**例 4-4**]　如图 4-15 所示,已知:在△ABC 中,AB 直线的坐标方位角 $\alpha_{AB} = 200°$,三个内角为∠A=50°,∠B=60°,∠C=70°,求:α_{BC}、α_{CA} 和 α_{CB}、α_{AC} 并把它们标在图上。

解　首先判断是左角

$$\alpha_{BC} = \alpha_{AB} + \angle B - 180° = 200° + 60° - 180° = 80°$$

$$\alpha'_{CA} = \alpha_{BC} + \angle C - 180° = 80° + 70° - 180° = -30°$$

$$\alpha_{CA} = \alpha'_{CA} + 360° = 330°$$

计算检核:

$$\alpha_{AB} = \alpha_{CA} + \angle A - 180° = 330° + 50° - 180° = 200°$$

再计算 α_{CB}、α_{AC}

$$\alpha_{CB} = \alpha_{BC} + 180° = 80° + 180° = 260°$$

$$\alpha'_{AC} = \alpha_{CA} + 180° = 330° + 180° = 510°$$

$$\alpha_{AC} = \alpha'_{AC} - 360° = 150°$$

4.4.5　坐标象限角

从坐标纵轴的北端或南端顺时针或逆时针起转至直线的锐角称为坐标象限角(见图 4-16),用 R 表示,其角值变化从 0°~90°。为了表示直线的方向,应分别注明北偏东、北偏西或南偏东、南偏西。如北东 55°,南西 79° 等。显然,如果知道了直线的方位角,就可以换算出它的象限角,反之,知道了象限角也就可以推算出方位角。

坐标方位角与坐标象限角之间的换算关系,如表 4-2 所示。

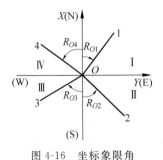

图 4-16　坐标象限角

表 4-2　坐标增量正、负号的规律及 α 与 R 的关系

象限	ΔX	ΔY	α 与 R 的关系
Ⅰ	+	+	$\alpha = R$
Ⅱ	−	+	$\alpha = 180° - R$
Ⅲ	−	−	$\alpha = 180° + R$
Ⅳ	+	−	$\alpha = 360° - R$

4.5　坐标正反算

4.5.1　坐标正算

根据直线起点的坐标、直线的边长及其坐标方位角计算直线终点的坐标,称为坐标正算。如图 4-17 所示,已知直线 AB 起点 A 的坐标为 (X_A, Y_A),AB 边的边长及坐标方位角分别为 D_{AB} 和 α_{AB},需计算直线终点 B 的坐标。

直线两端点 A、B 的坐标值之差,称为纵横坐标增量,用 ΔX_{AB}、ΔY_{AB} 表示。由图 4-17 可看出坐标增量的计算公式为

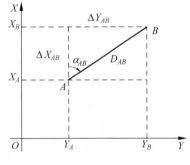

图 4-17　坐标增量计算

$$\left.\begin{aligned} \Delta X_{AB} &= X_B - X_A = D_{AB}\cos\alpha_{AB} \\ \Delta Y_{AB} &= Y_B - Y_A = D_{AB}\sin\alpha_{AB} \end{aligned}\right\} \quad (4\text{-}21)$$

根据式(4-21)计算坐标增量时,sin 和 cos 函数值随着 α 角所在象限而有正负之分,因此算得的坐标增量同样具有正、负号。坐标增量正、负号的规律如表 4-2 所示。则 B 点坐标的计算公式为

$$\left.\begin{aligned} X_B &= X_A + \Delta X_{AB} = X_A + D_{AB}\cos\alpha_{AB} \\ Y_B &= Y_A + \Delta Y_{AB} = Y_A + D_{AB}\sin\alpha_{AB} \end{aligned}\right\} \quad (4\text{-}22)$$

［例 4-5］　已知 A 点坐标$(3\,472.159, 5\,078.118)$,AB 两点的水平距离为 $D_{AB} = 100.249\text{m}$,方位角 $\alpha_{AB} = 75°32'49''$,求 B 点坐标。

解　坐标增量

$$\Delta X_{AB} = D_{AB} \cdot \cos\alpha_{AB} = 100.249 \times \cos 75°32'49'' = 25.021(\text{m})$$

$$\Delta Y_{AB} = D_{AB} \cdot \sin\alpha_{AB} = 100.249 \times \sin 75°32'49'' = 97.076(\text{m})$$

B 点坐标

$$X_B = X_A + \Delta X_{AB} = 3\,472.159 + 25.021 = 3\,497.180(\text{m})$$

$$Y_B = Y_A + \Delta Y_{AB} = 5\,078.118 + 97.076 = 5\,175.194(\text{m})$$

坐标正算 EXCEL 程序参见附录 B 文件。

4.5.2 坐标反算

根据直线起点和终点的坐标,计算直线的边长和坐标方位角,称为坐标反算。如图 4-17 所示,已知直线 AB 两端点的坐标分别为 (X_A,Y_A) 和 (X_B,Y_B),则直线边长 D_{AB} 和坐标方位角 α_{AB} 的计算公式为

$$D_{AB} = \sqrt{\Delta X_{AB}^2 + \Delta Y_{AB}^2} \tag{4-23}$$

$$\alpha_{AB} = \arctan \frac{\Delta Y_{AB}}{\Delta X_{AB}} \tag{4-24}$$

应该注意的是坐标方位角的角值范围在 $0°\sim360°$ 间,而 arctan 函数的角值范围在 $-90°\sim+90°$ 间,两者是不一致的。按式(4-24)计算坐标方位角时,计算出的是象限角,因此,应根据坐标增量 ΔX、ΔY 的正、负号,按表 4-2 决定其所在象限,再把坐标象限角换算成相应的坐标方位角。

［**例 4-6**］ 已知点坐标 $A(346\,603.048,589\,346.523)$,$B(346\,603.395,589\,395.840)$,$C(346\,632.655,589\,367.708)$,分别计算直线 CA、CB 的水平距离与坐标方位角。

解 坐标增量

$$\begin{cases} \Delta X_{CA} = X_A - X_C = -29.607\mathrm{m} \\ \Delta Y_{CA} = Y_A - Y_C = -21.185\mathrm{m} \end{cases}$$

$$\begin{cases} \Delta X_{CB} = X_B - X_C = -29.260\mathrm{m} \\ \Delta Y_{CB} = Y_B - Y_C = +28.132\mathrm{m} \end{cases}$$

水平距离

$$D_{CA} = \sqrt{\Delta X_{CA}^2 + \Delta Y_{CA}^2} = 36.406\mathrm{m}$$

$$D_{CB} = \sqrt{\Delta X_{CB}^2 + \Delta Y_{CB}^2} = 40.590\mathrm{m}$$

坐标方位角:因为 ΔX_{CA}、ΔY_{CA} 均为负,故 CA 在第三象限,则

$$R_{CA} = \arctan \left| \frac{\Delta Y_{CA}}{\Delta X_{CA}} \right| = 35°35'07''$$

$$\alpha_{CA} = 180° + R_{CA} = 215°35'07''$$

因为 ΔX_{CB} 为负,ΔY_{CB} 为正,故 CB 在第二象限,则

$$R_{CB} = \arctan \left| \frac{\Delta Y_{CB}}{\Delta X_{CB}} \right| = 43°52'27''$$

$$\alpha_{CB} = 180° - R_{CB} = 136°07'33''$$

坐标反算 EXCEL 程序参见附录 B 文件。

思考题与练习题

1. 比较一般量距与精密量距有何不同。
2. 试述钢尺量距的精密方法。

3. 下列情况对距离丈量结果有何影响? 使丈量结果比实际距离增大还是减小?

(1) 钢尺比标准长;(2) 定线不准;(3) 钢尺不水平。

4. 丈量 A、B 两点水平距离,用 30m 长的钢尺,丈量结果为往测 4 尺段,余长为 10.249m,返测 4 尺段,余长为 10.212m,试进行精度计算,若精度合格,求出水平距离(精度要求 $K_允 = 1/2\ 000$)。

5. 某钢尺的尺长方程为 $l_t = 30\text{m} + 0.006\text{m} + 1.2 \times 10^{-5} \times 30\text{m} \times (t - 20℃)$,使用该钢尺丈量 AB 之间的长度为 29.935 8m,丈量时的温度 $t = 12℃$,使用拉力与检定时相同,AB 两点间高差 $h_{AB} = 0.78$m,试计算 AB 之间的实际水平距离。

6. 如何进行直线定向?

7. 设已知各直线的坐标方位角分别为 $47°29'$,$178°37'$,$216°48'$,$357°18'$,试分别求出它们的坐标象限角和反坐标方位角。

8. 如图 4-18 所示,已知 $\alpha_{AB} = 56°20'12''$,$\beta_B = 104°24'21''$,$\beta_C = 134°56'53''$,求其余各边的坐标方位角。

9. 四边形内角值如图 4-19 所示,已知 $\alpha_{12} = 149°20'$,求其余各边的坐标方位角。

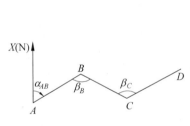

图 4-18　推导坐标方位角

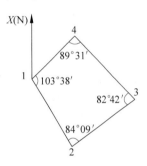

图 4-19　推导坐标方位角

10. 已知某直线的象限角为南西 $85°18'$,求它的坐标方位角。

11. 表 4-3 为视距测量成果表,试计算各点的高程和平距。

测站点 A　　$H_A = 42.952$m,　$i_A = 1.48$m

表 4-3　视距测量成果表

点号	视距间隔 l/m	中丝读数 v/m	竖盘读数 L	竖直角 α	高差 h/m	平距 D/m	高程 H/m	备　　注
1	0.552	1.480	$83°36'$					竖盘盘左的注记形式:
2	0.409	1.780	$87°51'$					度盘顺时针刻划,物镜
3	0.324	1.480	$93°45'$					端为 $0°$,目镜端为
4	0.675	2.480	$98°12'$					$180°$,指标指向 $90°$位置

12. 利用方位角推算和坐标正算公式,推算表 4-4 中 2、3、4、5 点的坐标。

25

表 4-4　题 12 表

点号	角度观测值（右角）	坐标方位角	边长/m	坐标	
				X/m	Y/m
1				2 000.00	4 000.00
		69°45′00″	103.85		
2	139°05′00″				
			114.57		
3	94°15′54″				
			162.46		
4	88°36′36″				
			133.54		
5	122°39′30″				
			123.68		
1	95°23′30″				

13. 如图 4-20，已知 $X_A=223.456\text{m}$，$Y_A=234.567\text{m}$，$X_B=154.147\text{m}$，$Y_B=274.567\text{m}$，$\beta_1=254°15′31″$，$D_1=90.235\text{m}$，$\beta_2=70°08′36″$，$D_2=109.387\text{m}$，试求 P 点的坐标 (X_P,Y_P)。

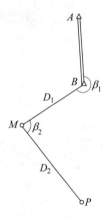

图 4-20　题 13 图

第 5 章

电子测绘仪器原理与应用

自 20 世纪 50 年代以来,伴随着测绘科学技术、微电子学、激光技术、计算机技术、精密机械技术、通信技术、空间技术的发展,测绘仪器向数字化和自动化的方向发展。1948 年世界上第一台电磁波测距仪问世,标志着测距仪器的重大变革,解决了测绘工程中高精度、远距离、全天候的测距瓶颈;20 世纪 60 年代电子经纬仪问世,实现了角度测量的高精度自动化;20 世纪 70 年代研制出集电子测距、电子测角、微型计算机及其软件组合而成的智能型光电测量仪器——全站仪(total station)。全站仪不仅可进行高精度三维坐标测量,还具有自动跟踪、电子补偿、数据存储和计算、通信传输等功能,大大提高了测绘作业的效率;20 世纪 90 年代初数字水准仪的问世,实现了精密水准测量的自动化,减轻了水准测量的劳动强度,提高了测量成果的质量。1973 年 12 月美国建立了新一代的卫星导航系统——GPS 全球定位系统,为测绘空间定位展现了广阔的前景。

5.1 电子测角原理

测量工作在确定地面点的位置时,通常要进行角度测量。角度测量最常用的仪器是经纬仪。最早用的是游标经纬仪,到了 20 世纪 40 年代出现了光学经纬仪。光学经纬仪相对游标经纬仪体积小、质量轻、操作方便,而且提高了测角精度。随着光电技术、计算机技术和精密机械的发展,20 世纪 60 年代许多国家又研制出电子经纬仪,推动了测绘技术向数字化、自动化方向发展。目前主要的电子测角方法有编码度盘法、光栅度盘法和动态法。由于电子测微技术的改进和发展,电子经纬仪的测角精度大大提高。而计算机技术的广泛应用,使得电子经纬仪、全站仪的操作环境、计算功能、存储功能和程序运转功能都有很大的提高。

5.1.1　编码度盘测角原理

编码度盘是按二进制制成的多道环码,用光电的方法或磁感应的方法读出其编码,并根据其编码直接换算成角度值。通常将码盘分为若干宽度相同的同心圆环,而每一圆环又被刻制成若干等长的透光与不透光区,这种圆环称为编码度盘的码道。每条码道代表一个二进制的数位,由里到外,位数由高到低,如图 5-1 所示。在码道数目一定的条件下,整个编码度盘可以分成数目一定、面积相等的扇形区,称为编码度盘的码区。处于同一码区的各码道的透光区与不透光区的排列构成编码度盘的一个编码,这一码区所显示的角度范围称为编码度盘的角度分辨率。

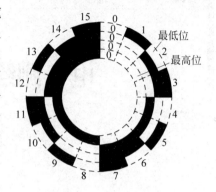

图 5-1　编码度盘

为了读取各码区的编码数,在编码度盘的码道一侧设置半导体发光二极管,对应的一侧设置光敏二极管作为光电转换器。码盘上的发光二极管和码盘下的光敏二极管组成测角的读定标志。把码盘的透光、不透光由光电转换器转换成电信号:透光以"1"表示,不透光以"0"表示,这样码盘上每一格就对应一个二进制数,经过译码就成为十进制的数,从而在显示器上显示一个角度值。因此,编码度盘的测角方法又称为绝对式测角法。

表 5-1　编码与方向值

区间	编码	方向值	区间	编码	方向值
0	0000	0°00′	8	1000	180°00′
1	0001	22°30′	9	1001	202°30′
2	0010	45°30′	10	1010	225°00′
3	0011	60°30′	11	1011	247°30′
4	0100	90°00′	12	1100	270°00′
5	0101	112°30′	13	1101	292°30′
6	0110	135°00′	14	1110	315°00′
7	0111	157°30′	15	1111	337°30′

5.1.2　光栅度盘测角原理

角度测量光栅是在度盘径向按等角距刻制的辐射状径向光栅,将两密度相同的光栅相叠,并使它们的刻划相互倾斜一个很小的角度 θ,这时会出现明暗相间的条纹,称为莫尔条纹,光栅度盘就是利用莫尔干涉条纹效应来实现测角的。如图 5-2 所示。

莫尔条纹有如下特点:

(1) 在垂直于光栅构成的平面方向上,条纹亮度按正弦周期性变化。

(2) 当光栅水平移动时,莫尔条纹上下移动。光栅在水平方向相对移动一条刻线,莫尔

条纹在垂直方向移动一周（即明条纹移动到上
一条或下一条的明条纹的位置上）。其移动
量为

$$y = x \cdot \tan\theta \qquad (5\text{-}1)$$

式中：y——条纹移动距离；

　　　x——光栅水平相对移动距离；

　　　θ——两光栅之间的夹角。

由式（5-1）可见，虽然刻线间隔不大，但只
要两光栅夹角小，很小的光栅移动量就会产生
很大的条纹移动量，起到位移量放大器的作用。

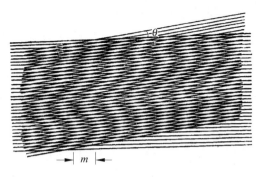

图 5-2　莫尔干涉条纹

光栅度盘测角的基本原理如图 5-3（a）所示。光栅度盘的指示光栅、接收管、发光管的位
置是固定的，当度盘随照准部转动时，莫尔条纹落在接收管上，度盘每移动一条光栅，莫尔条
纹在接收管上就移动一周，通过接收管的电流就变化一周，如图 5-3（b）所示。当仪器照准
零方向时，让仪器计算器处于"0"状态，当度盘随照准转动照准目标时，通过接收管的电流的
周期数就是两个方向之间的光栅数。由于光栅之间的夹角是已知的，计数器所计的电流周期
数经过处理就可以显示角度值。通常采用时标脉冲进行计数，即在每一周期内插入 n 个
脉冲，计算器对脉冲计数，所得到的脉冲数等于两个方向所夹光栅条纹数的 n 倍，这就相当
于光栅刻划线增加了 n 倍，角度分辨率提高了 n 倍。由于这种测角方式测定光栅增加量，所
以又称增量式测角或称增量法。

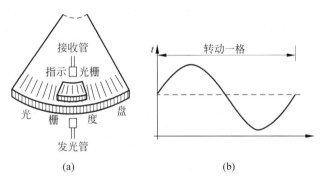

图 5-3　光栅度盘测角原理

（a）相互关系；（b）光电流

5.1.3　动态测角法原理

动态测角法的特点是每测定一个方向值均利用度盘的全部分划线，这样可以消除刻划
误差和度盘的偏心差对观测值的影响。度盘由等间隔的明暗分划线构成，其分划线的间隔
为角度 φ_0，度盘内侧设有固定阑 L_S，外侧设有可动光阑 L_R，光阑上装有发光二极管和光电
二极管，用于传递度盘移动的信息。当度盘在电机的带动下以一定的速度旋转时，接收光电
二极管收到光信号，并输出高电平信号；当没有收到光信号时，光电二极管输出低电平信
号，如图 5-4 所示，此时，L_S 和 L_R 的夹角 φ 可用度盘转动的明暗间隔数目来表示：

$$\varphi = n \cdot \varphi_0 + \Delta\varphi \qquad (5\text{-}2)$$

式中，φ_0 为度盘分划线所对应的角度，为了便于计算，在度盘设计时分为 1024 分划线，故有

$$\varphi_0 = \frac{360 \times 3\,600''}{1024} = 1\,265.625''$$

由式(5-2)可知，在 φ_0 已知的情况下，只要确定 n 和 $\Delta\varphi$，即可算出度盘所转动的角度 φ 值。下面简单介绍 n 和 $\Delta\varphi$ 的测定方法。

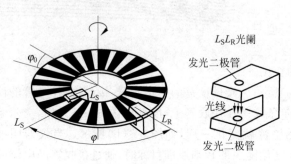

图 5-4　格区式度盘图

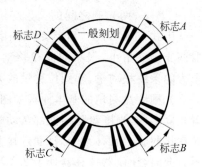

图 5-5　度盘结构图

1. n 的测定

n 值的测定是在度盘上设立参考标志解决的。如图 5-5 所示，测角时度盘按一定的速度旋转一周，则所设的 4 组标志刻划必然经过光阑 L_S、L_R 各一次。由于标志刻划的特殊性，任一标志刻划经过 L_S、L_R 之间的时间 T 是可以测定的。设 A 标志刻划为固定光阑 L_S，到可动光阑 L_R 所对应的时间为 T_A，则 T_A 包含 φ_0 的个数 n_A 为

$$n_A = \frac{T_A}{T_0} \qquad (5\text{-}3)$$

式中，T_0 为 φ_0 相对应的一周期的时间。同理，n_B、n_C、n_D 所对应的 T_B、T_C、T_D 也可推算得到。电子经纬仪微处理机可以容易地获取 n_A、n_B、n_C、n_D，这样可准确地测定 n 值，即

$$n = \frac{n_A + n_B + n_C + n_D}{4} \qquad (5\text{-}4)$$

2. $\Delta\varphi$ 的测定

$\Delta\varphi$ 在设计上由数字脉冲电路的测定方式获取。由于 L_S、L_R 之间的相位角 φ 中存在 $\Delta\varphi$，因此在脉冲电路中可以得到与 $\Delta\varphi$ 相对应的脉冲数。假设填充脉冲的频率 $f_C = 1.72\text{MHz}$，角度值 φ_0 的一个周期的时间 $T_0 = 325 \times 10^{-6}\text{s}$，这时所得的脉冲数为 $f_C \times T_0 = 559$。这样每个脉冲代表的角值为 $\dfrac{1265.625''}{559} = 2.26''$。$\Delta\varphi$ 是 φ_0 范围内不足一个周期的角度值，这样就可以利用脉冲电路获得的脉冲数而准确地得到角度值。假如某一 $\Delta\varphi$ 所对应不足一周期的时间宽度 $\Delta t = 125 \times 10^{-6}\text{s}$，可得脉冲数为 $f_C \times \Delta t = 215$，将此值转为角度值为 $2.26'' \times 215 = 485.9''$。这样 n 和 $\Delta\varphi$ 都得到解决，用式(5-2)可以算出电子度盘所转动的角。

5.2　电磁波测距原理

电磁波测距仪是以电磁波作为载波的测距仪器,发展至今已有六十多年的历史。瑞典大地测量学者贝尔格斯川在大地测量基线上采用光电技术精密测定光速值,于 1943 年获得了满意的结果,同年他与该国的 AGA 公司合作,于 1948 年年初研制成功了一种利用白炽灯作为光源的测距仪,命名为 geodimeter(大地测距仪或光电测距仪)。

5.2.1　脉冲式测距仪原理

脉冲式测距仪原理如图 5-6 所示。首先由脉冲发射器发射出一束光脉冲,经过发射光学系统后射向被测目标。与此同时,由机器内的取样棱镜取出一小部分脉冲送入接收光学系统,再由光电接收器转换为电脉冲(称为主波脉冲),作为"电子门"的开门信号,此刻时标脉冲通过电子门进入计数器开始计时。从目标反射回来的光脉冲通过接收光学系统后,经过光电接收器转换为电脉冲(称为回波脉冲),作为"电子门"关门信号,时标脉冲停止进入计数器。因此,主波脉冲和回波脉冲之间的时间间隔,就是光脉冲在待测距离上往返传播的时间 t_{2D}。设 c 为光在大气中的传播速度,则待测距离为

$$D = \frac{1}{2} \cdot c \cdot t_{2D} \tag{5-5}$$

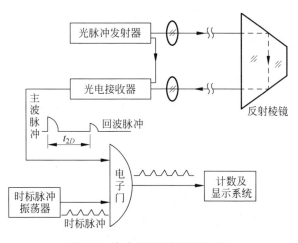

图 5-6　脉冲式测距仪原理框图

当测时的精度为 $\pm 10^{-8}$ s 时,由误差传播定律可知:$m_D = \frac{1}{2} \cdot c \cdot m_{t_{2D}}$,则其对测距精度的影响为 ± 150cm。

5.2.2 相位式测距仪原理

1. 相位式测距仪的基本原理

所谓相位式测距,就是测量连续的调制波在待测距离上往返传播一次所产生的相位移,间接测定调制信号所传播的时间 t_{2D},从而求得被测距离 D 的一种测距方法。具体可用图 5-7 来说明。

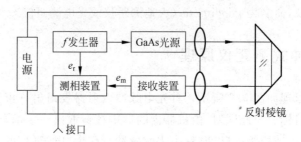

图 5-7 相位法测距原理框图

由载波光源发出的光通过调制器调制后,成为光强随着高频调制信号变化的调制光,射向测线的另一端的反射镜,经反射镜反射后被接收器接收,然后进入混频器进行混频并送入比相器与参考信号进行相位比较,从而得到调制信号在待测距离上往返传播所产生的相位移 φ,通过数据处理,就可在显示器上显示出距离。

2. 相位测距的计算公式

如图 5-8 所示,测距仪在 A 点发射的调制光在待测距离上传播,被 B 点反射棱镜反射后又回到 A 点而被接收机接收,然后由相位计将发射信号 e_r 与接收信号 e_m 进行相位比较,得到调制光在待测距离上往返传播所产生的相位移 φ,其相应的往返传播时间为 t_{2D}。图 5-8 是调制正弦波的往程和返程沿测线方向展开图。由于发射波信号与反射波信号之间的相位移(即相位差)为 $\varphi = \omega \cdot t_{2D}$,则可求得调制波在待测距离上往返传播的时间为

$$t_{2D} = \frac{\varphi}{\omega} = \frac{\varphi}{2\pi f} \tag{5-6}$$

将式(5-6)代入式(5-5)得

$$D = \frac{c}{2} \cdot \frac{\varphi}{2\pi f} \tag{5-7}$$

由图 5-8 可知,$\varphi = 2\pi \cdot N + \Delta\varphi$ 代入式(5-7)得

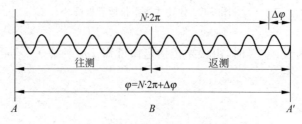

图 5-8 信号往返一次的相位差

$$D = \frac{c}{2} \cdot \left(\frac{N \cdot 2\pi + \Delta\varphi}{2\pi f} \right) = \frac{c}{2f} \cdot \left(N + \frac{\Delta\varphi}{2\pi} \right) \qquad (5\text{-}8)$$

令 $u = \dfrac{c}{2f}, \dfrac{\Delta\varphi}{2\pi} = \Delta N$，则式(5-8)为

$$D = u \cdot (N + \Delta N) \qquad (5\text{-}9)$$

式中，ω——角速度；

      f——调制波频率；

      $u = \dfrac{c}{2f} = \dfrac{\lambda}{2}$ (λ 为调制波波长)，称为尺长；

      $\Delta\varphi$——不足整周期的相位差尾数；

      N——整周期数；

      ΔN——不足整周期的比例数。

相位式测距仪，一般只能测定相位尾数 $\Delta\varphi$，整周数 N 无法确定，因此式(5-8)容易产生多值解，实际上距离 D 无法确定。

3. 确定 N 值的方法

由式(5-9)可知，当测尺长度 u 大于被测距离 D 时，则有 $N=0$，即可求得距离值 $D = u \cdot \dfrac{\Delta\varphi}{2\pi} = u \cdot \Delta N$，因此，为了扩大单值解的测程，必须选用较长的测尺，即选择较低的调制频率。仪器测相装置的测相精度一般小于 $\dfrac{1}{1\,000}$，对测距误差的影响也将随测尺长度的增大而增大，为了解决扩大测程和提高精度的矛盾，可以采用一组测尺频率，以短测尺(又称精测尺)保证精度，用长测尺(又称粗测尺)保证测程。这样，就可以解决"多值解"的问题。

设测尺频率 $f_1 = 15\text{MHz}$，$f_2 = 150\text{kHz}$，则对应的测尺长度为

$$u_1 = \frac{c}{2f_1} = 10\text{m}$$

$$u_2 = \frac{c}{2f_2} = 1\,000\text{m}$$

如某段距离为 386.118m，粗测尺测距结果为 380m，精测尺测距结果为 6.118m，则显示距离值为 386.118m。

5.3 全站仪及其使用

5.3.1 全站仪的组成及其功能

全站仪(total station)是电子测距、电子测角、微型计算机及其软件组合而成的智能型的光电测量仪器，如图 5-9 和图 5-10 所示。世界上第一台全站仪是 1968 年联邦德国 OPTON 公司生产的 Reg Elea 14。全站仪的基本功能是水平角测量、竖直角测量和斜距测量。借助于机内固化的测量软件，可以计算并显示水平距离、高差及三维坐标，可进行偏心测量、悬高测量、对边测量、面积测算等。随着微电子技术、光电测距技术、微型计算机技术

的发展,全站仪的功能得到不断的完善,实现了电子改正(自动补偿)、电子记录、电子计算,甚至将各种测量程序装载到仪器中,使其能够完成特殊的测量和放样工作。马达驱动、自动目标识别与照准的高精度智能测量机器人,可实现测量的高效率和自动化。

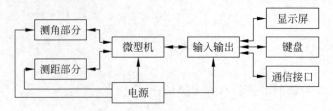

图 5-9　全站仪结构框图

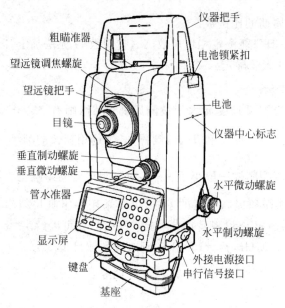

图 5-10　全站仪示意图

全站仪具有以下特点。

1. 三同轴望远镜

在全站仪的望远镜中,望远镜视准轴、光电测距的红外光发射光轴和接收光轴三者为同轴,其光路如图 5-11 所示。测量时只要用望远镜照准目标棱镜中心,就能同时测定水平角、垂直角和斜距。

2. 键盘操作

全站仪都是通过操作面板键盘输入指令进行测量的,键盘上的键分为硬键和软键两种,每个硬键有一个固定功能,或兼有第二、第三功能;软键(一般为)的功能通过屏幕最下一行相应位置显示的文字来实现,在不同的菜单下,软键具有不同的功能。现在的国产全站仪和大部分进口全站仪一般都实现了全中文显示,操作界面非常直观和友好,极大地方便了全站仪的操作。

3. 数据存储与通信

全站仪机内一般都带有可以存储 2000 个以上点观测数据的内存,有些配有 CF 卡来增

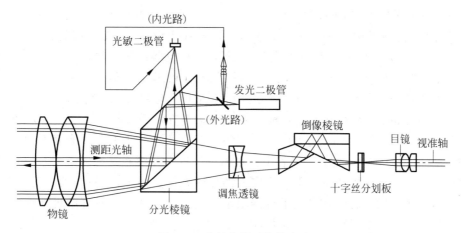

图 5-11　全站仪望远镜的光路

加存储容量,仪器设有一个标准的 RS-232C 通信接口,使用专用电缆与计算机连接可以实现全站仪与计算机的双向数据传输。

4. 倾斜传感器与电子补偿

为了消除仪器竖轴倾斜误差对角度测量的影响,全站仪上一般设有电子倾斜传感器,当它处于打开状态时,仪器能自动测出竖轴倾斜的角度,利用编制的误差修正程序,就可计算出对角度观测的影响,并自动对角度观测值进行改正。单轴补偿的电子传感器只能修正竖直角,双轴补偿的电子传感器可以修正水平角。

5.3.2　全站仪双轴补偿系统

双轴补偿器一般采用液体补偿器。它既可以测量竖轴在水平轴方向的倾斜分量(也称视准轴横向误差),又能测量竖轴在视准轴方向倾斜分量(也称视准轴纵向误差),其基本补偿原理如图 5-12 所示。

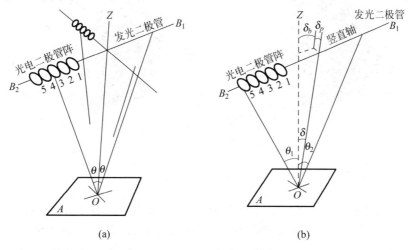

(a)　　　　　　　　　　　(b)

图 5-12　双轴补偿器补偿原理图

(a) 经纬仪竖轴未倾斜;(b) 经纬仪竖轴倾斜

当液体表面静止时,铅垂线 ZO 垂直于液面 A,竖直轴倾斜等于零。它不对水平方向和竖直角产生影响。补偿器在平行于水平轴的直线 B_1B_2 上设置一发光二极管,它所发射的光经透镜组落到液面 A 上,被液面 A 反射后,又经过透镜组落到直线 B_1B_2 另一端的光电二极管阵的中心光电二极管上。在垂直于水平轴的方向线上,也有类似的装置。当发光二极管发射的光线被两个方向的中心光电二极管接收时,表明竖轴铅直,不存在误差。

如果竖直轴相对于铅垂线有一倾角 δ 时,这个倾角在水平方向上的分量为 δ_b,在视准轴方向上的分量为 δ_p,在直线 B_1B_2 上的发光二极管射出的光线与垂直于液面方向的夹角为 θ_1,经液面反射后落到 5 号光电二极管上。仪器设计这个补偿器时已确定了 5 号光电二极管输出的信号代表了倾斜角在水平轴方向上的分量 δ_b 角。同理,在视准轴线的方向上,某个号的光电二极管输出的信号代表了视准轴水平方向的分量 δ_p。通过微机处理可按下式计算出竖轴倾斜引起水平方向和竖直方向的改正数

$$水平方向改正数 = \delta_b \times \sin\alpha \tag{5-10}$$

$$竖直方向的改正数 = \delta_p \tag{5-11}$$

式中,α——竖直角。

全站仪的补偿技术是全站仪高精度测量的基本条件之一。

5.3.3　全站仪的使用

1. 主机

虽然目前国内流行的全站仪种类较多,但主机部件名称及其功能大同小异,图 5-13 为流行较广的全站仪主机部件名称图。

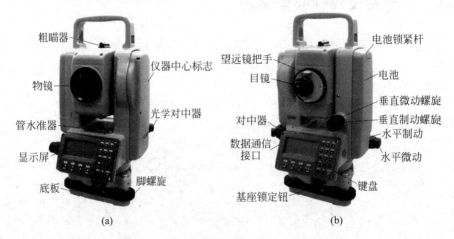

图 5-13　全站仪主机部件名称

2. 棱镜

电磁波测距是通过接收目标反射的测距信号实现测距功能的。用砷化镓发光二极管作载波的全站仪,需要专用的反射棱镜作为测距信号反射器,图 5-14 为常见的三种测距棱镜。有些用激光作载波的全站仪,可以利用目标的漫反射信号测距,不需要棱镜配合,称为免棱镜全站仪,这类仪器一般价格较贵,常用于特殊工程测量。

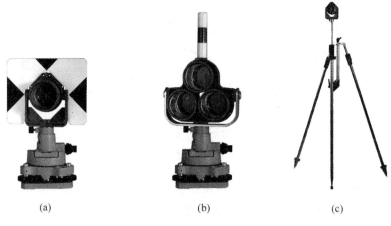

图 5-14　全站仪棱镜

（a）单棱镜；（b）三棱镜；（c）对中杆棱镜

各个仪器厂家生产的棱镜有各自的棱镜几何常数，当主机与棱镜不配套时，需要测定棱镜常数，并将其输入全站仪。

3. 主机操作界面

全站仪主机操作界面种类较多，本教材以目前比较流行的中档全站仪为例，介绍全站仪的操作界面及其功能。图 5-15 为常见的全站仪中文操作界面。

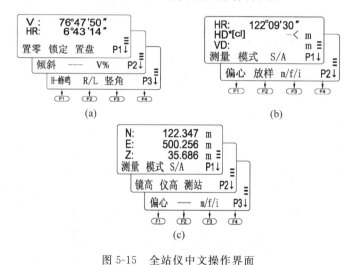

图 5-15　全站仪中文操作界面

（a）角度测量模式面板；（b）距离测量模式面板；（c）坐标测量模式面板

F1、F2、F3、F4 ——软功能键，其功能分别对应显示屏上相应位置显示的命令。

P1、P2、P3——翻页提示，按 F4 键翻页。

4. 全站仪坐标测量

在图 5-16 中，A、B 为已知控制点，P 为待定点。测定 P 点坐标的作业流程如下。

（1）安置仪器与棱镜：分别在 A 点安置全站仪、B 点安置棱镜，在待定点 P 安置棱镜。仪器与棱镜安置包括对中和整平工作。

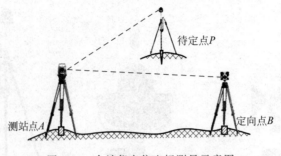

图 5-16　全站仪点位坐标测量示意图

（2）开机：按电源开关键开机。有些厂家的全站仪需要将照准部纵转后才能启动运行。

（3）输入已知点坐标及参数：利用翻页键使界面显示坐标测量模式，利用软功能键分别输入测站点坐标和高程、定向点（后视点）坐标、仪器高、气象元素、P 点棱镜常数、P 点棱镜高等。

（4）定向与检查：输入定向点坐标后，盘左位置精确瞄准 B 点棱镜，然后轻按回车键，开始观测，显示屏显示 B 点实测坐标。检查实测坐标与 B 点的已知坐标是否一致，如果其差值满足精度要求，则定向工作完成。

（5）观测：轻转照准部，精确瞄准 P 点棱镜。显示屏显示 P 点的平面坐标和高程（N、E、Z），即 X、Y、H。

上述盘左观测为半测回观测结果，为了防止错误、提高精度，还应该在盘右位置进行观测。

全站仪的模拟操作参见附录 B。

5.3.4　测距成果计算

一般全站仪测定的是斜距 D_0'，因而需对测试成果进行仪器常数改正、气象改正、倾斜改正等，最后求得水平距离。

1. 仪器常数改正

仪器常数有加常数和乘常数两项。对于加常数，由于发光管的发射面、接收面与仪器中心不一致，反光镜的等效反射面与反光镜中心不一致，内光路产生相位延迟及电子元件的相位延迟，使得全站仪测出的距离值与实际距离值不一致，见图 5-17。此常数一般在仪器出

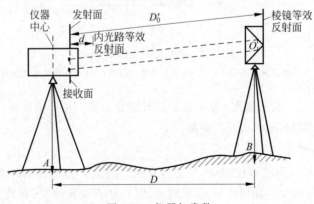

图 5-17　仪器加常数

厂时预置在仪器中,由于仪器在搬运过程中的震动、电子元件老化等,常数会变化,因此,还会有剩余加常数,这个常数要经过仪器检测求定,并对所测距离加以改正。另外,不同型号的全站仪,其棱镜常数是不一样的,当使用不同型号的棱镜时,需要重新测定棱镜的加常数。

仪器的测尺长度与仪器振荡频率有关。仪器经过一段时间使用,晶体会老化,致使测距时仪器的晶振频率与设计时的频率有偏移,因此产生与测试距离成正比的系统误差。其比例因子称为乘常数。如晶振有 15kHz 误差,会产生 10^{-6} 系统误差,使 1km 的距离产生 1mm 误差。此项误差也应通过检测求定,在所测距离中加以改正。

现代全站仪都具有设置仪器常数的功能,测距前预先设置常数,在仪器测距过程中自动改正。若测距前未设置常数,则可按下式计算仪器常数改正 ΔD_K:

$$\Delta D_K = K + R \cdot D_0' \tag{5-12}$$

式中:K——仪器加常数,mm;

　　　R——仪器乘常数,mm/km;

　　　D_0'——实测斜距,km。

2. 气象改正

仪器的测尺长度是在一定的气象条件下推算出来的,但是仪器在野外测量时气象参数与仪器标准气象元素不一致,因此使测距值产生系统误差。所以在测距时,应同时测定环境温度(读至 $1℃$)、气压(读至 $1\text{mmHg}(133.3\text{Pa})$)。利用仪器生产厂家提供的气象改正公式计算距离气象改正值 ΔD_0。如某厂家全站仪气象改正公式为:

$$\Delta D_0 = \left(28.2 - \frac{0.029P}{1 + 0.003\,7t}\right) \cdot D_0' \tag{5-13}$$

式中:P——观测时气压,mbar($1\text{bar}=10^5\text{Pa}$);

　　　t——观测时温度,℃;

　　　D_0'——实测斜距,百米;

　　　ΔD_0——气象改正数,mm。

目前全站仪都具有设置气象参数的功能,在测距前设置气象参数,在测距过程中仪器自动进行气象改正。

3. 倾斜改正

全站仪测量斜距结果 D_0' 经过两项改正后的距离是仪器几何中心到反光镜几何中心的正确斜距 D_0,要改算成平距还应进行倾斜改正。目前常用的全站仪在测距时可以同时测出竖直角 α,或天顶距 z(天顶距是从天顶方向到目标方向的角度)。用下式计算平距 D:

$$D = D_0 \cdot \cos\alpha = D_0 \cdot \sin z \tag{5-14}$$

5.3.5　全站仪的标称精度

从相位法测距公式分析仪器误差来源,从而得到仪器的标称精度。相位法测距公式为

$$D = \frac{c_0}{2n_g f}\left(N + \frac{\Delta\varphi}{2\pi}\right) \tag{5-15}$$

式中,真空中的光速 c_0、大气折射率 n_g、调制频率 f、相位差尾数 $\Delta\varphi$ 的误差都会对测距带来误差,利用误差传播定律,测距误差为

$$M_D^2 = \left(\frac{m_{c_0}^2}{c_0^2} + \frac{m_{n_g}^2}{n_g^2} + \frac{m_f^2}{f^2} \right) \cdot D^2 + \left(\frac{\lambda}{4\pi} \right)^2 \cdot m_{\Delta\varphi}^2 + m_k^2 \tag{5-16}$$

式中最后一项是考虑仪器常数测定误差。

公式(5-16)中的误差可分成两部分。前三项与距离 D 成正比,称为比例误差,后两项与距离无关,称为固定误差。仪器生产厂家常将此误差用下式表示,作为仪器的标称精度:

$$M_D = \pm (A + B \times 10^{-6} \cdot D) \tag{5-17}$$

式中,A 为固定误差,B 为比例误差系数。如某型号全站仪标称精度为 $\pm(3 + 2 \times 10^{-6} \cdot D)$,则表示该仪器测距精度的固定误差为 3mm,比例误差为每千米 2mm。

5.4　数字水准仪原理

数字水准仪(digital level)又称电子水准仪,是用于自动化水准测量的仪器,它采用 CCD 阵列传感器获取编码水准尺的图像,依据图像处理技术来获取水准标尺的读数,标尺图像处理及其处理结果的显示均由仪器内置计算机完成。图 5-18 为数字水准仪及编码水准尺示意图,图 5-19 为数字水准仪结构图,图 5-20 为数字水准测量系统原理框图。

图 5-18　数字水准仪及编码水准尺

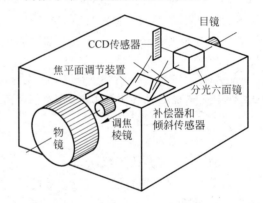

图 5-19　数字水准仪结构图

如图 5-20 所示,标尺上的条码图案经过光反射,一部分光束直接成像在望远镜分划板上,供目视瞄准和调焦,另一部分光束通过分光镜转折到 CCD 传感器上,经光电 A/D 转换成数字信号,通过微处理器 DSP 进行解码,并与仪器内存的参考信号进行比较,从而获得 CCD 中丝处标尺条码图像的高度值。

数字水准仪是通过自动识别条码图像来获取水准尺读数的,因此,尺子编码及编码识别技术是数字水准测量的关键。目前流行的几种条码图像自动识别技术有相关法(如 Leica)、几何法(如 Trimble)、相位法(如 Topcon)等。从这几种原理的共同性的角度看,都使用了光学水准仪的光路原理,也都使用了条形码标尺,条码明暗相间,通过改变明暗条码的宽度实现编码,且条码不存在重复的码段。但它们的编码规则也有非常明显的个性区别,从这些区别是可以看出它们的解码原理的区别的。所有的数字水准原理的解码过程都存在粗测、精测和精粗衔接这些步骤过程。且这些过程和普通的光学模拟水准仪仍然有相似之处。如图 5-21 所示。

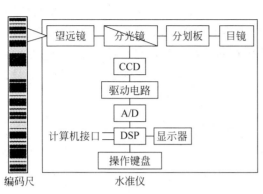

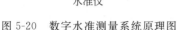

编码尺　　　　　　　　水准仪

图 5-20　数字水准测量系统原理图

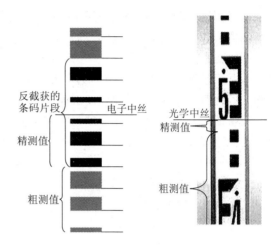

图 5-21　编码尺解码示意图

粗测——确定光电传感器所截获条码片段在标尺上的位置，这一过程也就是图像识别过程。

精测——确定电子中丝在所截获的条码片段中的位置。

精粗衔接——根据精测值和粗测值求得电子中丝在标尺上的位置即测量结果。

当然，相位法的精测粗测含义则有所不同。

5.5　全球卫星导航定位测量基础

5.5.1　GNSS 及其定位原理

全球导航卫星系统（global navigation satellite system，GNSS）是所有卫星导航定位系统的统称，目前包括美国的 GPS 系统、苏联（现俄罗斯）的 GLONASS 系统、欧盟的 Galileo 系统和我国的 Compass 系统。

GNSS 定位是利用测距后方交会原理来确定未知点位置的。如图 5-22 所示，高空中卫星的瞬时位置是已知值，地面点到卫星的距离是观测值，地面点是未知点，未知量有三个 $P(X_P, Y_P, Z_P)$，为了求解这三个未知量，需要观测三颗卫星 $(X_i, Y_i, Z_i)(i=1,2,3)$，联立三个方程求解。即

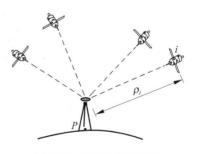

图 5-22　GNSS 定位原理

$$\rho_i = \sqrt{(X_P - X_i)^2 + (Y_P - Y_i)^2 + (Z_P - Z_i)^2} \tag{5-18}$$

由于 GNSS 采用了单程测距原理，所以，要准确地测定卫星至观测站的距离，就必须使卫星钟与用户接收机钟保持严格同步。但在实践中这是难以实现的。因此，实际所确定的卫星至观测站的距离 ρ_i，都不可避免地会含有卫星钟和接收机钟非同步误差的影响。为了

准确得到这个距离,就要准确测量时间,为此实际应用上把时间也看作是一个未知数,在解算位置未知数的同时把精确时间也求出来,这就有了四个未知数 $P(X_P, Y_P, Z_P, T)$,所以 GNSS 测量,一般同时需要至少观测四颗卫星。这种含有钟差影响的距离 ρ_i,通常称为"伪距",并把它视为 GNSS 定位的基本观测量。由于观测量不同,我们一般将由码相位观测所确定的伪距简称为测码伪距,而由载波相位观测确定的伪距,简称为测相伪距。在上述联立方程中加入时间未知数,并考虑到电离层和对流层延迟对无线电信号的影响,卫星至观测站的准确距离 ρ 可以表达为

$$\rho = \rho_i + \delta\rho_1 + \delta\rho_2 + C \cdot \delta t_k + C \cdot \delta t_j \tag{5-19}$$

式中,$\delta\rho_1$——电离层延迟改正;

$\delta\rho_2$——对流层延迟改正;

C——信号传播速度;

δt_k——卫星钟差改正;

δt_j——接收机钟差改正。

下面以美国的 GPS 为例,简单介绍 GNSS 的有关知识,其他三个系统也具有类似的体系。

5.5.2　美国的 GPS 组成

美国的 GPS 主要有三大组成部分,即空间星座部分、地面监控部分和用户设备部分,图 5-23 为 GPS 的三大组成部分示意图。

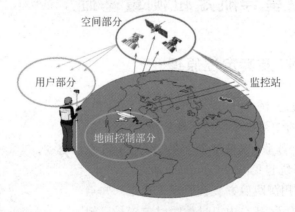

图 5-23　GPS 组成部分

1. 空间星座部分

GPS 的空间卫星星座,由 24 颗卫星组成,其中包括 3 颗备用卫星。卫星分布在 6 个轨道面内,每个轨道面上分布有 4 颗卫星。卫星轨道面相对地球赤道面的倾角约为 55°,各轨道平面升交点的赤经相差 60°,在相邻轨道上,卫星的升交距角相差 30°。轨道平均高度约为 20 200km,卫星运行周期为 11 时 58 分。因此,同一观测站上,每天出现的卫星分布图形相同,只是每天提前约 4min。每颗卫星每天约有 5 个小时在地平线以上。

2．地面监控部分

GPS 的地面监控部分，目前主要由分布在全球的五个地面站所组成，其中包括卫星监测站、主控站和信息注入站。其分布如图 5-24 所示。

图 5-24　地面监控部分

1）监测站

现有 5 个地面站均具有监测站的功能。监测站是在主控站直接控制下的数据自动采集中心，站内设有双频 GPS 接收机、高精度原子钟、计算机各一台和若干台环境数据传感器。接收机对 GPS 卫星进行连续观测，以采集数据和监测卫星的工作状况。原子钟提供时间标准，而环境传感器收集有关当地的气象数据，所有观测资料由计算机进行初步处理，并存储和传送到主控站，用以确定卫星的轨道。

2）主控站

主控站有 1 个，设在科罗拉多(Colorado Springs)。主控站除协调和管理所有地面监控系统的工作外，其主要任务一是根据本站和其他监测站的所有观测资料，推算编制各卫星的星历、卫星钟差和大气层的修正参数等，并把这些数据传送到注入站；二是提供 GPS 的时间基准；三是调整偏离轨道的卫星，使之沿预定的轨道运行；四是启用备用卫星以代替失效的工作卫星。

3）注入站

注入站现有 3 个，分别设在印度洋的迭哥加西亚(Diego Garcia)、南大西洋的阿松森岛(Ascension)和南太平洋的卡瓦加兰(Kwajalein)。注入站的主要任务是在主控站的控制下，将主控站推算和编制的卫星星历、钟差、导航电文和其他控制指令等，注入到相应卫星的存储系统，并监测注入信息的正确性。

3．用户设备部分

GPS 的空间部分和地面监控部分，是用户应用该系统进行定位的基础，而用户只有通过用户设备，才能实现应用 GPS 定位的目的，见图 5-25。

图 5-25　用户设备部分

用户设备的主要任务是接收 GPS 卫星发射的无线电信号,以获得必要的定位信息及观测量,并经过数据处理而完成定位工作。

用户设备主要由 GPS 接收机硬件和数据处理软件,以及微处理机及其终端设备组成,而 GPS 接收机的硬件一般包括主机、天线和电源。

目前,国际上适于测量工作的 GPS 接收机已有众多产品问世,且产品的更新很快,日新月异,特别是在当前 GNSS 时代,可以同时接收双星及多星系统的用户接收机已研制并投入了使用,这为摆脱某星系统的限制,更加精准定位,提供了广阔的应用空间。

5.5.3 GPS 卫星的测距码信号

GPS 卫星所发播的信号,包括载波信号、P 码(或 Y 码)、C/A 码和数据码(或称 D 码)等多种信号分量,如图 5-26 所示,而其中的 P 码和 C/A 码,统称为测距码。码是用以表达某种信息的二进制数的组合,是一组二进制的数码序列。随机码具有良好的自相关特性,但由于它是一种非周期性的序列,不服从任何编码规则,所以实际上无法复制和利用。因此,为了实际的应用,GPS 采用了一种伪随机噪声码(pseudo random novice,PRN),简称伪随机码或伪码。这种码序列的主要特点是,不仅具有类似随机码的良好自相关特性,而且具有某种确定的编码规则,它是周期性的,可以容易地复制。

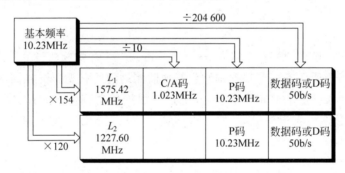

图 5-26 卫星信号的构成

GPS 卫星的测距码有两种,即 C/A 码和 P 码(或 Y 码),均属伪随机码。C/A 码的码元宽度较大,假设两个序列的码元对齐误差,为码元宽度的 1/100,则这时相应的测距误差可达 2.9m,由于其精度较低,C/A 码也称为粗码。

由于 P 码的码元宽度为 C/A 码的 1/10,这时若取码元的对齐精度仍为码元宽度的 1/100,则由此引起的相应距离误差约为 0.29m,仅为 C/A 码的 1/10,所以 P 码可用于较精密的定位,故通常也称之为精码。

GPS 导航电文是包含有关卫星的星历、卫星工作状态、时间系统、卫星钟运行状态、轨道摄动改正、大气折射改正和由 C/A 码捕获 P 码等导航信息的数据码(或 D 码),导航电文是利用 GPS 进行定位的数据基础(见图 5-27)。

导航电文也是二进制码,依规定格式组成,按帧向外播送。每帧电文含有 1 500bit,播送速度为 50b/s。所以播送一帧电文的时间需要 30s。

第 1、2、3 子帧播放该卫星的广播星历及卫星钟修正参数,其内容每小时更新一次,第

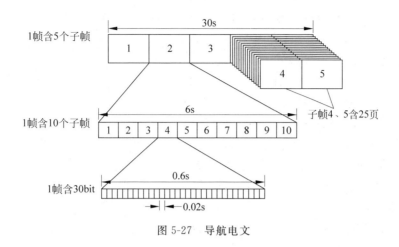

图 5-27　导航电文

4、5 子帧播放所有空中 GPS 卫星的历书(卫星的概略坐标),完整的历书占 25 帧,所以需经 12.5min 才播完,其内容仅在地面注入站注入新的导航数据才更新。

每帧导航电文含有 5 个子帧,而每个子帧分别含有 10 个字,每个字 30bit,故每一子帧 共含 300bit,其持续播发的时间为 6s。为了记载多达 25 颗卫星的星历,所以子帧 4、5 各含 有 25 页。子帧 1、2、3 与子帧 4、5 的每一页,均构成一个主帧。在每一主帧的帧与帧之间, 1、2、3 子帧的内容,每小时更新一次,而子帧 4、5 的内容,仅在给卫星注入新的导航数据后 才得以更新。

前已指出,GPS 卫星信号包含有三种信号分量,即载波、测距码和数据码。而所有这些 信号分量都是在同一个基本频率 $f_0 = 10.23 \text{MHz}$ 的控制下产生的。

GPS 卫星取 L 波段的两种不同频率的电磁波为载波,即

L_1 载波: $f_1 = 154 \times f_0 = 1\,575.42 \text{MHz}$,波长 $\lambda_1 = 19.03 \text{cm}$。

L_2 载波: $f_2 = 120 \times f_0 = 1\,227.60 \text{MHz}$,波长 $\lambda_2 = 24.42 \text{cm}$。

在载波 L_1 上,调制有 C/A 码、P 码(或 Y 码)和数据码,而在载波 L_2 上,只调制有 P 码 (或 Y 码)和数据码。

5.5.4　载波相位实时差分定位技术

1. GPS 实时动态定位方法

实时动态(real time kinematic,RTK)测量系统,是 GPS 测量技术与数据传输技术相结 合而构成的组合系统,它是 GPS 测量技术发展中的一个新的突破。

RTK 测量技术,是以载波相位观测量为根据的实时差分 GPS(RTD GPS)测量技术。 大家知道,GPS 测量工作的模式已有多种,如静态、快速静态、准动态和动态相对定位等。 但是,利用这些测量模式,如果不与数据传输系统相结合,其定位结果均需通过观测数据的 测后处理而获得。由于观测数据需在测后处理,所以上述各种测量模式,不仅无法实时地给 出观测站的定位结果,而且也无法对基准站和用户站观测数据的质量,进行实时的检核,因 而难以避免在数据后处理中发现不合格的测量成果,需要进行返工重测的情况。

过去解决这一问题的措施,主要是延长观测时间,以获取大量的多余观测量,来保障测

量结果的可靠性。但是,这样一来,便显著地降低了 GPS 测量工作的效率。

实时动态测量的基本思想(见图 5-28)是在基准站上安置一台 GPS 接收机,对所有可见GPS 卫星进行连续地观测,并将其观测数据,通过无线电传输设备,实时地发送给用户观测站。在用户站上,GPS 接收机在接收 GPS 卫星信号的同时,通过无线电接收设备,接收基准站传输的观测数据,然后根据相对定位的原理,实时地计算并显示用户站的三维坐标及其精度。这样,通过实时计算的定位结果,便可监测基准站与用户站观测成果的质量和解算结果的收敛情况,从而可实时地判定解算结果是否成功,以减少冗余观测,缩短观测时间。

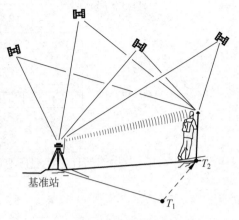

图 5-28　RTK 测量原理

2. 区域 CORS 系统

依据 RTK 的测量原理,利用多基站网络 RTK 技术取代 RTK 单独设站,20 世纪 80 年代,加拿大首先提出了建立连续运行参考站系统(continuous operational reference system,CORS 系统),并于 1995 年建成了第一个 CORS 台站网。

CORS 系统是卫星定位技术、计算机网络技术、数字通信技术等高新科技多方位、深度融会的产物。它由基准站网、数据处理中心、数据传输系统、定位导航数据播发系统、用户应用系统五个部分组成,各基准站与监控分析中心间通过数据传输系统连接成一体,形成专用网络。

(1) 基准站网——基准站网由范围内均匀分布的基准站组成,负责采集 GPS 卫星观测数据并输送至数据处理中心,同时提供系统完好性监测服务。

(2) 数据处理中心——系统的控制中心,用于接收各基准站数据,进行数据处理,形成多基准站差分定位用户数据,组成一定格式的数据文件,分发给用户。数据处理中心是CORS 的核心单元,也是高精度实时动态定位得以实现的关键所在。中心 24 小时连续不断地根据各基准站所采集的实时观测数据在区域内进行整体建模解算,自动生成一个对应于流动站点位的虚拟参考站(包括基准站坐标和 GPS 观测值信息)并通过现有的数据通信网络和无线数据播发网,向各类需要测量和导航的用户以国际通用格式提供码相位/载波相位差分修正信息,以便实时解算出流动站的精确点位。

(3) 数据传输系统——各基准站数据通过光纤专线传输至监控分析中心,该系统包括数据传输硬件设备及软件控制模块。

(4) 数据播发系统——系统通过移动网络、UHF 电台、Internet 等形式向用户播发定位导航数据。

(5) 用户应用系统——包括用户信息接收系统、网络型 RTK 定位系统、事后和快速精密定位系统以及自主式导航系统和监控定位系统等。按照应用的精度不同,用户服务子系统可以分为毫米~米级用户系统;按照用户的应用不同,可以分为测绘与工程用户(厘米、分米级),车辆导航与定位用户(米级),高精度用户(事后处理)、气象用户等几类。

5.6　三维激光扫描测量技术

三维激光扫描技术是一种先进的全自动高精度立体扫描技术,又称为"实景复制技术",是继 GPS 空间定位技术后的又一项测绘技术革新。三维激光扫描仪的主要构造是由一台配置伺服马达系统、高速度、高精度的激光测距仪,配上一组可以引导激光并以均匀角速度扫描的反射棱镜。激光测距仪测得扫描仪至扫描点的斜距,再配合扫描的水平和垂直方向角,可得到每一扫描点的空间相对 X、Y、Z 坐标,大量扫描离散点数据结合则构成了三维激光扫描的"点云"(point clouds)数据。图 5-29 为三维激光扫描仪结构,图 5-30 为点云数据图。

三维激光扫描仪按照扫描平台的不同可以分为:机载(或星载)激光扫描系统、地面型激光扫描系统、便携式激光扫描系统。

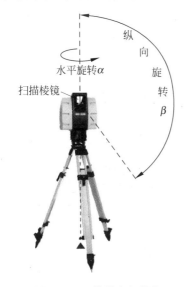

图 5-29　三维激光扫描仪

图 5-30　点云数据

现在的三维激光扫描仪每次测量的数据不仅仅包含 X、Y、Z 点的信息,还包括 R、G、B 颜色信息,同时还有物体反射率的信息,这样全面的信息能给人一种物体在电脑里真实再现的感觉,是一般测量手段无法做到的。

5.6.1　地面三维激光扫描仪测量原理

如图 5-31 所示,三维激光扫描仪发射器发出一个激光脉冲信号,经物体表面漫反射后,沿几乎相同的路径反向传回到接收器,可以计算目标点 P 与扫描仪的距离 S,控制编码器同步测量每个激光脉冲横向扫描角度观测值 α 和纵向扫描角度观测值 β,就可以利用式(5-20)计算 P 点的三维坐标。三维激光扫描测量一般为仪器自定义坐标系。X 轴在横向扫描面内,Y 轴在横向扫描面内与 X 轴垂直,Z 轴与横向扫描面垂直。

$$X_P = S\cos\beta\cos\alpha$$
$$Y_P = S\cos\beta\sin\alpha$$
$$Z_P = S\sin\beta$$
$$(5\text{-}20)$$

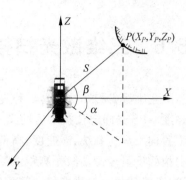

图 5-31　三维激光扫描仪坐标系

5.6.2　测距原理

三维激光扫描仪的测距方法主要有脉冲法、相位法及三角法。脉冲法和相位法测距原理见 5.2 节。

三角法测距是借助三角形几何关系,求得扫描中心到扫描对象的距离。激光发射点和 CCD 接收点位于长度为 L 的高精度基线两端,并与目标反射点构成一个空间平面三角形。如图 5-32 所示,通过激光扫描仪角度传感器可得到发射光线及入射光线与基线的夹角分别为 γ、λ,激光扫描仪的轴向自旋转角度 α,然后以激光发射点为坐标原点,基线方向为 X 轴正向,以平面内指向目标且垂直于 X 轴的方向线为 Y 轴建立测站坐标系。通过计算可得目标点的三维坐标为

$$X = \frac{\cos\gamma\sin\lambda}{\sin(\gamma+\lambda)} \cdot L$$
$$Y = \frac{\sin\gamma\sin\lambda\cos\alpha}{\sin(\gamma+\lambda)} \cdot L$$
$$Z = \frac{\sin\gamma\sin\lambda\sin\alpha}{\sin(\gamma+\lambda)} \cdot L$$
$$(5\text{-}21)$$

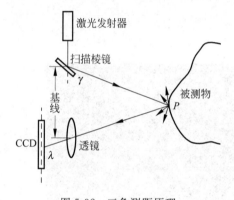

图 5-32　三角测距原理

利用目标点 P 的三维坐标可得到被测目标的距离 S,在式(5-21)中,由于基线长 L 较小,故决定了三角法测量距离较短,适合于近距测量。

5.6.3　测角原理

1. 角位移测量方法

区别于常规仪器的度盘测角方式,激光扫描仪通过改变激光光路获得扫描角度。把两个步进电机和扫描棱镜安装在一起,分别实现水平和垂直方向扫描。步进电机是一种将电脉冲信号转换成角位移的控制微电机,它可以实现对激光扫描仪的精确定位。在扫描仪工作的过程中,通过步进电机的细分控制技术,获得稳步、精确的步距角 θ_b:

$$\theta_b = \frac{2\pi}{N \cdot m \cdot b} \quad (5\text{-}22)$$

式中,N——电机的转子齿数;

　　m——电机的相数;

　　b——各种连接绕组的线路状态数及运行拍数。

在得到 θ_b 的基础上,可得扫描棱镜转过的角度值,再通过精密时钟控制编码器同步测量,便可得每个激光脉冲横向、纵向扫描角度观测值为 α、θ。

2. 线位移测量方法

激光扫描测角系统由激光发射器、直角棱镜和 CCD 元件组成,激光束入射到直角棱镜上,经棱镜折射后射向被测目标,当三维激光扫描仪转动时,出射的激光束将形成线性的扫描区域,CCD 记录线位移量,则可得扫描角度值。

地面三维激光扫描系统具有如下特点:

(1) 快速性:激光扫描测量能够快速获取大面积目标空间信息,每秒可获取数以万计的数据点。

(2) 非接触性:采用完全非接触的方式对目标进行扫描测量,从目标实体到三维点云数据一次完成,做到真正的快速原形重构,可以解决危险领域的测量、柔性目标测量、需要保护对象的测量以及人员不可到达位置的测量等工作。

(3) 激光的穿透性:激光的穿透特性使得地面三维激光扫描系统获取的采样点能描述目标表面的不同层面的几何信息。

(4) 实时、动态、主动性:属于主动式扫描系统,通过探测自身发射的激光脉冲回射信号来描述目标信息,使得系统扫描测量不受时间和空间的约束。系统发射的激光束是准平行光,避免了常规光学照相测量中固有的光学变形误差,拓宽了纵深信息的立体采集。

(5) 高密度、高精度特性:激光扫描能够以高密度、高精度的方式获取目标表面特征。在精密的传感工艺支持下,对目标实体的立体结构及表面结构的三维集群数据作自动立体采集。采集的点云由点的位置坐标数据构成,减少了传统手段中人工计算或推导所带来的不确定性。利用庞大的点阵和一定浓密度的格网来描述实体信息,采样点的点距间隔可以选择设置,获取的点云具有较均匀的分布。

(6) 数字化、自动化:系统扫描直接获取数字距离信号,具有全数字特征,易于自动化显示输出,可靠性好。扫描系统数据采集和管理软件通过相应的驱动程序及 TCP/IP 或平行连线接口控制扫描仪进行数据的采集,处理软件对目标初始点/终点进行选择,具有很好的点云处理、建模处理能力,扫描的三维信息可以通过软件开放的接口格式被其他专业软件所调用,达到与其他软件的兼容性和互操作性。

目前,三维激光扫描技术已广泛应用于文物保护、建筑、管道、农林、大型工业制造、公安、交通、工业设计等相关测量领域,图 5-33 为三维激光扫描技术应用领域示意图。

但是,从目前国内研究和应用的情况看,三维激光扫描系统还存在一些不足,如:售价偏高;仪器自身和精度的检校存在困难,基准值求取复杂;点云数据处理软件没有统一化,各个厂家都有自带软件,互不兼容;精度、测距与扫描速率存在矛盾关系等。

文物
- 数字建档
- 三维测绘
- 虚拟展示

　　　石窟扫描　　　佛像模型　　　考古现场记录

建筑
- 三维测绘
- 虚拟展示
- 数字建档

　　古建点云模型　　古建线划图　　斗拱模型

管道
- 碰撞检测
- 设计修改

　　　工厂扫描　　　管道模型

农林
- 虚拟现实
- 三维测量

　　果树点云模型　　作物扫描

大型制造
- 虚拟安装

　　　轮轴扫描　　　轮轴模型

公安
- 数字归档
- 三维测量
- 空间关联

　　犯罪现场扫描　　测量、证物分析

交通
- 三维测量
- 数字归档

　　事故车辆扫描　　车辆模型分析

工业设计
- 设计修改
- 虚拟展示

　　　模型扫描　　　汽车模型

图 5-33　三维激光扫描技术应用示意图

思考题与练习题

1. 电子测角方法有哪几种？各有何特点？
2. 简述相位式测距仪的基本原理。
3. 简述全站仪的组成及其功能。
4. 数字水准仪是如何获取水准尺读数的？常用的条码图像自动识别技术有哪些？
5. GNSS 测量需要同时观测几颗卫星？为什么？
6. 三维激光扫描仪的构造主要包括哪些部件？
7. 三维激光扫描仪的测距方法有哪几种方式？
8. 三维激光扫描仪的测角方法有哪几种方式？简述角位移测量原理。

第 6 章

测量误差的基本知识

6.1　测量误差概述

6.1.1　测量误差的发现

当对同一量进行多次测量时,就会发现这些观测值之间往往存在一些差异。例如,对同一段距离重复观测若干次,量得的长度通常是不相等的。另一种情况是,某几个量之间应该满足某一理论关系,但是对这几个量进行观测后,也会发现观测结果不能满足应有的理论关系。例如,平面三角形内角之和应等于 $180°$,但是如果对这个三角形的三个内角进行观测,就会发现三角形内角的观测值之和不等于 $180°$。以上两种现象在测量工作中是普遍存在的。为什么会产生这种现象呢? 这是由于观测值中包含有测量误差的缘故。

6.1.2　测量误差产生的原因

测量误差的产生原因,主要有以下三个方面:

1) 测量仪器的误差

测量工作时需要利用测量仪器进行,而由于每一种仪器制造具有一定的精度,因此使测量结果受到一定的影响。例如,水准仪的视准轴不平行于水准管轴,水准尺的分划误差,都会给水准测量的高差带来一定的误差。又如,经纬仪的视准轴误差、横轴误差,也会给测量水平角带来误差。

2) 观测者的误差

由于观测者的感觉器官的鉴别能力有一定的局限性,所以水准仪的读数,经纬仪的对中、整平、瞄准等都会产生误差。另外,观测者的工作态度和技术水平也会给观测成果的质量造成一定的影响。

3）外界条件的影响

测量工作时的外界条件，如温度、风力、日光照射等，它们对观测结果都会发生直接影响。

上述测量仪器、观测者、外界条件三个方面的因素是引起测量误差的主要来源，通常称为观测条件。由此可见，观测条件的好坏与测量误差大小有密切联系。观测条件相同的各次观测，称为等精度观测；观测条件不同的各次观测，称为不等精度观测。

在实际工作中，不管观测条件好坏，其对观测成果的影响总是客观存在的。从这个意义说，观测成果中测量误差是不可避免的。

6.1.3　测量误差的分类

测量误差按其性质可分成系统误差和偶然误差两类：

1）系统误差

（1）定义：在相同的观测条件下作一系列的观测，如果误差在大小、符号上都相同，或按一定规律变化，这种误差称为系统误差。

（2）例子：水准测量中的视准轴不平行于水准管轴的误差，地球曲率和大气折光的影响都是系统误差。某水准仪由于存在 i 角，在 50m 距离上，读数比正确读数大 5mm，这种误差在大小、符号上都相同。若距离增加到 100m，读数误差为 10mm，这种误差按一定规律来变化的。水平角测量中的视准轴不垂直于横轴的误差，横轴不垂直于竖轴的误差，水平度盘偏心误差；钢尺量距中尺长误差，温度变化引起尺长误差，倾斜误差；这些都是系统误差。

（3）消除方法：在水准测量中，可以用前后视距离相等的方法来消除上述三种系统误差。在水平角测量中，可以采用盘左、盘右观测的方法来消除上述三种误差。钢尺量距中，对观测成果加改正数的方法，消除系统误差。此外，在测量工作开始前应采取有效的预防措施，应对水准仪和经纬仪进行检验和校正。

2）偶然误差

（1）定义：在相同的观测条件下作一系列的观测，如果少量误差从表面上看其大小和符号没有规律性，但就大量误差的总体却具有一定的统计规律性，这种误差称为偶然误差。

（2）例子：在水准测量中的读数误差，闭合水准路的高差闭合差；在水平角测量中的照准误差，三角形的闭合差；钢尺的尺长检定误差；这些都是偶然误差。

3）错误（粗差）

在测量工作中，除不可避免的误差之外，还可能发生错误。例如读错数、记录时记错、测角时瞄错目标等。

错误的发生，是由于工作中的粗心大意造成的，它会给我们的工作带来难以估量的损失。因此必须采用适当的方法和措施，保证在观测成果中杜绝错误。

4）测量误差处理原则

在观测成果中偶然误差和系统误差同时存在。我们要求在一列观测值中消除系统误差，或者它与偶然误差相比处于次要地位，那么该列观测值中主要存在偶然误差。

5）研究误差理论的任务

（1）对一系列具有偶然误差的观测值，求出未知量的最可靠值。

（2）评定测量成果的精度。

6.2　偶然误差的特性

6.2.1　偶然误差的定义式

设某一量的真值为 X,在相同的观测条件下对此量进行 n 次观测,其观测值为 $L_1,L_2,\cdots,$ L_n,在每次观测中产生偶然误差(又称真误差)为 $\Delta_1,\Delta_2,\cdots,\Delta_n$,则

$$\Delta_i = L_i - X \tag{6-1}$$

在测量工作中三角形的闭合差 W_i,就是一个真误差

$$W_i = (L_1 + L_2 + L_3)_i - 180°$$

6.2.2　实例

某一测区,在相同的观测条件下,其观测了 358 个三角形的内角,将计算出 358 个三角形的闭合差。为了研究偶然误差的特性,我们用以下三种形式来表示。

1. 用表格表示

现取误差区间隔 $\mathrm{d}\Delta = 3''$,将该组误差出现在各个误差区间的个数 k 和相对个数(频率) k/n,按正负符号和大小排列,其结果列于表 6-1。

表 6-1　偶然误差统计结果

误差区间 $\mathrm{d}\Delta/('')$	负误差		正误差		误差绝对值	
	k	k/n	k	k/n	k	k/n
0～3	45	0.126	46	0.128	91	0.254
3～6	40	0.112	41	0.115	81	0.226
6～9	33	0.092	33	0.092	66	0.184
9～12	23	0.064	21	0.059	44	0.123
12～15	17	0.047	16	0.045	33	0.092
15～18	13	0.036	13	0.036	26	0.073
18～21	6	0.017	5	0.014	11	0.031
21～24	4	0.011	2	0.006	6	0.017
24 以上	0	0	0	0	0	0
k	181	0.505	177	0.495	358	1.000

2. 用直方图表示

根据表 6-1,还可以绘制直方图(见图 6-1)。直方图横坐标 X 表示误差 Δ 值,纵坐标 Y 表示各区间内出现误差的频率密度 $\dfrac{k}{n}\Big/\mathrm{d}\Delta$ 的值。

从表 6-1 和直方图(见图 6-1)中可以看出:有限次观测时,偶然误差最大值不超过 24'';

绝对值小的误差比绝对值大的误差出现个数多；绝对值相等的正负误差出现个数大致相同。

　　3. 误差分布曲线

　　若观测次数 n 无限增大($n \to \infty$)，同时又无限缩小误差的区间 dΔ，则图 6-1 中各长方形顶边的折线就变成一条光滑的曲线。该曲线在概率论中称为"正态分布曲线"，在测量学中称为误差分布曲线。

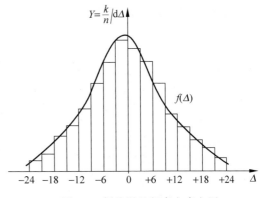

图 6-1　偶然误差频率之直方图

　　误差分布曲线的数学方程式为

$$f(\Delta) = \frac{1}{\sqrt{2\pi}\sigma} e^{-\frac{\Delta^2}{2\sigma^2}} \tag{6-2}$$

其中，$\pi = 3.141\,6$；自然对数的底 $e = 2.718\,3$；σ 是观测值的标准差；σ^2 是观测值的方差。

　　σ 的几何意义是表示误差分布曲线两个拐点的横坐标值。它是误差分布曲线函数的唯一参数。

6.2.3　偶然误差的统计特性

　　从误差分布曲线的函数式中，可以看到偶然误差的统计特性：

　　(1) 在一定观测条件下，偶然误差的绝对值不会超过一定限度；

　　(2) 绝对值小的误差比绝对值大的误差出现的可能性大；

　　(3) 绝对值相等的正误差与负误差，出现的可能性相等；

　　(4) 当观测次数无限增大时，偶然误差的算术平均值趋近于零。

　　用公式表示

$$\lim_{n \to \infty} \frac{\Delta_1 + \Delta_2 + \cdots + \Delta_n}{n} = \lim_{n \to \infty} \frac{[\Delta]}{n} = 0 \tag{6-3}$$

　　综上所述，在一定的观测条件下，一组观测值对应着一条误差分布曲线，对应着一个标准差 σ。因此 σ 的数值可以反映一组观测值的精度。

6.3　衡量观测值精度的指标

6.3.1　中误差

　　1) 标准差的定义式：当观测次数 $n \to \infty$ 时

$$\sigma = \lim_{n \to \infty} \sqrt{\frac{\Delta_1^2 + \Delta_2^2 + \cdots + \Delta_n^2}{n}} = \lim_{n \to \infty} \sqrt{\frac{[\Delta^2]}{n}} \tag{6-4}$$

2) 中误差的定义式：当观测次数有限次时

$$m = \pm \sqrt{\frac{[\Delta^2]}{n}}$$ (6-5)

[**例 6-1**] 对 10 个三角形的内角,用两台精度不同的经纬仪进行两组观测,两组观测三角形内角和的真误差数据为

第一组：$+3'', -2'', -4'', +2'', 0'', -4'', +3'', +2'', -3'', -1''$；

第二组：$0, -1, -7, +2, +1, +1, +8, 0, 3, -1$；

试求：这两组观测值的中误差 m_1 和 m_2。

解

$$m_1 = \pm \sqrt{\frac{3^2 + (-2)^2 + (-4)^2 + 2^2 + 0^2 + (-4)^2 + 3^2 + 2^2 + (-3)^2 + (-1)^2}{10}}$$

$$= \pm 2.7''$$

$$m_2 = \pm \sqrt{\frac{0^2 + (-1)^2 + (-7)^2 + 2^2 + 1^2 + 1^2 + 8^2 + 0^2 + 3^2 + (-1)^2}{10}}$$

$$= \pm 3.6''$$

由此可见,第一组观测值的中误差为 $\pm 2.7''$,第二组观测值的中误差为 $\pm 3.6''$,故知第一组使用的经纬仪精度高。

6.3.2 允许误差

偶然误差的第一特性说明,在一定观测条件下,偶然误差不会超过一定的限值。这个限值在实际测量中,有限次观测时得不到的。从概率学知道,偶然误差的绝对值大于 2 倍中误差的约占误差总数的 5%,而大于 3 倍中误差的占总数的 0.3%。一般在有限次观测中常采用 2 倍或 3 倍中误差作为误差的限值,称为允许误差(或称限差)。即

$$\Delta_允 = (2 \sim 3)m$$ (6-6)

在测量工作中,允许误差是区分误差和错误的界线。

6.3.3 相对误差

前面所讲的真误差、中误差、允许误差都称为绝对误差。

1. 相对中误差

定义：中误差与观测值之比,把分子化为 1 的形式,称为相对中误差。

$$k = \frac{|m|}{D} = \frac{1}{D/|m|}$$ (6-7)

有时候用中误差还不能完全反映测量成果的精度高低。例如钢尺量距,分别测量 $D_1 = 500$m 和 $D_2 = 80$m 两段距离,测量中误差相同,$m_1 = m_2 = \pm 0.02$m。显然,不能认为两者的测量精度相同。采用相对中误差就反映出测量精度。

$$\frac{|m_1|}{D_1} = \frac{0.02}{500} = \frac{1}{25\,000}, \qquad \frac{|m_2|}{D_2} = \frac{0.02}{80} = \frac{1}{4\,000}$$

因此,测量 D_1 的精度高。

2. 相对真误差和相对允许误差

在闭合导线测量中,导线全长相对闭合差是一个相对真误差,导线全长允许相对闭合差就是一个相对允许误差。

3. 若观测值的误差与观测值大小无关,采用绝对误差来衡量观测值的精度,如水准测量所得高差,经纬仪测量水平角、竖直角。若观测值的误差与观测值大小有关,则采用相对误差来衡量,如钢尺量距。

6.3.4　权

权的定义:在一组观测值中,选定某一观测值的中误差平方 m_0^2 与其他观测值的中误差平方 m_i^2 的比例关系,这个比例关系可以用一个数值表示,这个数值称为观测值的权 P_i。用公式表示

$$P_i = \frac{m_0^2}{m_i^2} \qquad (6\text{-}8)$$

从公式中可以看到,观测值的权与它的中误差的平方成反比。观测值的精度高,也就是中误差小,那么观测值的权越大。

等精度观测时,观测值中误差相同,所以每个观测值的权也相同。不等精度观测时,观测值的中误差不相同,那么观测值的权也不相同。

在一组观测值中,我们选定某一观测值的中误差为 m_0,它的权 $P=1$。这个观测值称为单位权观测值,而 m_0 称为单位权的中误差。

由此可见,中误差反映观测值绝对精度,而权是比较各观测值相互间精度高低的比例数,它反映观测值的相对精度。

[例 6-2]　已知:单位水准路线长度 $S_0 = 1\text{km}$,其高差中误差 $m_0 = \pm 10\text{mm}$,权 $P_0 = 1$。第一条水准路线高差中误差 $m_1 = \pm 22.4\text{mm}$,第二条水准路线高差中误差 $m_2 = \pm 31.6\text{mm}$,试求 P_1、P_2。

解

$$P_1 = \frac{m_0^2}{m_1^2} = \frac{10^2}{22.4^2} = 0.20$$

$$P_2 = \frac{m_0^2}{m_2^2} = \frac{10^2}{31.6^2} = 0.10$$

计算结果说明在水准测量中,水准路线长,高差中误差大,则水准测量高差的权越小。

6.4　误差传播定律及其应用

在三角形 ABC 中,求 C 角的角值有两种方法。第一种方法是在 C 点用经纬仪直接观测 C 角,这样得到 C 角值称为直接观测值。C 角中误差可按前面的公式计算。

第二种方法是直接观测 A 角和 B 角,C 角按函数式 $C = 180° - A - B$ 求得,这样得到的 C 角值称为间接观测值。由于 A 角和 B 角都有中误差 m_A 和 m_B,C 角也随之产生中误差 m_C,阐明观测值中误差和观测值函数中误差之间关系定律,称为误差传播定律。

6.4.1 线性函数的误差传播定律

1. 有两个独立观测值的线性函数

$$Z = K_1 X + K_2 Y + K_0 \tag{6-9}$$

式(6-9)中,K_i、K_0 均为已知常数,而 X、Y 是独立观测值,相应的中误差为 m_X、m_Y。设 X、Y 和 Z 的真误差分别为 Δ_X、Δ_Y、Δ_Z 则有

$$\Delta_Z = K_1 \Delta_X + K_2 \Delta_Y$$

当对 X、Y 均观测了 n 次,则

$$\Delta_{Z_i} = K_1 \Delta_{X_i} + K_2 \Delta_{Y_i}$$

将上式平方得

$$\Delta_{Z_i}^2 = (K_1 \Delta_{X_i})^2 + (K_2 \Delta_{Y_i})^2 + 2K_1 K_2 \Delta_{X_i} \Delta_{Y_i}$$

将上式求和,并除以 n 再取极限

$$\lim_{n \to \infty} \frac{[\Delta_Z^2]}{n} = \lim_{n \to \infty} \left\{ K_1^2 \frac{[\Delta_X^2]}{n} + K_2^2 \frac{[\Delta_Y^2]}{n} + 2K_1 K_2 \frac{[\Delta_X \Delta_Y]}{n} \right\}$$

由于 X、Y 是独立观测值,也就是 Δ_X、Δ_Y 是独立误差,则 $\Delta_X \Delta_Y$ 也是一个偶然误差,所以

$$\lim_{n \to \infty} \frac{[\Delta_X \Delta_Y]}{n} = 0$$

则两个独立观测值的线性函数 Z 的中误差式为

$$m_Z^2 = K_1^2 m_X^2 + K_2^2 m_Y^2 \tag{6-10}$$

2. 若有 n 个独立观测值的线性函数

$$Z = K_1 X_1 + K_2 X_2 + \cdots + K_n X_n + K_0 \tag{6-11}$$

则有

$$m_Z^2 = (K_1 m_1)^2 + (K_2 m_2)^2 + \cdots + (K_n m_n)^2 \tag{6-12}$$

3. 应用误差传播定律求线性函数的计算步骤

(1) 按实际测量问题的要求写出函数式

$$Z = K_1 X_1 + K_2 X_2 + \cdots + K_n X_n + K_0$$

(2) 把函数式转变为中误差式

$$m_Z^2 = (K_1 m_1)^2 + (K_2 m_2)^2 + \cdots + (K_n m_n)^2$$

函数式变为中误差式的规律是:将函数式中的函数 Z 和独立观测值 X_i 用相应的中误差来代替,去掉 K_0 这一项,把函数式两边的每一项都单独平方,就变成中误差式。

[例 6-3] 已知:在 1:500 的地形图上,量得某两点的距离 $d = 24.8\text{mm}$,测量 d 的中误差 $m_d = \pm 0.2\text{mm}$。试求:两点实地水平距离 D 及其中误差 m_D。

解 函数式

$$D = 500d = 500 \times 24.8 = 12\,400(\text{mm}) = 12.400(\text{m})$$

中误差式

$$m_D^2 = (500 m_d)^2$$

所以

$$m_D = 500 m_d = \pm 500 \times 0.2 = \pm 100(\text{mm}) = \pm 0.100(\text{m})$$

最后写成

$$D \pm m_D = 12.400 \pm 0.100 (\text{m})$$

[例 6-4]　已知：在三角形中，测得 $\alpha + m_\alpha = 70°42'06'' \pm 3.5''$，$\beta = 31°13'30'' \pm 6.2''$。试求：$r$ 角及其中误差 m_r。

解　函数式

$$r = 180 - \alpha - \beta = 78°04'24''$$

中误差

$$m_r^2 = (-m_\alpha)^2 + (-m_\beta)^2$$

$$m_r = \pm \sqrt{m_\alpha^2 + m_\beta^2} = \pm \sqrt{3.5^2 + 6.2^2} = \pm 7.1''$$

最后写成

$$r \pm m_r = 78°04'24'' \pm 7.1''$$

[例 6-5]　已知：在 AB 两点间进行水准测量，每站测得高差中误差 $m_站 = \pm 2\text{mm}$，总共观测 $n = 10$ 站。试求：AB 两水准点的高差中误差 m_h。

解　函数式

$$h_{AB} = h_1 + h_2 + \cdots + h_n$$

中误差式

$$m_h^2 = m_站^2 + m_站^2 + m_站^2 + \cdots + m_站^2 = n m_站^2$$

$$m_h = \sqrt{n} m_站 = \pm \sqrt{10} \times 2 = \pm 6.3 (\text{mm})$$

[例 6-6]　已知：对某量同精度观测 n 次，得到观测值 $L_1, L_2, \cdots, L_n$，观测值的中误差均为 m，试求：平均值 x 及其中误差 M。

解　函数式

$$x = \frac{1}{n} L_1 + \frac{1}{n} L_2 + \cdots + \frac{1}{n} L_n$$

中误差式

$$M^2 = \left(\frac{1}{n} m\right)^2 + \left(\frac{1}{n} m\right)^2 + \cdots + \left(\frac{1}{n} m\right)^2 = n \times \frac{m^2}{n^2}$$

$$M = \frac{m}{\sqrt{n}}$$

由此可见，同精度观测的平均值中误差等于观测值中误差除以 $\sqrt{n}$。

6.4.2　一般函数式的误差传播定律

1. 设有一般函数

$$Z = f(x_1, x_2, \cdots, x_n)$$

其中，$x_1, x_2, \cdots, x_n$ 是独立观测值，它们的中误差分别为 $m_1, m_2, \cdots, m_n$。由数学分析可知，自变量的误差与函数的误差之间关系，可以通过函数全微分来表达。为此，求函数的全微分

$$\text{d}Z = \frac{\partial f}{\partial x_1} \text{d}x_1 + \frac{\partial f}{\partial x_2} \text{d}x_2 + \cdots + \frac{\partial f}{\partial x_n} \text{d}x_n。$$

用真误差代替微分：

$$\Delta_Z = \frac{\partial f}{\partial x_1}\Delta_1 + \frac{\partial f}{\partial x_2}\Delta_2 + \cdots + \frac{\partial f}{\partial x_n}\Delta_n$$

令 $\dfrac{\partial f}{\partial x_i} = K_i$，即得

$$\Delta_Z = K_1\Delta_1 + K_2\Delta_2 + \cdots + K_n\Delta_n$$

这时可以采用线性函数的误差传播定律

$$m_Z^2 = (K_1 m_1)^2 + (K_2 m_2)^2 + \cdots + (K_n m_n)^2$$

2. 应用误差传播定律求一般函数的计算步骤

（1）按实际测量问题的要求写出函数式

$$Z = f(x_1, x_2, \cdots, x_n) \tag{6-13}$$

（2）对函数进行全微分

$$\mathrm{d}Z = \left(\frac{\partial f}{\partial x_1}\right)\mathrm{d}x_1 + \left(\frac{\partial f}{\partial x_2}\right)\mathrm{d}x_2 + \cdots + \left(\frac{\partial f}{\partial x_n}\right)\mathrm{d}x_n \tag{6-14}$$

（3）变成中误差式

$$m_Z^2 = \left(\frac{\partial f}{\partial x_1}\right)^2 m_1^2 + \left(\frac{\partial f}{\partial x_2}\right)^2 m_2^2 + \cdots + \left(\frac{\partial f}{\partial x_n}\right)^2 m_n^2 \tag{6-15}$$

[**例 6-7**] 已知：在三角高程测量中，测得水平距离 $D \pm m_D = 120.250 \pm 0.050\mathrm{m}$，观测竖直角 $\alpha \pm m_\alpha = 12°47'00'' \pm 30''$，试求：高差 h 及其中误差 m_h。

解 函数式

$$h = D\tan\alpha = 120.250 \times \tan12°47'00'' = 27.283\mathrm{m}$$

全微分

$$\mathrm{d}h = (\tan\alpha)\mathrm{d}D + (D \times \sec^2\alpha)\left(\frac{\mathrm{d}\alpha}{\rho''}\right)$$

变成中误差式

$$m_h^2 = (\tan\alpha)^2 m_D^2 + (D \times \sec^2\alpha)^2 \left(\frac{m_\alpha}{\rho''}\right)^2$$

$$m_h = \pm\sqrt{(\tan12°47'00'')^2(0.050)^2 + (120.250 \times \sec^2 12°47'00'')^2\left(\frac{30''}{206\,265''}\right)^2}$$

$$= \pm 0.022(\mathrm{m})$$

最后写成

$$h \pm m_h = 27.283 \pm 0.022(\mathrm{m})$$

[**例 6-8**] 已知：用钢尺在一均匀坡度上量得 AB 斜距 $L \pm m_L = 29.992 \pm 0.003\mathrm{m}$，用水准仪测得两点高差 $h \pm m_h = 2.050 \pm 0.050\mathrm{m}$。试求：水平距离 D 及其中误差 m_D。

解 函数式

$$D = \sqrt{L^2 - h^2} = \sqrt{(29.992)^2 - (2.050)^2} = 29.922(\mathrm{m})$$

为了全微分计算简单把公式写成

$$D^2 = L^2 - h^2$$

全微分

$$2D\mathrm{d}D = 2L\mathrm{d}L - 2h\mathrm{d}h$$

化简

$$DdD = LdL - hdh$$

变成中误差式

$$(Dm_D)^2 = (Lm_L)^2 + (-hm_h)^2$$

整理后

$$m_D = \pm \frac{\sqrt{(Lm_L)^2 + (hm_h)^2}}{D}$$

$$= \pm \frac{\sqrt{(29.992 \times 0.003)^2 + (2.050 \times 0.050)^2}}{29.922} = \pm 0.005(\text{m})$$

最后写成

$$D \pm m_D = 29.922 \pm 0.005(\text{m})$$

6.4.3　误差传播定律的应用

1. 水准测量的精度

水准路线高差总和的中误差

$$m_{\sum h} = \sqrt{n} \times m_{\text{站}} \tag{6-16}$$

$$m_{\sum h} = \sqrt{L} \times \mu \tag{6-17}$$

式中，n——水准路线的站数；

　　　$m_{\text{站}}$——每站高差的中误差；

　　　L——水准路线的长度；

　　　μ——每公里高差的中误差。

2. 测回法测量水平角的精度

(1) DJ_6 经纬仪一测回的方向值为 $\bar{a}$、$\bar{c}$，其中误差 $m_{1\text{方}} = \pm 6.0''$

$$\begin{cases} \bar{a} = \dfrac{1}{2}[a_{\text{左}} + (a_{\text{右}} \pm 180°)] \\ \bar{c} = \dfrac{1}{2}[c_{\text{左}} + (c_{\text{右}} \pm 180°)] \end{cases} \tag{6-18}$$

(2) 半测回的方向值为 $a_{\text{左}}$、$a_{\text{右}}$、$c_{\text{左}}$、$c_{\text{右}}$，其中误差是 $m_{\text{半方}}$，把公式(6-18)变成中误差式

$$(m_{1\text{方}})^2 = \left(\frac{1}{2}m_{\text{半方}}\right)^2 + \left(\frac{1}{2}m_{\text{半方}}\right)^2 = \frac{1}{2}m_{\text{半方}}^2$$

$$m_{\text{半方}} = \sqrt{2}\,m_{1\text{方}} \tag{6-19}$$

对于 DJ_6 经纬仪，$m_{\text{半方}} = \pm\sqrt{2} \times 6.0'' = \pm 8.5''$。

(3) 半测回的角值为 $\beta_{\text{上}}$、$\beta_{\text{下}}$，其中误差是 $m_{\text{半角}}$

$$\beta_{\text{上}} = c_{\text{左}} - a_{\text{左}}$$

$$\beta_{\text{下}} = c_{\text{右}} - a_{\text{右}}$$

中误差式

$$(m_{\text{半角}})^2 = (m_{\text{半方}})^2 + (-m_{\text{半方}})^2$$

$$m_{半角}=\sqrt{2}\,m_{半方}=\sqrt{2}\times\sqrt{2}\,m_{1方}=2m_{1方} \tag{6-20}$$

对于 DJ$_6$ 经纬仪 $m_{半角}=\pm2\times6.0''=\pm12.0''$。

（4）一测回的角度为 β，其中误差是 $m_{1角}$

$$\beta=\frac{1}{2}(\beta_上+\beta_下)$$

中误差式

$$\begin{cases}(m_{1角})^2=\left(\frac{1}{2}m_{半角}\right)^2+\left(\frac{1}{2}m_{半角}\right)^2=\frac{1}{2}m_{半角}^2\\ m_{1角}=\dfrac{m_{半角}}{\sqrt{2}}=\dfrac{2m_{1方}}{\sqrt{2}}=\sqrt{2}\,m_{1方}\end{cases} \tag{6-21}$$

对于 DJ$_6$ 经纬仪，$m_{1角}=\pm\sqrt{2}\times6.0''=\pm8.5''$。

3. 电磁波测距仪测量水平距离和高差的精度

已知：电磁波测距仪测得斜距为 L，中误差为 m_L。观测竖直角 α，其中误差为 m_α。求：水平距、高差及它们的中误差。

解　1）计算水平距的中误差

函数式

$$D=L\cos\alpha$$

微分式

$$\mathrm{d}D=(\cos\alpha)\mathrm{d}L-(L\sin\alpha)\left(\frac{\mathrm{d}\alpha}{\rho''}\right)$$

中误差式

$$m_D^2=[(\cos\alpha)m_L]^2+\left[-(L\sin\alpha)\left(\frac{m_\alpha}{\rho''}\right)\right]^2 \tag{6-22}$$

2）计算高差的中误差

函数式

$$h=L\sin\alpha$$

微分式

$$\mathrm{d}h=(\sin\alpha)\mathrm{d}L+(L\cos\alpha)\left(\frac{\mathrm{d}\alpha}{\rho''}\right)$$

中误差式

$$m_h^2=[(\sin\alpha)m_L]^2+\left[(L\cos\alpha)\left(\frac{m_\alpha}{\rho''}\right)\right]^2 \tag{6-23}$$

［例 6-9］ 已知：电磁波测距仪测得斜距 $L\pm m_L=158.470\pm0.003\mathrm{m}$，竖直角 $\alpha=35°18'55''\pm6.0''$，试求：水平距离 D，高差 h 及其中误差。

解　　　$D=L\cos\alpha=158.470\times\cos35°18'55''=129.309(\mathrm{m})$

$$m_D=\pm\sqrt{[(\cos\alpha)m_L]^2+\left[(L\sin\alpha)\left(\frac{m_\alpha}{\rho''}\right)\right]^2}$$

$$=\pm\sqrt{[(\cos35°18'55'')\times0.003]^2+\left[(158.470\sin35°18'55'')\left(\frac{6.0''}{206\,265''}\right)\right]^2}$$

$$=\pm0.003\,6(\mathrm{m})$$

$$h = L\sin\alpha = 158.470 \times \sin 35°18'55'' = 91.608(\text{m})$$

$$m_h = \pm\sqrt{\left[(\sin 35°18'55'') \times 0.003\right]^2 + \left[(158.470)\cos 35°18'55''\left(\frac{6.0''}{206\,265''}\right)\right]^2}$$

$$= \pm 0.0041(\text{m})$$

4. 根据真误差计算中误差的实例

由三角形闭合差求测角中误差。在一个三角形中,各三角形的内角观测精度相同,其中误差为 m_β。每个三角形的闭合差

$$W_i = \Delta_i = (\alpha_i + \beta_i + \gamma_i) - 180°$$

根据中误差的定义式,三角形内角和的中误差 m_Σ

$$m_\Sigma = \pm\sqrt{\frac{[\Delta\Delta]}{n}} = \pm\sqrt{\frac{[ww]}{n}} \tag{6-24}$$

因为

$$\Sigma = \alpha + \beta + \gamma$$

所以

$$m_\Sigma = \sqrt{3}\,m_\beta$$

则

$$m_\beta = \frac{m_\Sigma}{\sqrt{3}} = \pm\sqrt{\frac{[ww]}{3n}} \tag{6-25}$$

这就是著名的菲列罗公式。用三角形的闭合差 w,来计算测角中误差 m_β。

[**例 6-10**]　已知:有 20 个三角形的闭合差如下:

$$+5'', -7'', -16'', +2'', -13'', +8'', -2'', +7'', -2'', -6''$$
$$-6'', +3'', +7'', -3'', -12'', +1'', -5'', +19'', +13'', +7''$$

试求:(1)三角形内角和的中误差 m_Σ;(2)测角中误差 m_β。

解　(1)三角形内角和的中误差: $m_\Sigma = \pm\sqrt{\frac{[ww]}{n}} = \pm\sqrt{\frac{1\,512}{20}} = \pm 8.7''$

(2)测角中误差: $m_\beta = \frac{m_\Sigma}{\sqrt{3}} = \pm\frac{8.7}{\sqrt{3}} = \pm 5.0''$

6.5　等精度独立观测值的算术平均值及精度评定

在相同的观测条件下,对某量进行 n 次独立观测,

观测值: $L_1, L_2, \cdots, L_n$

观测值中误差: $m, m, \cdots, m$

我们需要求它的算术平均值 x,观测值中误差 m 以及算术平均值的中误差 M。

6.5.1　算术平均值

真误差的定义式

$$\Delta_i = L_i - X$$

将上式求和除以 n,得

$$\frac{[\Delta]}{n} = \frac{[L]}{n} - X$$

即

$$X = \frac{[L]}{n} - \frac{[\Delta]}{n}$$

对上式取得极限,并顾及偶然误差的第(4)特性,有

$$X = \lim_{n\to\infty}\frac{[L]}{n} - \lim_{n\to\infty}\frac{[\Delta]}{n} = \lim_{n\to\infty}\frac{[L]}{n}$$

即当观测次数 $n\to\infty$ 时,观测值的算术平均值就是真值。在实际工作中观测次数是有限的,则 X 的估值 x 为

$$x = \frac{[L]}{n} \tag{6-26}$$

我们把 x 称为算术平均值,也称为最可靠值。

6.5.2　观测值的中误差

观测值的改正数定义式为

$$V_i = x - L_i \tag{6-27}$$

真误差式

$$\Delta_i = L_i - X \tag{6-28}$$

两式相加

$$V_i + \Delta_i = x - X$$

设 $x - X = \Delta_x$,则有

$$V_i + \Delta_i = \Delta_x$$

改变形式

$$\Delta_i = \Delta_x - V_i$$

上式两边平方,取总和,并除以 n 得

$$\frac{[\Delta\Delta]}{n} = \frac{[VV]}{n} - 2\Delta_x\frac{[V]}{n} + \frac{[\Delta_x\Delta_x]}{n}$$

两边取极限,考虑到 $[V]=0$,则有

$$m^2 = \frac{[VV]}{n} + M^2$$

顾及 $M^2 = \frac{m^2}{n}$,就有 $m^2 = \frac{[VV]}{n} + \frac{m^2}{n}$,整理后

$$m = \pm \sqrt{\frac{[VV]}{n-1}} \qquad (6\text{-}29)$$

由公式(6-27)，$V_i = x - L_i$，取总和 $[V] = nx - [L] = 0$，可作为计算检核。

6.5.3　算术平均值的中误差

在 6.4 节我们已证明，算术平均值的中误差：

$$M = \frac{m}{\sqrt{n}} \qquad (6\text{-}30)$$

[例 6-11]　已知：用经纬仪等精度观测某水平角 6 个测回，观测值列于表 6-2 中。试求：(1)算术平均值 x；(2)观测值的中误差 m；(3)算术平均值中误差 M。

表 6-2　例 6-11 表

点号	观测值	改正数 V	点号	观测值	改正数 V
1	75°21′26″	0″	4	75°21′25″	+1″
2	75°21′24″	+2″	5	75°21′28″	−2″
3	75°21′23″	+3″	6	75°21′30″	−4″

解　(1)计算算术平均值

$$x = \frac{[L]}{n} = 75°\ 21'\ 26''$$

(2)计算观测值的中误差

$$V_i = x - L_i$$

$$m = \pm \sqrt{\frac{[VV]}{n-1}} = \pm \sqrt{\frac{34}{6-1}} = \pm 2.6''$$

(3)计算算术平均值中误差

$$M = \frac{m}{\sqrt{n}} = \pm \frac{2.6}{\sqrt{6}} = \pm 1.1''$$

[例 6-12]　用钢尺对某段距离丈量 6 次，观测值列在表 6-3 中。
试求：(1)算术平均值；(2)观测值的中误差；(3)算术平均值中误差和相对中误差 K。

表 6-3　例 6-12 表

点号	观测值/m	改正数 V/mm	点号	观测值/m	改正数 V/mm
1	289.782	+6	4	289.799	−11
2	289.779	+9	5	289.781	+7
3	289.790	−2	6	289.797	−9

解　(1)算术平均值

$$x = \frac{[L]}{n} = 289.788\text{m}$$

（2）观测值的中误差

$$V_i = x - L_i$$

$$m = \pm \sqrt{\frac{[VV]}{n-1}} = \pm \sqrt{\frac{372}{6-1}} = \pm 8.6 \text{(mm)}$$

（3）算术平均值中误差和相对中误差

$$M = \frac{m}{\sqrt{n}} = \pm \frac{8.6}{\sqrt{6}} = \pm 3.5 \text{(mm)}$$

$$K = \frac{M}{x} = \frac{3.5}{289\,788} \approx \frac{1}{83\,000}$$

6.6　不等精度独立观测值的加权平均值及精度评定

在不相同的观测条件下，对某量进行 n 次独立观测

观测值：$L_1, L_2, \cdots, L_n$

观测值的中误差：$m_1, m_2, \cdots, m_n$

观测值的权：$P_1, P_2, \cdots, P_n$

6.6.1　加权平均值

1. 加权平均值

$$x = \frac{P_1 L_1 + P_2 L_2 + \cdots + P_n L_n}{P_1 + P_2 + \cdots + P_n} = \frac{[PL]}{[P]} \tag{6-31}$$

2. 确定水准路线的权

（1）按水准路线长度 S_i 定权

$$P_i = \frac{C_1}{S_i} \tag{6-32}$$

式中，C_1——水准路线权为 1 时的水准路线长度；

　　S_i——水准路线长度，一般以千米为单位。

（2）按水准路线测站为 n_i 定权

$$P_i = \frac{C_2}{n_i} \tag{6-33}$$

式中，C_2——水准路线权为 1 时的水准路线测站数；

　　n_i——水准路线的测站数。

6.6.2　单位权中误差

真值未知时单位权中误差的计算公式

$$m_0 = \pm \sqrt{\frac{[PVV]}{n-1}} \tag{6-34}$$

式中,V_i——观测值的改正数,$V_i = x - L_i$;

　　　P_i——观测值的权;

　　　n——观测次数。

6.6.3　加权平均值的中误差

$$M = \frac{m_0}{\sqrt{[P]}} \qquad (6\text{-}35)$$

[**例 6-13**]　已知:由四条水准路线 AE,BE, CE,DE 组成的单结点水准网,如图 6-2 所示。水准测量后求得 E 点高程以及水准路线长度列入表 6-4 中。设 $C_1 = 10\text{km}$ 的观测高差为单位权观测值。试求:(1)加权平均值 x;(2)单位权中误差 m;(3)加权平均值中误差 M。

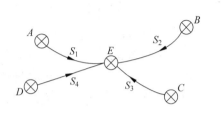

图 6-2　例 6-13 图

表 6-4　例 6-13 表

路线	E 点高程	距离 S/km	$P_i = \dfrac{10}{S_i}$	V/mm	PVV
AE	124.814	2.5	4.0	-2	16
BE	124.807	4.0	2.5	$+5$	62.5
CE	124.802	5.0	2.0	$+10$	200
DE	124.817	2.0	5.0	-5	125
			$[P] = [13.5]$		$[PVV] = 403.5$

　　解　(1)计算各条水准路线的权

$$P_i = \frac{C_1}{S_i} = \frac{10}{S_i}$$

　　计算 E 点高程的加权平均值

$$x = \frac{[PL]}{[P]} = \frac{4.0 \times 124.814 + 2.5 \times 124.807 + 2.0 \times 124.802 + 5.0 \times 124.817}{4.0 + 2.5 + 2.0 + 5.0}$$

$$= 124.812(\text{m})$$

　　(2)计算单位权中误差

　　先计算改正数

$$V_i = x - L_i$$

再计算单位权中误差

$$m_0 = \pm\sqrt{\frac{[PVV]}{n-1}} = \pm\sqrt{\frac{403.5}{4-1}} = \pm 11.6(\text{mm})$$

　　(3)计算加权平均值中误差

$$M = \frac{m_0}{\sqrt{[P]}} = \pm 3.2\text{mm}$$

思考题与练习题

1. 什么是系统误差？在实际测量工作中如何来消除系统误差？

2. 什么是偶然差？偶然误差具有哪些特性？

3. 何谓中误差、允许误差和相对中误差？

4. 在 1∶1 000 地形图上量取 A、B 两点的距离 $d \pm m_d = 31.2 \pm 0.3$mm，试求 A、B 两点的实地水平距离 D 及其中误差 m_D。

5. 观测三角形的两个内角 $A \pm m_A = 47°37'45'' \pm 6.0''$，$B \pm m_B = 44°24'14'' \pm 4.5''$，试求 C 角及其中误差 m_C。

6. 在 A、B 两点间进行水准测量，每站测量高差的中误差 $m_{站} = \pm 1.0$mm，总共观测 $n = 8$ 站，试求 A、B 两水准点的高差中误差 m_h。欲使 $m_h \leqslant \pm 3.5$mm，那么 A、B 间最多可设置几站？

7. 经纬仪观测一个测回的角度中误差 $m = \pm 2.8''$，观测六个测回的角度平均值中误差 M 是多少。欲使 $M \leqslant \pm 1.5''$，应对该角度至少观测几个测回？

8. 在三角高程测量中，测得水平距离 $D \pm m_D = 220.87 \pm 0.008$mm，竖直角 $\alpha \pm m_\alpha = 25°48'30'' \pm 45''$，试求高差 h 及其中误差 m_h。

9. 在一均匀坡度上测得斜距 $S \pm m_S = 247.500 \pm 0.005$m，高差 $h \pm m_h = 12.800 \pm 0.062$mm，试求水平距离 D 及其中误差 m_D。

10. 用经纬仪观测某水平角六测回，其观测值为 $168°32'48''$，$168°32'54''$，$168°32'30''$，$168°32'58''$，$168°32'36''$，$168°32'42''$。试求该水平角的算术平均值 x、一测回测角中误差 m 及算术平均值的中误差 M。

11. 用钢尺对某段距离丈量六次的结果为：146.535m，146.548m，146.541m，146.550m，146.537m，146.546m，试求该距离的算术平均值 x、一次丈量距离的中误差 m、算术平均值的中误差 M 及其相对中误差 K。

12. 如图 6-2 所示，从已知的水准点 A、B、C、D 出发，分别通过四条水准路线到达结点 E。已知数据及观测数据列入表中，试求 E 点高程的加权平均值及其中误差。

路线	E 点高程 H/m	距离 S/km	$P_i = \dfrac{10}{S_i}$	V/mm	PVV
AE	53.631	3.0			
BE	53.659	3.7			
CE	53.648	2.8			
DE	53.642	2.2			
			$[P]=[\quad]$		$[PVV]=$

第 7 章

控 制 测 量

7.1 控制测量概述

在绪论中已经指出,测量工作必须遵循"从整体到局部,先控制后碎部"的原则,先建立控制网,然后根据控制网进行碎部测量和测设。控制网分为平面控制网和高程控制网两种。测定控制点平面位置的工作,称为平面控制测量。测定控制点高程的工作,称为高程控制测量。

7.1.1 国家控制网

在全国范围内建立的控制网,称为国家控制网。它是全国各种比例尺测图的基本控制,并为确定地球的形状和大小提供研究资料。国家控制网是用精密测量仪器和方法依照施测精度按一、二、三、四 4 个等级建立的,它的低级点受高级点逐级控制。一等三角锁是国家平面控制网的骨干。二等三角网布设于一等三角锁环内,是国家平面控制网的全面基础。三、四等三角网为二等三角网的进一步加密。建立国家平面控制网,主要采用三角测量的方法,如图 7-1 所示。国家一等水准网是国家高程控制网的骨干。二等水准网布设于一等水准环内,是国家高程控制网的全面基础。三、四等水准网为国家高程控制网的进一步加密,建立国家高程控制网,采用精密水准测量的方法,如图 7-2 所示。

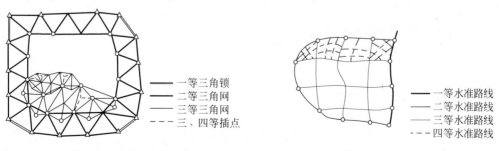

—— 一等三角锁	—— 一等水准路线
—— 二等三角网	—— 二等水准路线
—— 三等三角网	—— 三等水准路线
- - - 三、四等插点	- - - 四等水准路线

图 7-1 国家三角网　　　　　　　　　图 7-2 国家水准网

7.1.2 城市控制网

在城市地区,一般应在上述国家控制点的基础上,根据测区的大小、城市规划和施工测量的要求,布设不同等级的城市平面控制网(见表 7-1),以供地形测图和施工放样使用。直接供地形测图使用的控制点,称为图根控制点,简称图根点。测定图根点位置的工作,称为图根控制测量。图根点的密度(包括高级点),取决于测图比例尺和地物、地貌的复杂程度。至于布设哪一级控制作为首级控制,应根据城市的规模。中小城市一般以四等网作为首级控制网(见表 7-2)。面积在 15km² 以内的小城镇,可用小三角网或一级导线网作为首级控制。面积在 0.5km² 以下的测区,图根控制网可作为首级控制。

表 7-1　城市平面控制网的等级关系

等　　级	三角(三边)网	城 市 导 线
城市基本控制	二等、三等、四等三角	二、三、四等导线
小地区首级控制	一级小三角、二级小三角	一、二、三级导线
图根控制	图根三角	图根导线

表 7-2　城市三角网的主要技术指标

等　　级	平均边长/km	测角中误差/(″)	起始边边长相对中误差	最弱边边长相对中误差
二等	9.0	≤±1.0	≤1/300 000	≤1/120 000
三等	5.0	≤±1.8	≤1/200 000(首级) ≤1/120 000(加密)	≤1/80 000
四等	2.0	≤±2.5	≤1/120 000(首级) ≤1/80 000(加密)	≤1/45 000
一级小三角	1.0	≤±5.0	≤1/40 000	≤1/20 000
二级小三角	0.5	≤±10.0	≤1/20 000	≤1/10 000

城市地区的高程控制分为二、三、四等水准测量和图根水准测量等几个等级,它是城市大比例尺测图及工程测量的高程控制。同样,应根据城市规模确定城市首级水准网的等级,然后再根据等级水准点测定图根点的高程。水准点间的距离,一般地区为 2～3km,城市建筑区为 1～2km。一个测区至少设立三个基准水准点。

本章主要讨论小地区(10km² 以下)控制网建立的有关问题。下面将分别介绍用导线测量建立小地区平面控制网的方法,用三、四等水准测量和三角高程测量建立小地区高程控制网的方法。

7.2　导线测量的外业工作

7.2.1　导线测量概述

将测区内相邻控制点连成直线而构成的折线,称为导线。这些控制点,称为导线点。导线测量就是依次测定各导线边的长度和各转折角值;根据起算数据,推算各边的坐标方位角,从而求出各导线点的坐标。

　　用经纬仪测量转折角,用钢尺测定边长的导线,称为钢尺量距导线,主要技术要求见表 7-3;若用光电测距仪测定导线边长,则称为光电测距导线,主要技术要求见表 7-4。

表 7-3　钢尺量距导线的主要技术要求

等级	测图比例尺	附合导线长度/m	平均边长/m	往返丈量差相对误差	测角中误差/(″)	导线全长相对闭合差	测回数		方位角闭合差/(″)
							DJ$_2$	DJ$_6$	
一级		2 500	250	1/20 000	±5	1/10 000	2	4	±10$\sqrt{n}$
二级		1 800	180	1/15 000	±8	1/7 000	1	3	±16$\sqrt{n}$
三级		1 200	120	1/10 000	±12	1/5 000	1	2	±24$\sqrt{n}$
图根	1∶500	500	75	1/3 000	±20	1/2 000		1	±60$\sqrt{n}$
	1∶1 000	1 000	120						
	1∶2 000	2 000	200						

　　注:n 为测站数。

表 7-4　光电测距导线的主要技术要求

等级	测图比例尺	附合导线长度/m	平均边长/m	测距中误差/mm	测角中误差/(″)	导线全长相对闭合差	测回数		方位角闭合差/(″)
							DJ$_2$	DJ$_6$	
一级		3 600	300	±15	±5	1/14 000	2	4	±10$\sqrt{n}$
二级		2 400	200	±15	±8	1/10 000	1	3	±16$\sqrt{n}$
三级		1 500	120	±15	±12	1/6 000	1	2	±24$\sqrt{n}$
图根	1∶500	900	80	±15	±20	1/4 000		1	±40$\sqrt{n}$
	1∶1 000	1 800	150						
	1∶2 000	3 000	250						

　　注:n 为测站数。

　　导线测量是建立小地区平面控制网常用的一种方法,特别是地物分布较复杂的建筑区、视线障碍较多的隐蔽区和带状地区,多采用导线测量的方法。如图 7-3 所示,根据测区的不同情况和要求,导线可布设成下列三种形式:

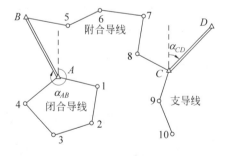

图 7-3　导线的布设形式

　　1) 附合导线

　　布设在两个已知点间的导线,称为附合导线,如图 7-3 所示,附合导线起始于已知控制点 B,经过待定导线点 5、6、7、8 终止到另一已知控制点 C。附合导线具有检核观测成果和已知点数据的作用,是导线测量的首选方案。

　　2) 闭合导线

　　起始于同一已知点的导线,称为闭合导线,如图 7-3 所示,闭合导线从已知控制点 A 和已知方位角 AB 出发,经过待定导线点 1、2、3、4,又回到起始点 A,形成一个闭合多边形。闭合导线只有检核观测成果的作用,也是导线测量常用的布设形式。

　　3) 支导线

　　由一个已知点和已知边的方向出发,既不附合到另一个已知点,又不回到原来已知点的导线,称为支导线。如图 7-3 所示,已知控制点 C 和 CD 方位角,待定导线点是 9、10,这种形式是支导线。因支导线没有检核观测成果的作用,一般不宜采用。个别情况下用于控制点的加密,其点数一般不超过两点。

用导线测量方法建立小地区平面控制网,通常分为一级导线、二级导线、三级导线和图根导线等几个等级。

7.2.2 导线测量的外业工作

导线测量的外业工作包括:踏勘选点及建立标志、量边、测角和连测,分述如下。

1. 踏勘选点及建立标志

选点前,应调查搜集测区已有地形图和高一级的控制点的成果资料,把控制点展绘在地形图上,然后在地形图上拟定导线的布设方案,最后到野外去踏勘,实地核对、修改、落实点位和建立标志。如果测区没有地形图资料,则需详细踏勘现场,根据已知控制点的分布、测区地形条件及测图和施工需要等具体情况,合理地选定导线点的位置。

实地选点时应注意下列几点:

(1) 相邻点间通视良好,地势较平坦,便于测角和量距。

(2) 点位应选在土质坚实处,便于保存标志和安置仪器。

(3) 视野开阔,便于施测。

(4) 导线各边的长度应大致相等。

(5) 导线点应有足够的密度,分布较均匀,便于控制整个测区。

导线点选定后,要在每一点位上打一大木桩,其周围浇灌一圈混凝土,桩顶钉一小钉(见图 7-4),作为临时性标志,若导线点需要保存的时间较长,就要埋没混凝土桩或石桩(见图 7-5),桩顶刻"十"字,作为永久性标志。导线点应统一编号。为了便于寻找,应量出导线点与附近固定而明显的地物点的距离,绘一草图,注明尺寸,称为点之记。

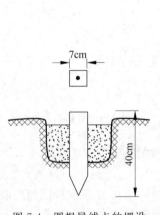

图 7-4 图根导线点的埋设

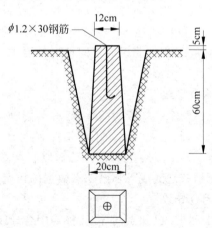

图 7-5 等级导线点的埋设

2. 量边

导线边长可用光电测距仪测定,测量时要同时观测竖直角,供倾斜改正之用。若用钢尺丈量,钢尺必须经过检定。对于一、二、三级导线,应按钢尺量距的精密方法进行丈量。对于图根导线,用一般方法往返丈量或同一方向丈量两次;当尺长改正数大于 1/10 000 时,应加尺长改正;量距时平均尺温与检定时温度相差 10℃ 时,应进行温度改正;尺面倾斜大于 1.5% 时,应进行倾斜改正;取其往返丈量的平均值作为成果,并要求其相对误差不大于 1/3 000。

3. 测角

用测回法施测导线左角(位于导线前进方向左侧的角)或右角(位于导线前进方向右侧的角)。一般在附合导线中,测量导线左角,在闭合导线中均测内角。若闭合导线按逆时针方向编号,则其左角就是内角。图根导线,一般用 DJ6 级光学经纬仪测一个测回。若盘左、盘右测得角值的较差不超过 36″,则取其平均值。

测角时,为了便于瞄准,可在已埋没的标志上用三根竹竿吊一个大垂球,或用测钎、觇牌作为照准标志。

4. 连测

导线与高级控制点连接,必须观测连接角、连接边,作为传递坐标方位角和坐标之用。

参照第 3、4 章角度和距离测量的记录格式,做好导线测量的外业记录,并要妥善保存。

7.3　导线测量的内业工作

导线测量内业计算的目的就是计算各导线点的平面坐标 X、Y。

计算之前,应先全面检查导线测量外业记录、数据是否齐全,有无记错、算错,成果是否符合精度要求,起算数据是否准确。然后绘制计算略图,将各项数据注在图上的相应位置,如图 7-8 所示。

7.3.1　附合导线计算

1. 计算的基本思想

如图 7-6 所示,已知控制点 $ABCD$,观测水平角 β_B、β_1、β_2、β_3、β_C,水平距 D_1、D_2、D_3、D_4,求:1、2、3 点坐标。

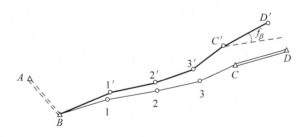

图 7-6　方位角闭合差

存在的问题:确定 1、2、3 点坐标只需要观测 3 个角度和 3 条边长,所以必要观测量 $t=3+3=6$。现在总共观测 5 个角度和 4 条边长,总共观测量 $n=9$,多余观测量 $r=n-t=9-6=3$。这样就会产生三个闭合差:方位角闭合差、纵横坐标增量闭合差。

1) 方位角闭合差

如图 7-6 所示,若角度测量没有误差,导线的正确位置为 $AB123CD$。由于角度测量有误差,使导线变成 $AB1'2'3'C'D'$ 的位置。从 AB 的方位角推算到 $C'D'$ 的方位角 $\alpha'_{CD(推算)}$ 不等于 CD 的方位角 $\alpha_{CD(已知)}$,其差数称为方位角闭合差,用公式来表示

$$f_\beta = \alpha'_{CD(推算)} - \alpha_{CD(已知)} = \left(\alpha_{AB} + \sum \beta_左 - n \times 180°\right) - \alpha_{CD}$$

为了消除方位角闭合差,需要对观测角度进行改正数。方位角闭合差的分配原则:将闭合差反符号平均分配给各个观测角。

2) 纵横坐标增量闭合差

如图 7-7 所示,由于导线测角和量距有误差,使得我们实测到 C' 点位置和已知 C 点位置不重合,这段距离 CC' 称为导线全长闭合差 f。将 f 分别投影到 X 轴和 Y 轴上,得到纵横坐标增量闭合差 f_X、f_Y,用公式表示

$$f_X = \sum \Delta X_{(推算)} - \sum \Delta X_{(已知)} = \sum \Delta X - (X_C - X_B)$$

$$f_Y = \sum \Delta Y_{(推算)} - \sum \Delta Y_{(已知)} = \sum \Delta Y - (Y_C - Y_B)$$

为了消除坐标增量闭合差,需要对增量进行改正。坐标增量闭合差分配原则:将 f_X、f_Y 反号按边长成正比例分配给各个增量 ΔX_i、ΔY_i。

2. 计算步骤

[**例 7-1**] 　如图 7-8 所示,已知附合导线 $BA1234CD$,已知数据和观测数据列入表 7-5 中。试求:1、2、3、4 点坐标。

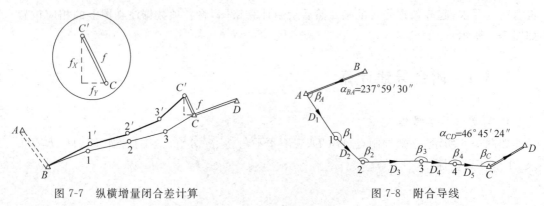

图 7-7　纵横增量闭合差计算　　　　　　图 7-8　附合导线

解　准备工作:绘草图,在导线计算表 7-5 中填写点号,角度 β_i,坐标方位角 α_{BA}、α_{CD},距离 D_i,已知坐标 X_A、Y_A、X_C、Y_C。

1) 计算方位角闭合差 f_β 及调整

(1) 计算 f_β

$$f_\beta = \alpha_{BA} + \sum \beta_左 - n \times 180° - \alpha_{CD}$$

$$f_\beta = 237°59'30'' + 888°45'18'' - 6 \times 180° - 46°45'24'' \tag{7-1}$$

$$= -36''$$

(2) 计算允许的方位角闭合差

$$f_{\beta允} = \pm 60'' \sqrt{n} = \pm 60'' \sqrt{6} = \pm 147''(合格) \tag{7-2}$$

表 7-5 附合导线计算表

点号	观测角(左角)	改正数	改正角 4=2+3	坐标方位角 α	距离 D/m	增量计算值 ΔX/m	增量计算值 ΔY/m	改正后增量 ΔX/m	改正后增量 ΔY/m	坐标值 X/m	坐标值 Y/m	点号
1	2	3	4	5	6	7	8	9	10	11	12	13
B				**237°59′30″**								B
A	99°01′00″	+6″	99°01′06″	157°00′36″	225.85	+5 / −207.91	−4 / +88.21	−207.86	+88.17	**2 507.69**	**1 215.63**	A
1	167°45′36″	+6″	167°45′42″	144°46′18″	139.03	+3 / −113.57	−3 / +80.20	−113.54	+80.17	2 299.83	1 303.80	1
2	123°11′24″	+6″	123°11′30″	87°57′48″	172.57	+3 / +6.13	−3 / +172.46	+6.16	+172.43	2 186.29	1 383.97	2
3	189°20′36″	+6″	189°20′42″	97°18′30″	100.07	+2 / −12.73	−2 / +99.26	−12.71	+99.24	2 192.45	1 556.40	3
4	179°59′18″	+6″	179°59′24″	97°17′54″	102.48	+2 / −13.02	−2 / +101.65	−13.00	+101.63	2 179.74	1 655.64	4
C	129°27′24″	+6″	129°27′30″	**46°45′24″**						**2 166.74**	**1 757.27**	C
D												D
Σ	888°45′18″	+36″	888°45′54″		740.00	−341.10	+541.78	−340.95	+541.64			Σ

辅助计算

$f_\beta = -36''$，$f_{\beta容} = \pm 60''\sqrt{n} = \pm 60''\sqrt{6} = \pm 147''$，$f_X = -0.15\,\text{m}$，$f_Y = 0.14\,\text{m}$，

$f = \sqrt{f_X^2 + f_Y^2} = \sqrt{(-0.15)^2 + (0.14)^2} = 0.21\,\text{m}$，$K = \dfrac{f}{\sum D} = \dfrac{0.21}{740} \approx \dfrac{1}{3\,500}$

$K_容 = \dfrac{1}{2\,000}$，$K < K_容$（合格）

$f_\beta < f_{\beta容}$（合格）

（3）计算角度改正数

$$V_\beta = -\frac{f_\beta}{n} = -\frac{-36''}{6} = +6'' \tag{7-3}$$

需要说明的是，对于附合导线，如果是左角，改正数的符号与闭合差相反；如果为右角，则与闭合差的符号相同。

计算检核1：

$$\sum V_\beta = -f_\beta = 36'' \tag{7-4}$$

（4）计算改正后的角度

$$\bar{\beta}_i = \beta_i + v_\beta \tag{7-5}$$

（5）计算各边方位角

$$\alpha_{i+1} = \alpha_i + \bar{\beta}_i - 180° \tag{7-6}$$

计算检核2：

$$\alpha_{CD(推算)} = \alpha_{CD(已知)} \tag{7-7}$$

2）计算坐标增量闭合差及调整

（1）各边增量的计算，如图7-9所示。

$$\begin{cases} \Delta X_i = D_i \times \cos\alpha_i \\ \Delta Y_i = D_i \times \sin\alpha_i \end{cases} \tag{7-8}$$

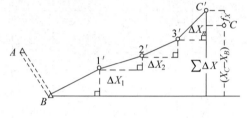

图7-9　f_X、f_Y 计算

（2）纵横坐标增量闭合差 f_x、f_y 计算

$$f_X = X_A + \sum \Delta X - X_C = 2\,507.69 + (-341.10) - 2\,166.74 = -0.15(\text{m})$$

$$f_Y = Y_A + \sum \Delta Y - Y_C = 1\,215.63 + 541.78 - 1\,757.27 = 0.14(\text{m}) \tag{7-9}$$

导线全长闭合差

$$f = \sqrt{f_X^2 + f_Y^2} = \sqrt{(-0.15)^2 + (0.14)^2} = 0.21(\text{m}) \tag{7-10}$$

全长相对闭合差

$$K = \frac{f}{\sum D} = \frac{0.21}{740} \approx \frac{1}{3\,500}(\text{合格}) \tag{7-11}$$

$$K_允 = \frac{1}{2\,000}$$

（3）计算增量改正数和改正后的增量

$$\begin{cases} V_{\Delta X_i} = -\dfrac{f_X \times D_i}{\sum D_i} \\[3mm] V_{\Delta Y_i} = -\dfrac{f_Y \times D_i}{\sum D_i} \end{cases} \tag{7-12}$$

计算检核3：

$$\sum V_{\Delta X_i} = -f_X = 0.15\text{m}$$

$$\sum V_{\Delta Y_i} = -f_Y = -0.14\text{m}$$

$$\begin{cases} \overline{\Delta X_i} = \Delta X_i + V_{\Delta X_i} \\ \overline{\Delta Y_i} = \Delta Y_i + V_{\Delta Y_i} \end{cases} \tag{7-13}$$

3）计算各点坐标

$$\begin{cases} X_{i+1} = X_i + \overline{\Delta X_i} \\ Y_{i+1} = Y_i + \overline{\Delta Y_i} \end{cases} \tag{7-14}$$

计算检核 4：

$$\begin{cases} X_{C(推算)} = X_{C(已知)} \\ Y_{C(推算)} = Y_{C(已知)} \end{cases} \tag{7-15}$$

导线计算 EXCEL 程序参见附录 B 文件。

7.3.2　闭合导线计算

基本上同附合导线，下面列出与附合导线计算不同的公式

1）计算角度闭合差 f_β

$$f_\beta = \sum \beta - (n-2) \times 180° \tag{7-16}$$

式中，n——多边形的边数。

2）坐标增量闭合差的计算

$$f_X = \sum \Delta X, \quad f_Y = \sum \Delta Y \tag{7-17}$$

［**例 7-2**］　如图 7-10 所示，已知闭合导线 12345，起始点坐标 X_1、Y_1，起始方位角 α_{12}，观测角度 β_1、β_2、β_3、β_4、β_5，观测边长 D_1、D_2、D_3、D_4、D_5。所有的数据表示在图 7-10 上。求：2、3、4、5 点坐标。

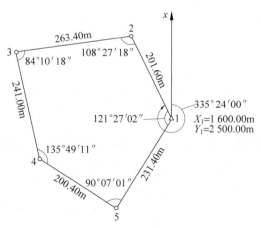

图 7-10　闭合导线略图

计算结果见表 7-6 所示。

在计算闭合导线过程中，所产生的纵横坐标增量闭合差如图 7-11（a）所示，闭合导线纵、横坐标增量代数和的理论值应为零，如图 7-11（b）所示。

闭合导线计算 EXCEL 程序参见附录 B 文件。

表 7-6 闭合导线计算表

点号	观测角(左角)	改正数	改正角	坐标方位角 α	距离 D/m	增量计算值 ΔX/m	增量计算值 ΔY/m	改正后增量 ΔX/m	改正后增量 ΔY/m	坐标值 X/m	坐标值 Y/m	点号
1	2	3	4=2+3	5	6	7	8	9	10	11	12	13
1	108°27′18″											13
1		−10″	108°27′08″	335°24′00″	201.60	+5 / +183.30	+2 / −83.92	+183.35	−83.90	1 600.00	2 500.00	1
2	84°10′18″	−10″	84°10′08″	263°51′08″	263.40	+7 / −28.21	+2 / −261.89	−28.14	−261.87	1 783.35	2 416.10	2
3	135°49′11″	−10″	84°10′08″... 135°49′01″	168°01′16″	241.00	+7 / −235.75	+2 / +50.02	−235.68	+50.04	1 755.21	2 154.23	3
4	90°07′01″	−10″	90°06′51″	123°50′17″	200.40	+5 / −111.59	+1 / +166.46	−111.54	+166.47	1 519.53	2 204.27	4
5	121°27′02″	−10″	121°26′52″	33°57′08″	231.40	+6 / +191.95	+2 / +129.24	+192.01	+129.26	1 407.99	2 370.74	5
1				335°24′00″						1 600.00	2 500.00	1
∑	540°00′50″	−50″	540°00′00″		1 137.80	−0.30	−0.09	0	0			

辅助计算

$f_\beta = \sum\beta - (n-2)\times180° = 540°00'50'' - (5-2)\times180° = +50''$，$f_{\beta容} = \pm60''\sqrt{n} = \pm60''\sqrt{5} = \pm134''$，$f_\beta < f_{\beta容}$，（合格）

$f_x = \sum\Delta X = -0.30\text{m}$，$f = \sqrt{f_x^2 + f_y^2} = \sqrt{(-0.30)^2 + (-0.09)^2} = 0.31\text{m}$，$f_y = \sum\Delta Y = -0.09\text{m}$

$K = \dfrac{f}{\sum D} = \dfrac{0.31}{1\,137.80} \approx \dfrac{1}{3\,600}$，$K_容 = \dfrac{1}{2\,000}$，$K < K_容$（合格）

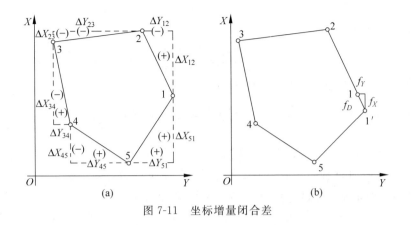

图 7-11　坐标增量闭合差

7.3.3　无定向导线的计算

无定向导线是指导线两端都是已知点，但缺少已知方位角的附合导线。无定向导线常用于地下工程两井定向联系测量、线路工程控制点密度稀少或通视条件差的隐蔽地区。图 7-12 为无定向导线示意图。

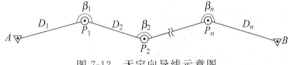

图 7-12　无定向导线示意图

由于无定向导线缺少起始方位角，需要先假定起始边的方位角，利用假定方位角推算各点的假定坐标。根据两端点的假定坐标与已知点的坐标计算方位角旋转参数，根据旋转参数，将基于假定方位角的坐标转换到测量坐标系，从而得到导线各点的坐标。

1. 计算过程

如图 7-13 所示，A、B 为已知控制点，P_1、P_2、$\cdots$、P_n 为待定导线点，β_1、β_2、$\cdots$、β_n 为导线转折角观测值，D_1、D_2、$\cdots$、D_n 为各导线边水平距离。

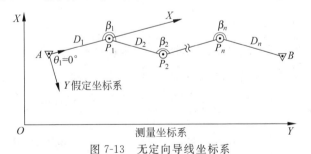

图 7-13　无定向导线坐标系

1) 假定坐标系及假定方位角推算

假定导线第一条边 AP_1 为 X 坐标轴，则 AP_1 边的假定方位角 $\theta_1 = 0°$，其他各边在假定坐标系的坐标方位角为 θ_2、θ_3、$\cdots$、θ_n，方位角推算公式如下

$$\theta_1 = 0°$$
$$\theta_i = \theta_{i-1} + \beta_i \pm 180° \quad (i = 2,3,\cdots,n)$$

2) 坐标增量计算

$$
\begin{cases}
\Delta X'_i = D_i \cdot \cos\theta_i \\
\Delta Y'_i = D_i \cdot \sin\theta_i
\end{cases}
$$

两端点间的坐标增量（坐标增量之和）为

$$
\begin{cases}
\Delta X'_{AB} = \sum_{i=1}^{n} \Delta X'_i = \sum_{i=1}^{n} D_i \cdot \cos\theta_i \\
\Delta Y'_{AB} = \sum_{i=1}^{n} \Delta Y'_i = \sum_{i=1}^{n} D_i \cdot \sin\theta_i
\end{cases}
$$

3) 坐标系旋转角计算

设 AB 边在假定坐标系的坐标方位角为 θ_{AB}，则

$$
\tan\theta_{AB} = \frac{\Delta Y'_{AB}}{\Delta X'_{AB}} = \frac{\sum_{i=1}^{n} D_i \cdot \sin\theta_i}{\sum_{i=1}^{n} D_i \cdot \cos\theta_i}
$$

显然，AB 边在测量坐标系中的方位角 α_{AB} 与假定坐标系中的方位角 θ_{AB} 之差，即为坐标系旋转角，同时也是 AP_1 边在测量坐标中的方位角 α_{AP_1}，即

$$
\alpha_{AP_1} = \alpha_{AB} - \theta_{AB} \tag{7-18}
$$

4) 坐标转换

由于假定坐标系以 AP_1 边为纵轴，因此，α_{AP_1} 即为假定坐标系旋转到测量坐标系的旋转角，由旋转公式可得各相邻点在测量坐标系中的坐标增量：

$$
\begin{cases}
\Delta X_i = \Delta X'_i \cdot \cos\alpha_{AP_1} - \Delta Y'_i \cdot \sin\alpha_{AP_1} \\
\Delta Y_i = \Delta X'_i \cdot \sin\alpha_{AP_1} + \Delta Y'_i \cdot \cos\alpha_{AP_1}
\end{cases} \quad (i = 1, 2, \cdots, n)
$$

5) 导线坐标闭合差计算

导线坐标闭合差为

$$
\begin{cases}
f_X = \sum_{i=1}^{n} \Delta X_i - (X_B - X_A) \\
f_Y = \sum_{i=1}^{n} \Delta Y_i - (Y_B - Y_A)
\end{cases}
$$

导线全长相对闭合差：

$$
f = \sqrt{f_X^2 + f_Y^2}, \quad K = \frac{f}{\sum D_i}
$$

若导线相对闭合差符合限差要求，则进行下一步计算。

6) 坐标增量改正数计算

$$
v_{X_i} = \frac{-f_X}{\sum_{i=1}^{n} D_i} D_i, \quad v_{Y_i} = \frac{-f_Y}{\sum_{i=1}^{n} D_i} D_i
$$

计算检核：

$$
\sum v_X = -f_X, \quad \sum v_Y = -f_Y
$$

7) 导线点坐标计算

$$
X_i = X_{i-1} + \Delta X_i + v_{X_i}
$$
$$
Y_i = Y_{i-1} + \Delta Y_i + v_{Y_i}
$$

2. 算例

计算示例见表 7-7。无定向导线计算 EXCEL 程序参见附录 B 文件。

表 7-7 无定向导线计算

点名	转折角 β /(° ′ ″)	假定方位角 θ /(° ′ ″)	边长 D /m	假定坐标增量 ΔX'_i	假定坐标增量 ΔY'_i	ΔX_i /m	X_i /m	ΔY_i /m	Y_i /m
A							3 845 667.079		38 465 495.833
		0 00 00	281.457	281.457	0	−0.003 +137.842		−0.003 +245.393	
P₁	247 27 32						3 845 804.918		38 465 741.223
		67 27 32	269.974	103.493	249.349	−0.002 −166.713		−0.003 +212.350	
P₂	91 27 44						3 845 638.203		38 465 953.570
		338 4016	315.345	293.746	−144.697	−0.003 +243.861		−0.004 +199.934	
P₃	255 03 52						3 845 882.061		38 466 153.500
		53 44 08	392.121	231.744	316.165	−0.004 −162.060		−0.004 +357.064	
B							3 845 719.997		38 466 510.560
∑			1 258.897	910.640	450.817	52.920		1 014.741	

$\alpha_{AB}=87°00′53″$，$\theta_{AB}=26°20′19″$，闭合差：$f_X=0.012\text{m}$，$f_Y=0.014\text{m}$

坐标系旋转角：$\alpha_{A1}=60°40′34″$，相对闭合差：$K=\dfrac{\sqrt{f_X^2+f_Y^2}}{\sum D_i}=\dfrac{1}{68\,273}$

7.4　卫星定位控制测量

7.4.1　卫星定位测量的主要技术要求

按照工程测量规范(GB 50026—2007)规定,各等级卫星定位测量控制网的主要技术指标应符合表 7-8 的规定。

表 7-8　卫星定位测量控制网的主要技术要求

等级	平均边长 /km	固定误差 A /mm	比例误差系数 B/(mm/km)	约束点间的边长 相对中误差	约束平差后 最弱边相对中误差
二等	9	≤10	≤2	≤1/250 000	≤1/120 000
三等	4.5	≤10	≤5	≤1/150 000	≤1/70 000
四等	2	≤10	≤10	≤1/100 000	≤1/40 000
一级	1	≤10	≤20	≤1/40 000	≤1/20 000
二级	0.5	≤10	≤40	≤1/20 000	≤1/10 000

7.4.2　GPS 控制网施测步骤

1. 准备工作

(1) 已有资料的收集与整理。主要收集测区基本概况资料、测区已有的地形图、控制点成果、地质和气象等方面的资料。

(2) GPS 网形设计。如图 7-14 所示,GPS 网图形的基本形式有点连式、边连式、边点混合连接式、星形网、导线网、环形网。其中:点连式、星形网、导线网附合条件少,精度低;边连式附合条件多,精度高,但工作量大;边点混合连接式和环形网形式灵活,附合条件多,精度较高,是常用的布设方案。

(3) 观测精度标准。各等级 GPS 相邻点间基线向量弦长精度:

$$\sigma = \sqrt{a^2 + (bd)^2}$$

式中,σ——GPS 基线向量的弦长中误差,mm;

　　a——接收机标称精度中的固定误差,mm;

　　b——接收机标称精度中的比例误差系数,mm/km;

　　d——GPS 网中相邻点间的距离,km。

2. 选点和埋石

由于 GPS 观测站之间不需要相互通视,所以选点工作较常规测量要简便得多。但是,考虑到 GPS 点位的选择对 GPS 观测工作的顺利进行并得到可靠的效果有重要的影响,所以应根据测量任务、目的、测区范围对点位精度和密度的要求,充分收集和了解测区的地理情况及原有的控制点的分布和保存情况,以便恰当地选定 GPS 点的点位。

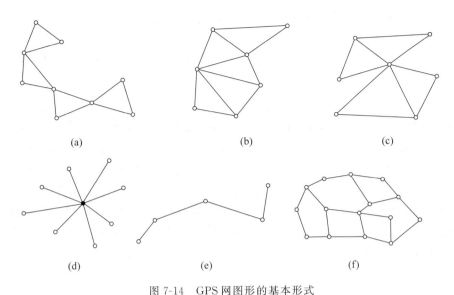

图 7-14　GPS 网图形的基本形式

（a）点连式；（b）边连式；（c）边点混合连接式；（d）星形网；（e）导线网；（f）环形网

3. GPS 外业观测

（1）选择作业模式。为了保证 GPS 测量的精度,在测量上通常采用载波相位相对定位的方法。GPS 测量作业模式与 GPS 接收设备的硬件和软件有关,主要有静态相对定位模式、快速静态相对定位模式、伪动态相对定位模式、动态相对定位模式四种。主要技术指标见表 7-9。

表 7-9　GPS 控制测量作业的基本技术要求

等　　级		二等	三等	四等	一级	二级
接收机类型		双频或单频	双频或单频	双频或单频	双频或单频	双频或单频
仪器标称精度		10mm＋2ppm	10mm＋5ppm	10mm＋5ppm	10mm＋5ppm	10mm＋5ppm
观测量		载波相位	载波相位	载波相位	载波相位	载波相位
卫星高度角/(°)	静态	≥15	≥15	≥15	≥15	≥15
	快速静态	—	—	—	≥15	≥15
有效观测卫星数	静态	≥5	≥5	≥4	≥4	≥4
	快速静态	—	—	—	≥5	≥5
观测时段长度/min	静态	≥90	≥60	≥45	≥30	≥30
	快速静态	—	—	—	≥15	≥15
数据采样间隔/s	静态	10～30	10～30	10～30	10～30	10～30
	快速静态	—	—	—	5～15	5～15
点位几何图形强度因子(PDOP)		≤6	≤6	≤6	≤8	≤8

注：当采用双频接收机进行快速静态测量时,观测时段长度可缩短为 10min。

（2）天线安置。测站应选择在反射能力较差的粗糙地面,以减少多路径误差,并尽量减少周围建筑物和地形对卫星信号的遮挡。天线安置后,在各观测时段的前后各量取一次仪器高,量至毫米,较差不应大于 3mm,直接输入仪器高 h ,仪器内处理软件可自动计算天线高 H 。

（3）观测作业。观测作业的主要任务是捕获 GPS 卫星信号并对其进行跟踪、接收和处理，以获取所需的定位和观测数据。

（4）观测记录与测量手簿。观测记录由 GPS 接收机自动形成，测量手簿在观测过程中由观测人员填写。

4. 内业计算

（1）GPS 基线向量的计算及检核。GPS 测量外业观测过程中，必须每天将观测数据输入计算机，并计算基线向量。计算工作是应用随机软件或其他研制的软件完成的。计算过程中要对同步环闭合差、异步环闭合差以及重复边闭合差进行检查计算，闭合差符合规范要求。

（2）GPS 网平差。GPS 控制网是由 GPS 基线向量构成的测量控制网。GPS 网平差可以以构成 GPS 向量的 WGS-84 系的三维坐标差作为观测值进行平差，也可以在国家坐标系中或地方坐标系中进行平差。

5. 提交成果

提交成果包括技术设计说明书、卫星可见性预报表和观测计划、GPS 网示意图、GPS 观测数据、GPS 基线解算结果、GPS 基点的 WGS-84 坐标、GPS 基点的国家坐标中的坐标或地方坐标系中的坐标。

7.5 三角高程测量

当地面两点间地形起伏较大而不便于施测水准时，可应用三角高程测量的方法测定两点间的高差而求得高程。该法较水准测量精度低，常用于山区各种比例尺测图的高程控制。

7.5.1 三角高程测量原理（第一种方法）

1. 单向观测

三角高程测量是根据两点间的水平距离和竖直角，计算两点间的高差。如图 7-15，已知 A 点的高程 H_A，欲测定 B 点的高程 H_B，可在 A 点上安置经纬仪，量取仪器高 i_A（即仪器横轴至 A 点的高度），并在 B 点设置观测标志（如觇标）。用望远镜中丝瞄准觇标的顶部 M 点，测出竖直角 α_A，量取觇标高 v_B（即觇标顶部 M 点至 B 点的高度），再根据 A、B 两点间的水平距离 D_{AB}，求 A、B 两点间的高差 h_{AB} 和 B 点高程 H_B。

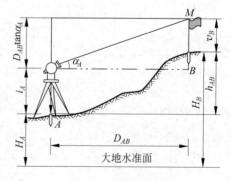

图 7-15 三角高程测量原理

解 由图 7-15 得

$$h_{AB} + v_B = D_{AB} \tan\alpha_A + i_A$$
$$h_{AB} = D_{AB} \tan\alpha_A + i_A - v_B$$

考虑地球曲率和大气折光的影响

$$h_{AB} = D_{AB}\tan\alpha_A + i_A - v_B + f \tag{7-19}$$

$$f = \frac{0.43 \times D_{AB}^2}{R} \tag{7-20}$$

式中,R——地球半径。

$$H_B = H_A + h_{AB}$$

2. 对向观测

在 A 点观测

$$h_{AB} = D_{AB}\tan\alpha_A + i_A - v_B + f \tag{7-21}$$

在 B 点观测

$$h_{BA} = D_{AB}\tan\alpha_B + i_B - v_A + f \tag{7-22}$$

取平均值

$$\overline{h}_{AB} = (h_{AB} - h_{BA})/2 \tag{7-23}$$

分析:对向观测高差取平均,可消除地球曲率和大气折光的影响。

[**例 7-3**] 外业观测结束后,按式(7-21)~式(7-23)计算高差和所求点高程,计算实例见表 7-10。

表 7-10 三角高程测量计算

所求点	B	
起算点	A	
往返测	往测	返测
平距 D_{AB}/m	286.36	286.36
竖直角 α	$+10°32'26''$	$-9°58'41''$
$D\tan\alpha$/m	$+53.28$	-50.38
仪器高 i/m	$+1.52$	$+1.48$
觇标高 V/m	$+2.76$	$+3.20$
球气差 f/m	$+0.01$	$+0.01$
高差 h/m	$+52.05$	-52.09
对向观测的高差较差/m	-0.04	
平均高差/m	$+52.07$	
起算点高程/m	105.72	
所求点高程/m	157.79	

7.5.2 三角高程测量原理（第二种方法）

如图 7-16 所示,已知 A 点高程 H_A、A 点至 B 点斜距 D_{AB}、观测竖直角 α_A、仪器高 i_A、棱镜高 v_B。求:高差 h_{AB}、高程 H_B。

为了消除或减弱地球曲率和大气折光的影响,三角高程测量一般应进行对向观测,亦称直、反觇观测。三角高程测量对向观测,若符合要求,取两次高差的平均值作为最终高差。

解 A 点至 B 点高差:

$$h_{AB} = D_{AB}\sin\alpha_A + i_A - v_B + f \tag{7-24}$$

B 点至 A 点高差

$$h_{BA} = D_{BA} \sin\alpha_B + i_B - v_A + f \tag{7-25}$$

取平均值

$$\bar{h}_{AB} = \frac{1}{2}(h_{AB} - h_{BA}) \tag{7-26}$$

所以

$$H_B = H_A + \bar{h}_{AB} \tag{7-27}$$

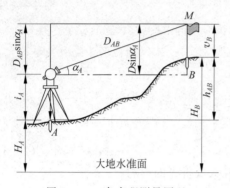

图 7-16　三角高程测量原理

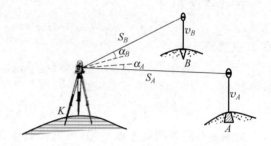

图 7-17　全站仪自由设站高程测量

7.5.3　全站仪自由设站高程测量

利用全站仪进行三角高程测量时,如果已知高程点 A 和待定高程点 B 之间不通视,则可利用全站仪无仪器高作业法测定 B 点的高程。

如图 7-17 所示,选择与 A、B 都通视的任意点 K 为测站,分别观测 A、B 两点的斜距 S_i 和竖直角 α_i,由测距三角高程原理得高差 h_{KA} 和 h_{KB}:

$$h_{KA} = S_A \cdot \sin\alpha_A + i - v_A$$
$$h_{KB} = S_B \cdot \sin\alpha_B + i - v_B$$

已知点 A 与待定点 B 之间的高差为

$$h_{AB} = - h_{KA} + h_{KB}$$
$$= S_B \cdot \sin\alpha_B - S_A \cdot \sin\alpha_A + (v_A - v_B)$$
$$H_B = H_A + S_B \cdot \sin\alpha_B - S_A \cdot \sin\alpha_A + v_A - v_B$$

当觇标高(棱镜高)$v_A = v_B$ 时,待定点 B 的高程为

$$H_B = H_A + S_B \cdot \sin\alpha_B - S_A \cdot \sin\alpha_A$$

该方法也常用于高低起伏较大工程的高程放样。全站仪程序测量中的对边测量也能直接测量两点间的高差。模拟操作参见附录 B。

7.6　三、四等水准测量

三、四等水准测量,除用于国家高程控制网的加密外,还常用作小地区的首级高程控制,以及工程建设地区内工程测量和变形观测的基本控制。三、四等水准网应从附近的国家高一级

水准点引测高程,一般为埋石或临时水准点标志,亦可利用埋石的平面控制点作为水准点。

7.6.1 观测顺序

三等水准测量每一站的观测顺序:

(1)后视水准尺黑面,使圆水准器气泡居中,读取下、上丝读数,转动微倾螺旋,使符合水准气泡居中,读取中丝读数;

(2)前视水准尺黑面,读取下、上丝读数,转动微倾螺旋,使符合水准气泡居中,读取中丝读数;

(3)前视水准尺红面,转动微倾螺旋,使符合水准气泡居中,读取中丝读数;

(4)后视水准尺红面,转动微倾螺旋,使符合水准气泡居中,读取中丝读数。

这样的观测顺序简称为"后—前—前—后"。其优点是可以大大减弱仪器下沉误差的影响。四等水准测量每站观测顺序为"后—后—前—前"。

7.6.2 三、四等水准测量的主要技术要求

三、四等水准测量,常作为小地区测绘大比例尺地形图和施工测量的高程基本控制。三、四等水准测量的主要技术要求见表 7-11。三、四等水准测量观测的技术要求见表 7-12。

表 7-11 三、四等水准测量的主要技术要求

等级	路线长度 /km	水准仪	水准尺	观 测 次 数		往返较差、附合或环线闭合差	
				与已知点联测	附合或环线	平地/mm	山地/mm
三	≤50	DS₁	铟瓦	往返各一次	往一次	±12√L	±4√n
		DS₃	双面		往返各一次		
四	≤16	DS₃	双面	往返各一次	往一次	±20√L	±6√n

注:L 为水准路线长度,km;n 为测站数。

表 7-12 三、四等水准测量观测的技术要求

等级	水准仪	视线长度 /m	前后视距差/m	前后视距累积差/m	视线高度	黑面、红面读数之差/mm	黑面、红面所测高差之差/mm
三	DS₁	100	3	6	三丝能读数	1.0	1.5
	DS₃	75				2.0	3.0
四	DS₃	100	5	10	三丝能读数	3.0	5.0

7.6.3 测站计算与检核

1. 视距部分

视距等于下丝读数与上丝读数的差乘以 100。参见表 7-13。

后视距离: (9)=[(1)-(2)]×100

前视距离: (10)=[(4)-(5)]×100

计算前、后视距差: (11)=(9)-(10)

计算前、后视距累积差：（12）＝上站（12）＋本站（11）

表 7-13　三、四等水准测量手簿（双面尺法）

测站编号	点号	后尺 上丝/下丝 后视距 视距差	前尺 上丝/下丝 前视距 ∑d	方向及尺号	水准尺读数 黑面	水准尺读数 红面	K＋黑－红	平均高差/m	备注
		(1) (2) (9) (11)	(4) (5) (10) (12)	后 前 后-前	(3) (6) (15)	(8) (7) (16)	(14) (13) (17)	(18)	
1	BM.1－TP.1	1.571 1.197 37.4 －0.2	0.739 0.363 37.6 －0.2	后 12 前 13 后-前	1.384 0.551 ＋0.833	6.171 5.239 ＋0.932	0 －1 ＋1	＋0.8325	
2	TP.1－TP.2	2.121 1.747 37.4 －0.1	2.196 1.821 37.5 －0.3	后 13 前 12 后-前	1.934 2.008 －0.074	6.621 6.796 －0.175	0 －1 ＋1	－0.0745	K 为水准尺常数，表中 $K_{12}=4.787$ $K_{13}=4.687$
3	TP.2－TP.3	1.914 1.539 37.5 －0.2	2.055 1.678 37.7 －0.5	后 12 前 13 后-前	1.726 1.866 －0.140	6.513 6.554 －0.041	0 －1 ＋1	－0.1405	
4	TP.3－A	1.965 1.700 26.5 －0.2	2.141 1.874 26.7 －0.7	后 13 前 12 后-前	1.832 2.007 －0.175	6.519 6.793 －0.274	0 ＋1 －1	－0.1745	
每页检核		$\sum(9)=138.8$ $-)\sum(10)=139.5$ $=-0.7=$ 末站(12) $\sum(18)=+0.443$	$\sum[(3)+(8)]=32.700$ $-)\sum[(6)+(7)]=31.814$ $=+0.886$ $2\sum(18)=+0.886$		$\sum[(15)+(16)]=+0.886$ 总视距 $\sum(9)+\sum(10)=287.3$				

2. 水准尺读数检核

同一水准尺的红、黑面中丝读数之差，应等于该尺红、黑面的尺常数 K（4.687m 或 4.787m）。红、黑面中丝读数差(13)、(14)按下式计算

$$(13)=(6)+K_前-(7)$$
$$(14)=(3)+K_后-(8)$$

红、黑面中丝读数差(13)、(14)的值，三等不得超过 2mm，四等不得超过 3mm。

3. 高差计算与校核

根据黑面、红面读数计算黑面、红面高差(15)、(16)，计算平均高差(18)。

黑面高差：$(15)=(3)-(6)$

红面高差：$(16)=(8)-(7)$

黑、红面高差之差：$(17)=(15)-[(16)\pm0.100]=(14)-(13)$（校核用）

式中，0.100——两根水准尺的尺常数之差，m。

黑、红面高差之差(17)的值,三等不得超过 3mm,四等不得超过 5mm。

平均高差

$$(18) = \frac{1}{2} \{ (15) + [(16) \pm 0.100] \}$$

当 $K_后 = 4.687$m 时,式中取 $+0.100$m;当 $K_后 = 4.787$m 时,式中取 -0.100m。

4. 每页计算的校核

1) 视距部分

后视距离总和减前视距离总和应等于末站视距累积差。即

$$\sum (9) - \sum (10) = 末站 (12)$$

$$总视距 = \sum (9) + \sum (10)$$

2) 高差部分

红、黑面后视读数总和减红、黑面前视读数总和应等于黑、红面高差总和,还应等于平均高差总和的两倍。即

测站数为偶数时 $\sum [(3) + (8)] - \sum [(6) + (7)] = \sum [(15) + (16)] = 2 \sum (18)$

测站数为奇数时 $\sum [(3) + (8)] - \sum [(6) + (7)] = \sum [(15) + (16)] = 2 \sum (18) \pm 0.100$

用双面水准尺进行三、四等水准测量的记录、计算与校核,见表 7-13。

三、四等水准测量计算 EXCEL 程序参见附录 B。

思考题与练习题

1. 控制测量分为哪几种? 各有什么作用?
2. 导线的布设形式有几种? 分别需要哪些起算数据和观测数据?
3. 选择导线点应注意哪些问题? 导线测量的外业工作包括哪些内容?
4. 控制测量工作的原则是什么?
5. 怎样衡量导线测量的精度? 导线测量的闭合差如何计算?
6. 简述三、四等水准测量观测程序。
7. 试述三角高程测量的原理。
8. 根据表 7-14 中所列数据,计算图根闭合导线各点坐标。

表 7-14　闭合导线的已知数据

点号	角度观测值(右角)	坐标方位角	边长/m	坐标	
				X/m	Y/m
1				700.00	600.00
		42°45′00″	103.85		
2	139°05′00″		114.57		
3	94°15′54″		162.46		
4	88°36′36″		133.54		
5	122°39′30″		123.68		
1	95°23′30″				

9. 根据图 7-18 中所示数据，计算图根附合导线各点坐标。

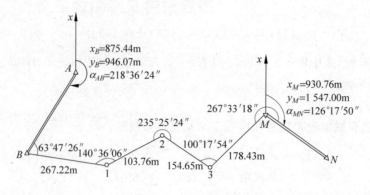

图 7-18　图根附合导线

10. 角度后方交会需要哪些已知数据？观测哪些数据？参见附录 B 文件。

11. 试述导线计算的步骤。

12. 如图 7-19 所示，已知 A、B 两点间的水平距离 $D_{AB}=224.346$m，A 点的高程 $H_A=40.48$m。在 A 点设站照准 B 点测得竖直角为 $+4°25'18''$，仪器高 $i_A=1.51$m，觇标高 $V_B=1.10$m；B 点设站照准 A 点测得竖直角为 $-4°35'42''$，仪器高 $i_B=1.49$m，觇标高 $V_A=1.20$m。求 B 点的高程。

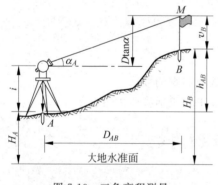

图 7-19　三角高程测量

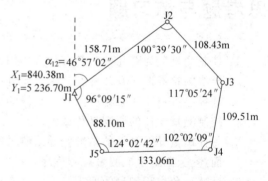

图 7-20　闭合导线

13. 设有闭合图根导线 J1—J2—J3—J4—J5 的边长和角度（右角）观测值如图 7-20 所示。已知 J1 点的坐标 $X_1=840.38$m，$Y_1=5\ 236.70$m，J1J2 边的坐标方位角 $\alpha_{12}=46°57'02''$，计算闭合导线的各点坐标。

14. 设在 A、B、C 三点之间进行光电测距，如图 7-21 所示。图上已注明各点间往返观测的斜距 S、竖直角 α、目标高 v、各测站的仪器高 i。试计算各点间的水平距离和高差，填入表 7-15 中。由于三角形的边长较长，计算高差时，应进行两差改正；在三角形内计算高差闭合差，并按边长为比例进行高差闭合差的调整。

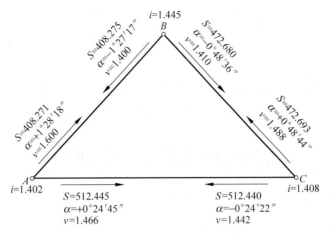

图 7-21　光电测距的平距和高差计算

表 7-15　光电测距平距和高差计算

测站	A	B	B	C	C	A
目标	B	A	C	B	A	C
斜距 S						
垂直角 α						
D＝Scosα						
往返测平距						
V＝Ssinα						
仪器高 i						
目标高 v						
两差改正 f						
高差 h						
往返测高差						
改正后高差						

第 8 章

大比例尺地形图测绘

8.1 地形图的基本知识

8.1.1 概述

绪论中已经绍过地面上的固定物体称为地物,地面上各种高低起伏的形态称为地貌。地形是地物和地貌的总称。

地形图是普通地图的一种。按一定比例尺,采用规定的符号和表示方法,表示地面的地物地貌平面位置与高程的正射投影图,称为地形图,如图 8-1 所示。

大比例尺地形图按成图方法分成两大类:用测量仪器在实地测定地面点位,用符号与线划描绘的线划地形图;在实地用全站仪测定地面点的三维坐标,把地面点的三维坐标和地形信息存储在计算机中,通过计算机可转化成各种比例尺的地形图,称为数字地形图。

8.1.2 地形图的比例尺

1. 数字比例尺

地形图上任意线段长度 d 与地面上相应线段的水平距离 D 之比,并用分子为 1 的整分数形式表示,即

$$\frac{d}{D} = \frac{1}{D/d} = \frac{1}{M} = 1 : M \tag{8-1}$$

式中,M 称为比例尺分母。通常称 1:500、1:1 000、1:2 000、1:5 000 地形图为大比例尺地形图;1:1 万、1:2.5 万、1:5 万、1:10 万地形图为中比例尺地形图;1:25 万、1:50 万、1:100 万地形图为小比例尺地形图。

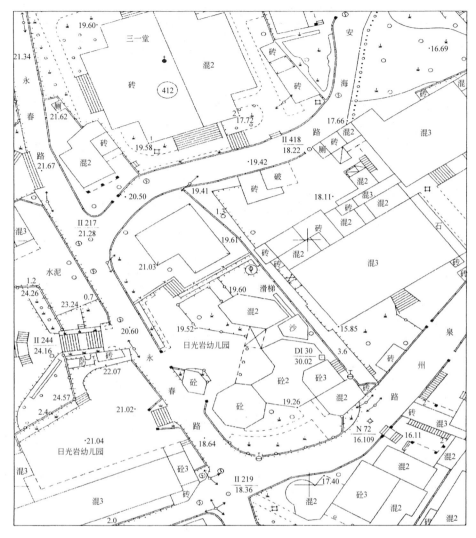

图 8-1　城区居民地 1∶500 地形图

2. 图示比例尺

　　如图 8-2 所示,图示比例尺中最常见的直线比例尺。用一定长度的线段表示图上的实际长度,并按地形图比例尺计算出相应地面上的水平距离注记在线段上,称为直线比例尺。

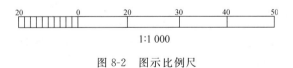

1∶1 000

图 8-2　图示比例尺

8.1.3　比例尺精度

　　人们用肉眼能分辨的图上最小距离为 0.1mm,因此我们把地形图上 0.1mm 所表示的实地水平距离,称为地形图比例尺精度。表 8-1 为不同大比例尺地形图的比例尺精度。

表 8-1　大比例尺地形图的比例尺精度

比例尺	1∶5 000	1∶2 000	1∶1 000	1∶500
比例尺精度/m	0.50	0.20	0.10	0.05

比例尺精度有如下用途：

（1）根据比例尺精度确定测绘地形图时量距精度；

（2）根据用图的要求，确定所选用地形图的比例尺。

8.1.4　大比例尺地形图图式

在地形图中表示地物和地貌的专用符号称为地形图图式。表 8-2 是我国《1∶500,1∶1 000,1∶2 000 地形图图式》中的部分地物和地貌符号。

表 8-2　常用地物、注记和地物符号

编号	符号名称	1∶500　1∶1 000	1∶2 000
1	一般房屋 混——房屋结构 3——房屋层数	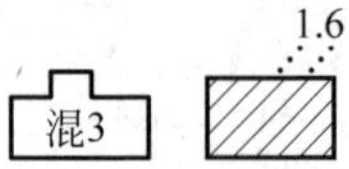	
2	简单房屋	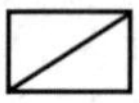	
3	建筑中的房屋		
4	破坏房屋	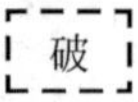	
5	棚房	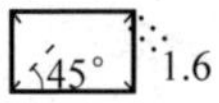	
6	架空房屋	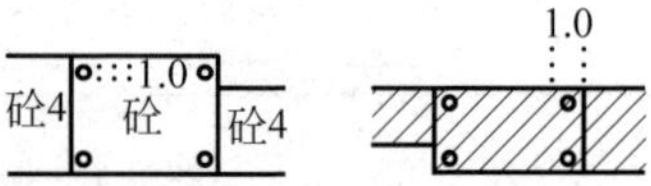	
7	廊房	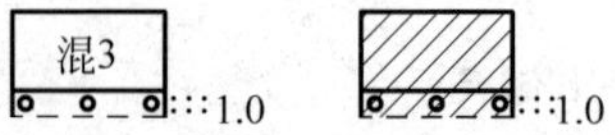	
8	台阶	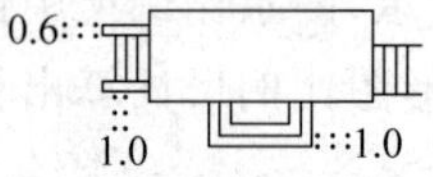	
9	无看台的露天体育场	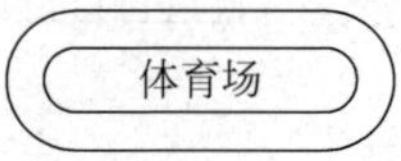	
10	游泳池		
11	过街天桥	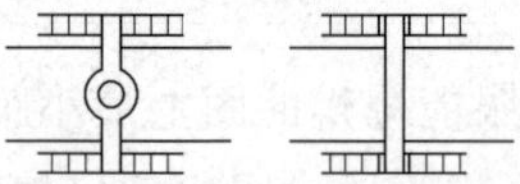	

续表

编号	符号名称	1∶500 1∶1 000	1∶2 000
12	高速公路 a. 收费站 0——技术等级代码		
13	等级公路 2——技术等级代码 (G325)——国道路线编码		
14	乡村路 a. 依比例尺的 b. 不依比例尺的		
15	小路		
16	内部道路		
17	阶梯路		
18	打谷场、球场		
19	旱地		
20	花圃		
21	有林地		
22	人工草地		

编号	符号名称	1：500 1：1 000	1：2 000
23	稻田	0.2 3.0 1.0 10.0 10.0	
24	常年湖	青湖	
25	池塘	塘	塘
26	常年河 a. 水涯线 b. 高水界 c. 流向 d. 潮流向 ←⁓⁓涨潮 →落潮	a b 0.15 3.0 1.0 c 0.5 d 7.0	
27	喷水池	1.0 ⊕ 3.6	
28	GPS控制点	▲ B 14 / 495.267 3.0	
29	三角点 凤凰山——点名 394.468——高程	凤凰山 / 394.468 3.0	
30	导线点 116——等级、点号 84.46——高程	2.0 ▫ 116 / 84.46	
31	埋石图根点 16——点号 84.46——高程	1.6 ⊙ 16 / 84.46 2.6	
32	不埋石图根点 25——点号 62.74——高程	1.6 ⊙ 25 / 62.74	
33	水准点 Ⅱ京石5——等级、点名、点号 32.804——高程	2.0 ⊗ Ⅱ京石5 / 32.804	

编号	符号名称	1∶500　1∶1 000	1∶2 000
34	加油站	1.6⋯3.6　1.0	
35	路灯	2.0　1.6⋯3.6　1.0	
36	独立树 a. 阔叶 b. 针叶 c. 果树 d. 棕榈、椰子、槟榔	a　20⋯1.6⋯3.0　1.0 b　1.6⋯3.0　1.0 c　1.6⋯3.0　1.0 d　2.0⋯3.0　1.0	
37	上水检修井	⊖⋯2.0	
38	下水(污水)、雨水检修井	⊕⋯2.0	
39	下水暗井	⊘⋯2.0	
40	煤气、天然气检修井	⊘⋯2.0	
41	热力检修井	⊖⋯2.0	
42	电信检修井 a. 电信人孔 b. 电信手孔	a　⊗⋯2.0　2.0 b　⊡⋯2.0	
43	电力检修井	◎⋯2.0	
44	污水篦子	2.0 2.0⋯⊖　□⋯1.0	
45	地面下的管道	——污——4.0　1.0	
46	围墙 a. 依比例尺的 b. 不依比例尺的	a　⋯10.0⋯ b　⋯10.0⋯0.3　0.6	
47	挡土墙	1.0 ▽　▽　▽　0.3　6.0	
48	栅栏、栏杆	⋯10.0⋯　1.0	

编号	符号名称	1 : 500　1 : 1 000	1 : 2 000
49	篱笆	10.0　1.0	
50	活树篱笆	:6.0:　1.0　0.6	
51	铁丝网	:10.0:　1.0	
52	通信线 地面上的	4.0	
53	电线架		
54	配电线 地面上的	4.0	
55	陡坎 a. 加固的 b. 未加固的	2.0 a b	
56	散树、行树 a. 散树 b. 行树	a　　　1.6 :10.0:　1.0 b　○　○	
57	一般高程点及注记 a. 一般高程点 b. 独立性地物的高程	a　　　b 0.5…●163.2　⚑75.4	
58	名称说明注记	友谊路　中等线体4.0(18k) 团结路　中等线体3.5(15k) 胜利路　中等线体2.75(12k)	
59	等高线 a. 首曲线 b. 计曲线 c. 间曲线	a　　　　　0.15 b　　　　　0.3 1.0　　6.0 c　　　　　0.15	
60	等高线注记	25	
61	示坡线	0.8	
62	梯田坎	.56.4　　　1.2.	

8.2　地物符号

8.2.1　地物符号的类型

地物在地形图上表示的基本原则是：凡是能依比例表示的地物,应将它们按一定比例缩小在地形图上。而对于不能按比例表示的地物,用相应的地物符号表示在图上。

地物符号分为四种类型：

1）比例符号

当地物的轮廓较大时,其形状、大小和位置可按测图比例尺缩绘在图上的符号,称为比例符号。如表 8-2 中,编号 1～27 都是比例符号。

2）非比例符号

有些地物轮廓较小,不能按测图比例尺表示地物大小和形状的符号,称非比例符号。如表 8-2 中,编号 28～45 都是非比例符号。

3）半比例符号

凡长度可按比例尺缩绘,而宽度不能按比例尺缩绘的狭长地物符号,称为半比例符号。如表 8-2 中,编号 46～55 都是半比例符号。

4）注记符号

用文字、数字等对地物名称、性质、用途或数量在图上进行说明,称为地物注记。如房屋结构和层数、地名、路名、碎部点高程、河流名称和流水方向等。

8.2.2　地物符号的定位点和定位线

地形图上非比例符号的定位点和定位线,按照国家基本比例尺地形图图式(GB/T 20257.1—2007)的规定,符号图形中有一个点的,该点为地物的实地中心位置。圆形、正方形、长方形等符号,定位点在其几何图形中心。部分特殊符号的定位点和定位线如下表 8-3 所示。

表 8-3　符号名称及其定位点和定位线

符号种类	符号名称	定位点位置	定位线位置	符号
宽底符号	蒙古包、烟囱	底线中心		
底部为直角的符号	风车、路标	直角的顶点		
几种图形组成的符号	教堂、气象站	下方图形的中心点或交叉点		
下方没有底线的符号	窑、亭、山洞	下方两端点连线的中心点		
不依比例尺表示的其他符号	桥梁、水闸	符号中心点		
线状符号	道路、河流		符号中轴线	

8.3 地貌符号

表示地貌的方法很多,在地形图中主要采用等高线法。对于等高线不能表示的地貌采用特殊的地貌符号和地貌注记来表示。

根据地面倾斜角的大小将地貌分成四种类型:地面倾角小于 2°,称为平地;地面倾角在 2°~6°,称为丘陵;地面倾角在 6°~25°,称为山地;地面倾角大于 25°,称为高山地。

8.3.1 等高线表示地貌的原理

1. 原理

地面上高程相等的相邻各点连成的闭合曲线称为等高线。

图 8-3 中的山头被水所淹,水面高程为 50m,这时水面与山头的交线就是一条高程为 50m 的等高线。若水面上升 1m,又可得到高程为 51m 的等高线。依次类推,可得一组等高线,将这组等高线投影到水平面上,再按测图比例尺缩绘到图纸上,就得到表示该山头的等高线图。

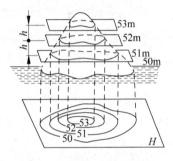

图 8-3 等高线绘制原理图

2. 等高距 h 和等高线平距 d

地形图上两个相邻等高线间的高差称为等高距,用 h 表示。按测量规范规定的等高距,称为基本等高距。在测绘地形图时,应根据地面坡度、测图比例尺按《工程测量规范》要求选择合适的基本等高距,见表 8-4。

表 8-4   地形图的基本等高距   m

地形类别	比 例 尺			
	1:500	1:1 000	1:2 000	1:5 000
平坦地(地面倾角:0<3°)	0.5	0.5	1	2
丘陵地(地面倾角:3°≤α<10°)	0.5	1	2	5
山地(地面倾角:10°≤α<25°)	1	1	2	5
高山地(地面倾角:α≥25°)	1	2	2	5

两相邻等高线之间的水平距离称为等高线平距,用 d 表示。相邻两条等高线之间的地面坡度 i 为

$$i = \frac{h}{dM} \tag{8-2}$$

式中,M——地形图比例尺分母。

在同一幅地形图上,由于相邻两条等高线的等高距相同,则等高线平距 d 的大小与地面坡度 i 有关。在地形图上等高线平距越小,则地面坡度越陡;等高线平距越大,则地面坡度越缓;等高线平距相同,则地面坡度相同。

8.3.2　等高线的种类

等高线分为首曲线、计曲线、间曲线和助曲线,如图 8-4
所示。

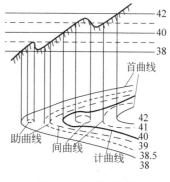

1. 首曲线

按基本等距线绘制的等高线称为首曲线,用 0.15mm
宽的实线绘制。

2. 计曲线

由 0m 起算,每隔四条首曲线绘一条加粗的等高线称
为计曲线,计曲线用 0.30mm 宽的粗实线绘制,其上注记
高程。

图 8-4　等高线分类

3. 间曲线

按二分之一基本等高距绘制等高线称为间曲线,用 0.15mm 宽的长虚线绘制。

4. 助曲线

按四分之一基本等高距绘制等高线,称为助曲线,用 0.15mm 宽的短虚线绘制。

8.3.3　几种类型地貌的等高线表示方法

无论多么复杂的地貌形态,都是由山头、洼地、山脊、山谷、鞍部等几种类型地貌组合而
成。了解这些典型地貌的等高线图形将有助于测绘地形图和使用地形图,如图 8-5 所示。

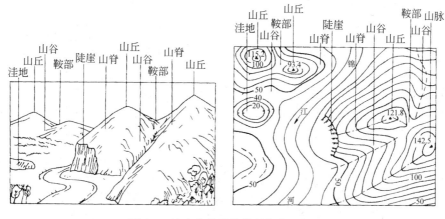

图 8-5　综合地貌及其等高线表示方法

1. 山头和洼地

山的最高部位称为山头。四周高而中间低的地形称为洼地。山头和洼地的等高线都是
一组闭合曲线,如图 8-6 所示。其区别在于:山头等高线内圈等高线的高程大于外圈;洼
地等高线外圈高程大于内圈。这种区别也可以用示坡线表示,示坡线是垂直绘在等高线上
的短线,指向下坡方向。山头的示坡线绘在一组闭合曲线的外侧,而洼地的示坡线绘在闭合

曲线的内侧。

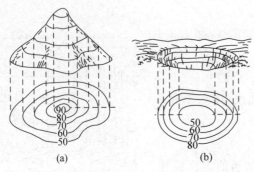

图 8-6　山头与洼地的等高线　　　　　　图 8-7　山脊与山谷的等高线

2. 山脊和山谷

山脊是山顶向一个方向延伸的高地称为山脊。山脊上最高点的连线称为山脊线，也称为分水线。山谷是向一个方向延伸的洼地称为山谷。山谷最低点连线称为山谷线，也称集水线。山脊和山谷的等高线都是由一组向某一方向凸出的曲线组成，凸出方向的等高线高程变大的是山谷，凸出方向高程变小的是山脊，如图 8-7 所示。

3. 鞍部

两相邻山头之间呈马鞍形的凹地称为鞍部，如图 8-8。鞍部的最低点既是两个山顶的山脊线的连接点，又是两条山谷线的连接点。其等高线的特点是一组圈大的闭合曲线内，套有两组圈数不同闭合曲线组成。

4. 陡崖和悬崖

陡崖是坡度在 70°以上的陡峭崖壁，有石质和土质之分。如果用等高线表示，将是非常密集或重合为一条线，因此采用陡崖符号来表示，如图 8-9(a) 和 (b) 所示。

悬崖是上部突出，下部凹进的陡崖。悬崖上部的等高线投影到水平面时，与下部的等高线相交，下部凹进的等高线部分用虚线表示，如图 8-9(c) 所示。

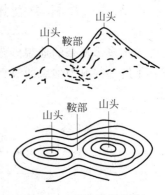

图 8-8　鞍部的等高线

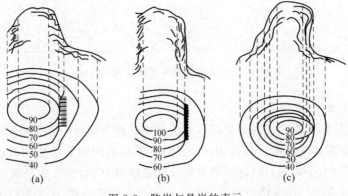

图 8-9　陡崖与悬崖的表示

8.3.4　等高线的特性

通过研究等高线的原理,典型地貌的等高线表示方法,可以归纳出等高线的特性如下:

(1) 同一条等高线上各点的高程相等;

(2) 等高线是一条连续的闭合曲线;

(3) 不同高程的等高线除悬崖、陡崖外不得相交或重合;

(4) 同一幅地形图中,基本等高距是相同的;

(5) 山脊线和山谷线处处与等高线正交。

掌握等高线的特性,使我们能正确地测绘等高线和正确使用地形图。

8.4　测图前的准备工作

在测区完成控制测量工作后,就可以得到图根控制点的坐标和高程,进行地形图的测绘。测图前应做好下列准备工作。

8.4.1　图纸准备

测绘地形图使用图纸为一面打毛的聚酯薄膜,聚酯薄膜厚度为 $0.07\sim0.10\mathrm{mm}$,伸缩率小于 0.02%。聚酯薄膜图纸有坚韧耐湿、透明度好、伸缩性小、可以水洗、着墨后可直接晒蓝图等优点。缺点是易燃、易折、会老化,使用和保管中应予以注意。

8.4.2　绘制坐标格网

大比例尺地形图图式规定:1∶500～1∶2 000 比例尺地形图一般采用 50cm×50cm 正方形分幅或 50cm×40cm 矩形分幅;1∶5 000 一般采用 40cm×40cm 正方形分幅或 50cm×40cm 矩形分幅。为了展绘控制点,需要在图纸上绘出 10cm×10cm 的正方形格网称为坐标格网。绘制坐标格网的常用方法有对角线法、绘图仪法。现在常采用印刷格网的正方形分幅或矩形分幅。

1. 对角线法

如图 8-10 所示,先用 1m 钢板尺在图纸上绘两条对角线相交于 M 点。自交点 M 沿对角线量长度相等的四个线段得 A、B、C、D 四点,并连成矩形。在矩形四条边自上而下和自左向右每 10cm 量取一分点,连接对边相应的分点,形成坐标格网。

2. 绘图仪法

在计算机中用 AutoCAD 软件编辑好坐标格网图形,然后通过绘图仪绘制在图纸上。

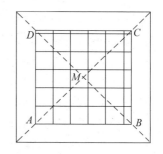

图 8-10　对角线法绘制坐标方格网

绘出坐标格网后,应进行检查。用 1m 钢板尺检查对角线方向各格网交点是否位于同一条直线上,其偏差不超过 0.2mm;用标准尺检查小方格的边长,其偏差不超过 0.2mm;小方格对角线长度,其偏差不超过 0.3mm。

8.4.3　展绘控制点

根据控制点的坐标,将其点位表示在图上,称为展绘控制点。展点前,确定图幅的四角坐标并注记在图上。展点的方法有人工展点法和坐标展点仪法。下面介绍人工展点的方法。

已知控制点 A 点的坐标为 $X_A = 214.60\text{m}$,$Y_A = 256.78\text{m}$。首先确定 A 点所在小方格 1234。自 1、2 点用比例尺分别向右量(256.78m − 200m)= 56.78m,定出 a、b 两点;自 2、4 点用比例尺分别向上量(214.60m − 200m)= 14.60m,定出 c、d 两点。连接 ab、cd 得到交点即为 A 点位置,用相应的控制点符号表示,点的右侧用分数形式注明点号及控制点高程。用同样方法展绘其他控制点,如图 8-11 所示的 B、C、D 点。

展点完成后,用比例尺检查相邻两个控制点间距离,其偏差在图上不得超过 0.3mm。

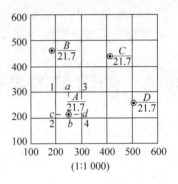

图 8-11　展绘控制点

8.5　大比例尺地形图的测绘方法

大比例尺地形图的测绘方法有常规测图法和数字测图法。常规测图法最常用的方法是经纬仪配合量角器测图,简称经纬仪测图法,本节只介绍经纬仪测图法。

8.5.1　碎部点的选择

要把地面上的地物、地貌测绘到图纸上,关键在于测定地物特征点和地貌特征点的位置。地物特征点和地貌特征点统称为碎部点。测定碎部点的平面位置和高程的工作称为碎部测量。

地物的特征点即地物轮廓的转折点;地貌的特征点即地面坡度变换点与方向变换点。

地形图上地物、地貌测绘是否正确与详细,取决于碎部点(地物、地貌的特征点)的选择是否正确,碎部点的密度是否合理。对于地物,应选地物特征点即地物轮廓的转折点,如建筑物的屋角、墙角;道路、管线、溪流等的转折点、弯曲点、分岔点和最高最低点。由于地物形状极不规则,一般地物凹凸变化小于测图比例尺图上 0.4mm 的,可以忽略不测绘。

至于地貌,其形状更是千变万化的,地性线(即山脊线、山谷线、山脚线)是构成各种地貌的骨骼,骨骼绘正确了,地貌形状自然能绘得相似,见图 8-12(b)。因此,其碎部点应注意选在地性线的起止点、倾斜变换点、方向变换点上。对这些碎部点应按其延伸的顺序测定,不能漏测,否则将造成勾绘等高线时产生很大的错误。在坡度无显著变化的坡面或较平坦的地面,为了较精确地勾绘等高线,也应在图上每隔 2~3cm 测定一点。

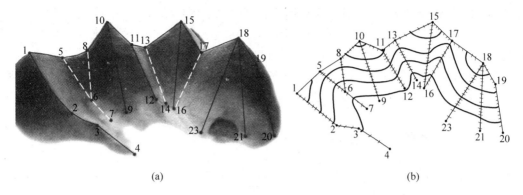

图 8-12 依据地貌特征点勾绘等高线

(a) 地貌特征点选择;(b) 勾绘等高线

8.5.2 经纬仪测图法

1. 方法

(1) 在控制点上安置经纬仪测量水平角,用视距法测量水平距离、高差和高程。

(2) 根据测量数据用量角器和比例尺在图纸上用极坐标法确定地形特征点,也称为碎部点的平面位置,并注记高程。

(3) 描绘地物和地貌。

2. 一测站的工作步骤

(1) 安置经纬仪。如图 8-13 所示,将经纬仪置控制点 A 上,量取仪器高 i。盘左位置瞄准另一控制点 B,配置水平度盘读数 $0°00'00''$。为了防止错误,瞄准另一控制点 C,检查水平角,水平距和高程。

(2) 安置小平板。小平板安置在经纬仪附近,图纸上控制点方向与实地控制点的方向大致相同。绘图员把 ab 两点连接起来作为起始方向。把量角器的圆心,用小针固定在 a 点上(见图 8-14)。

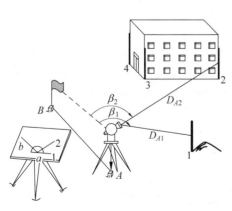

图 8-13 经纬仪配合量角器测图

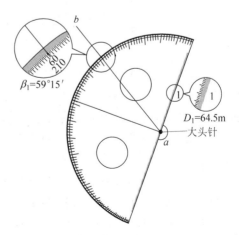

图 8-14 使用量角器展绘控制点

（3）观测碎部点。碎部点 1 上立标尺，观测员照准 1 点的标尺，读取水平角 β，视距间隔 l，竖盘读数 L，中丝读数 v。计算水平距离 D_{A1}，高差 h_{A1} 和高程 H_1。

（4）展绘碎部点，注记高程。利用量角器量出水平角 β，画出 $a1$ 的方向线，再用比例尺量出水平距离 D_{A1}，将 1 点标定在图上，并注记高程。

（5）根据许多碎部点，可以描绘地物和地貌。

经纬仪测图法模拟操作参见附录 B 文件。

8.5.3　地形图的绘制

1. 地物的绘制

各种地物应按"地形图图式"规定的符号表示。房屋轮廓用直线连接；河流、铁路、公路等应按实际形状连成光滑曲线；对于不能按比例描绘的重要地物，应按"地形图图式"规定的符号表示；有些地物需要用文字、数字、特定符号来说明。

2. 地貌的绘制

地貌主要用等高线来表示。对于不能用等高线来表示的特殊地貌，如陡崖、悬崖、冲沟、雨裂等，按图式规定符号绘制。

如图 8-15 所示，在图纸上测定了许多地貌特征点和一般高程点，下面说明等高线勾绘的过程。

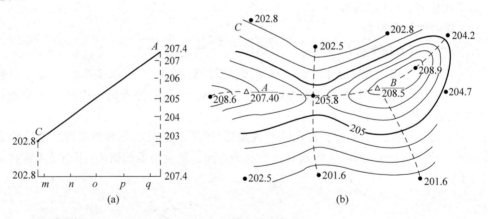

图 8-15　等高线的勾绘

首先在图上连结山脊线、山谷线等地性线，用虚线表示。由于图上等高线的高程必须是等高距的整数倍，而碎部点的高程一般不是整数，因此需要在相邻点间用内插法定出等高线的通过点，如图 8-15(a) 所示。等高线勾绘的前提是两相邻碎部点间坡度是均匀的，因此两点之间平距与高差成正比的关系，内插出各条等高线的通过点。在实际工作中，内插等高线通过点可采用解析法、图解法和目估法，而目估法最常用。目估法是采用"先取头定尾，后中间等分"的方法。例如，图 8-15(b) 中地面上两碎部点高程分别为 201.6m 和 205.8m，基本等高距为 1m，则首尾等高线的高程为 202m 和 205m，然后再将首尾两等高线间三等分，共有 2 条等高线，高程分别为 203m 和 204m。用同样的方法定出相邻两碎部点间等高线的通过点。最后把高程相同的点用光滑曲线连接起来，勾绘出等高线。首曲线用细实线表示；

计曲线用粗实线表示,并注记高程。

等高线勾绘练习参见附录 B 文件。

8.5.4　地形图测绘的技术要求

1. 仪器设置及测站检查

《城市测量规范》对地形图测图时仪器的设置及测站上的检查要求如下:

(1) 仪器对中的偏差,不应大于图上 0.05mm。

(2) 以较远的一点定向,用其他点进行检核,图 8-13 时选择 B 点定向,C 点进行检核。采用经纬仪测绘时,其角度检测值与原角值之差不应大于 $2'$。每站测图过程中,应随时查定向点方向,采用经纬仪测绘时,归零差不应大于 $4'$。

(3) 检查另一测站高程,其较差不应大于 1/5 基本等高距。

(4) 采用量角器配合经纬仪测图,当定向边长在图上短于 10cm,应以正北或正南方向作起始方向。

2. 地物点、地形点视距和测距最大长度应符合表 8-5 的规定

表 8-5　碎部点的最大间距和最大视距

测图比例尺	地貌点最大间距/m	最大视距/m			
		主要地物点		次要地物点和地貌点	
		一般地区	城市建筑区	一般地区	城市建筑区
1∶500	15	60	50	100	70
1∶1 000	30	100	80	150	120
1∶2 000	50	180	120	250	200
1∶5 000	100	300		350	

3. 图上地物点的点位中误差,地物点间距中误差和等高线高程中误差应符合表 8-6 规定

表 8-6　地物点位、点间距和等高线高程中误差

地区类别	点位中误差(图上)/mm	地物点间距中误差(图上)/mm	等高线高程中误差(等高距)			
			平地	丘陵地	山地	高山地
平地、丘陵地和城市建筑区	0.5	0.4	1/3	1/2	2/3	1
山地、高山地和施测困难的旧街坊内部	0.75	0.6				

8.5.5　地形图的拼接、检查和整饰

1. 地形图的拼接

当测区面积较大,整个测区分成许多图幅分别进行测绘,这样相邻图幅连接处的地物和

地貌应该完全吻合,但由于测量误差和绘图误差的存在,往往不能吻合。图 8-16 表示相邻两图幅的接图情况。规范规定接图误差不应大于表 8-6 规定的平面、高程中误差的 $2\sqrt{2}$ 倍。如果符合接图限差要求,可取平均位置改正相邻图幅的地物和地貌。

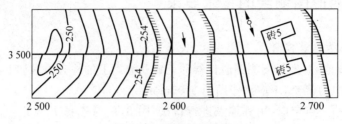

图 8-16　地形图的拼接

2. 地形图的检查

1) 室内检查

室内检查首先对控制测量资料作详细检查,然后对地形图进行检查,确定野外检查重点和巡视路线。

2) 野外检查

根据室内检查的重点按预定路线进行巡视检查。对于室内检查和巡视检查中发现重大问题,到野外设站用仪器检查,及时进行修改。

3) 地形图的整饰

地形图的整饰按照先图内后图外,先地物后地貌的顺序,依图式符号的规定进行整饰,使图面整洁清晰。图内整饰还包括坐标格网和图廓等全部内容。图外整饰包括图名、图号、接图表、平面坐标和高程系统、比例尺、施测单位、测绘者、测绘日期等。

8.5.6　地形图的修测、补测方法

传统图解法测图的精度决定于测图的比例尺精度(按比例尺用手工绘制的精度),无论所采用的测量仪器精度有多高、测量方法有多精确,都无济于事。数字测图则不然,用高精度测量仪器采集数据,在记录、存储、处理、成图的全过程中,可完全保持原始数据的精度。数字地形图适应现代社会经济建设的需要,如在地籍测量、房产测量、管网测量、精密工程测量等方面,都需要高精度的地形数据。

地形图的修测或补测是针对发生了变化的既有地形图而进行的局部更新测量工作。由于数字测图技术的广泛应用,通常采用如下方法进行地形图的修测或补测。

1. 草图法施测

在补测碎部点时,绘制工作草图,在工作草图记录地形要素名称、碎部点连接关系,然后在室内将碎部点显示在计算机屏幕上,根据工作草图,采用人机交互方式连接碎部点,输入图形信息码和生成图形。

测量中需要绘草图时必须把所测点的属性在草图上显示出来,以供处理、图形编辑时用。草图的绘制要遵循清晰、易读、相对位置准确,比例一致的原则。

2. 电子平板法

采用计算机成图软件(如 CASS9.1 等)或 PDA 掌上电脑作为野外数据采集记录器,可以在观测碎部点之后,对照实际地形输入图形信息码和生成图形。

草图法与电子平板法补测注意事项:

(1) 作业员进入测区后,根据事先的分工,各司其职;

(2) 绘图人员首先对测站周围的地形、地物分布情况熟悉一下,便于开始观测后及时在图上标明所测碎部点的位置及点号;

(3) 仪器观测员指挥跑镜员到事先选好的已知点上准备立镜、定向。

观测员快速架好仪器,连接便携机,量取仪器高,选择测量状态,输入测站点号和方向点号、定向点起始方向值,一般把起始方向值置零;瞄准棱镜,定好方向通知持镜者开始跑点;用对讲机确定镜高及所立点的性质,准确瞄准,待测点进入手簿坐标被记录下来。一般来说,施测的第一点选在某已知点上(手簿中事先已输入)。

测后从以下几方面查找可能出现错误的原因:已知点、定向点的点号是否输错;坐标是否输错;所调用于检查的已知点的点号、坐标是否有误;检查仪器、设备是否有故障等。

在野外采集时,能测到的点要尽量测,实在测不到的点可利用皮尺或钢尺量距,利用电子手簿的间接量算功能,生成这些直接测不到的点的坐标。在一个测站上所有的碎部点测完后,还要找一个已知点重测,以检查施测过程中是否存在因误操作、仪器碰动或出故障等原因造成的错误。检查确定无误后,关机,搬站。

8.6　大比例尺数字测图技术简介

传统的地形测图实质上是将测得的观测数据(角度、距离、高差)经过内业数据处理,而后图解绘制出地形图。随着科学技术的进步与电子、计算机和测绘新仪器、新技术的发展及其在测绘领域的广泛应用,20 世纪 80 年代逐步地形成野外测量数据采集系统与内业机助成图系统结合,建立了从野外数据采集到内业绘图全过程的实现数字化和自动化的测量成图系统,通常称为数字化测图(简称数字测图)或机助成图系统。这使得测量的成果不仅可在纸上绘制地形图,更重要的是提交可供传输、处理、共享的数字地形信息。

传统测图一般是人工在野外实现的,劳动强度大,从外业观测到成图的技术过程使观测数据所达到的精度降低。同时,测图质量管理难,尤其在信息剧增的今天,一纸之图难以反映诸多地形信息,变更、修改也极不方便,难以适应经济建设的需要。数字测图外业实现了地形信息采集自动记录,自动解算处理,缩短野外作业时间;内业将大量手工作业转化为计算机控制下的自动成图,效率高,劳动强度小,错误几率小,观测精度损失大大降低,所绘地形图精确、美观、规范。

数字测图的实质是将图形模拟量(地面模型)转换为数字量,这一转化过程通常称为数据采集。然后由计算机对其进行处理,得到内容丰富的电子图件,需要时由计算机的图形输出设备(如显示器、绘图仪)恢复地形图或各种专题图。因此,数字测图系统是以计算机为核心,在硬、软件的支持下,对地形空间数据进行采集、输入、成图、绘图、输出、管理的测绘系统。全过程可归纳为数据采集、数据处理与成图、成果输出与存储三个阶段。如图 8-17 所示。数字测图成果主要为数字线划图、数字高程模型等。

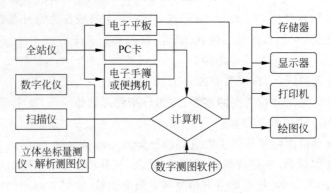

图 8-17　数字测图流程示意图

　　用全站仪和 GPS 技术对周围地形进行数字化测图,称为地面数字测图。直接测定地物点和地形点的细部最为详尽,是几种数字测图方法中精度最高的一种,也是城市大比例尺地形图测绘的主要方法。以后以此为主介绍。

　　目前,市场上比较成熟的最新版本的大比例尺数字化测图软件主要有广州南方测绘仪器公司的 CASS9.1,北京威远图仪器公司的 SV300,北京清华山维公司的 EPSW2005,广州开思测绘软件公司的 SCS GIS2005、武汉瑞得测绘自动化公司的 RDMS。这些数字化测图软件大多是在 AutoCAD 平台上开发的,如 CASS9.1、SV300、SCS GIS2005 可以充分应用 AutoCAD 强大的图形编辑功能。各软件都配备有加密狗,图形数据和地形编码一般相互不兼容。

8.6.1　地形点编码

1. 地形点编码设计

地形点编码设计应遵循的原则如下:

　　(1) 分类应符合国家标准和测图规范;

　　(2) 编码应尽可能简单,便于记忆和现场操作;

　　(3) 不遗漏也不重复,使其具有唯一性。

　　数字化成图中,测定地形点后的成图过程主要由计算机软件自动完成。因此,在数字测图时对于点的描述必须赋予三类信息才能完成自动成图的工作,分别是:①点号;②点的三维坐标(X,Y,H);③点的属性(分类信息和连线信息)等。点的属性可以用地形码表示,地形码的构成形式:

分类码＋线条码＋其他编码

2. 地形点编码输入

　　用全站仪进行地形点数据采集时,地形点的编码还必须由观测员判断和人工输入。全站仪可根据常用的地形编码建立编码库,在进行地形测量需要输入编码时,可直接调用而不必一一键入。对于连续观测的各点需要输入相同的地形编码时,因为屏幕保留上一点的编码,故不必重复输入。在进行细部点测量时,应尽可能按地物的分类和连线的次序进行,这样便于编码输入和地物图形的按编码自动连线。

8.6.2　地形图图式符号库

1. 图式符号库的设计

数字测图软件的地形图图式符号库是以国家标准图式为依据的图形数据库。库的功能首先是各种地物符号的绘制,其次是这些符号的组织、检索、管理和应用。

通用的 CAD 图形软件的符号库系统:

(1) 独立符号(点状符号)

有一个定位点,对应一个固定的、不依比例尺而变化的图形符号,如导线点、电线杆、消防龙头、水井等。

(2) 线形符号(线状符号)

符号依据定位线绘制,有比较简单的简单线型,如简易公路、乡村小路等;比较复杂的复杂线型,如围墙等。

(3) 填充符号(面状符号)

定位线要求构成封闭的"面域",面域内填充表示地块属性的图式符号,如稻田、草地、树林等。

2. 图式符号库的建立

基于 CAD 二次开发的测图软件,在 CAD 系统中利用提供用户定义的图块(block)和填充(hatch)图案的功能建立图式符号库,如表 8-7 所示。

表 8-7　图式符号库

代码	名称	图式	代码	名称	图式	代码	名称	图式
11	三角点	△	511	高压输电线	←→	59c	阀门	
13	导线点	⊙	521	配电线	←→	81	稻田	↓
14	埋石图根点	⊕	531	电线杆	○	82	旱田	⊔
16	水准点	⊗	54	变电室		83	菜地	
17	GPS 等级点	▲	58a	上水检修井	⊖	861a	果园	♀
3106	路灯		58b	下水检修井	⊕	87	树林	○
319	水塔		58c	下水暗井	Ⓐ	810	竹林	
321	烟囱		58d	煤气检修井	⊝	818a	天然草地	⊓
368	亭子		59b	消火栓		821	花圃	↓

8.6.3　AutoCAD 绘图软件和 AutoLISP 语言

　　AutoCAD 是一个通用的计算机辅助设计的绘图系统软件,具有使用方便、体系开放等特点,广泛用于机械、建筑、土木工程、测绘等领域。其所提供的丰富绘图命令和编辑功能,能成功地应用于数字地形测量的机助成图。

　　AutoLISP 是一种以解释方式运行于 AutoCAD 内部的程序设计语言,是用于 CAD 二次开发的工具,具有完备的数学运算功能和调用 CAD 的绘图功能,因此已成为数字地形测量机助成图中不可缺少的开发工具。LISP 是一种"表结构"语言,其基本形式为括号中的表达式:(函数 [参数 1][参数 2]…)。

　　一对开括号和闭括号组成一个"表",函数与参数之间、参数与参数之间用一个空格分开,表中参数的有无或多少由函数的性质所规定。

　　参数也可以是另一个表,称为"嵌套结构"。除了函数可以互相调用外,没有其他任何语句和过程。因此,AutoLISP 程序是由一个或多个顺序排列或多层嵌套的函数(表)所组合而成。执行 LISP 程序就是调用一些函数,函数可再调用其他函数,也就是在对各个函数求值过程中实现函数的功能,进而实现程序的计算和绘图功能。

8.6.4　基于 CAD 开发的测图系统南方 CASS9.0 简介

　　南方 CASS 软件在工程中有着广泛的应用,CASS 的操作界面主要分为:顶部菜单面板、右侧屏幕菜单和工具条、属性面板,如图 8-18 所示。每个菜单项均以对话框或命令行提示的方式与用户交互应答,操作灵活方便。

图 8-18　CASS 界面

1．CASS 界面各区功能

（1）下拉菜单：执行主要测量功能；

（2）屏幕菜单：绘制各种类别地物，操作较频繁；

（3）图形区：主要工作区，显示图形及操作；

（4）工具栏：各种 AutoCAD 命令、测量功能、快捷工具；

（5）命令提示区：命令记录区，提示用户操作。

2．CASS 草图法数字测图步骤

（1）外业用全站仪测量碎部点三维坐标；

（2）领图员绘制碎部点构成的地物形状和类型；

（3）记录碎部点点号（应与全站仪自动记录的点号一致）；

（4）全站仪内存中碎部点三维坐标下传到 PC 数据文件；

（5）转换成 CASS 坐标格式文件并展点；

（6）根据野外绘制的草图在 CASS 中绘制地物。

CASS 草图法数字测图模拟操作参见附录 B 文件。

3．数字地形图与 GIS 的数据交换

CASS 可将地物和地貌位置在图上准确表示出来，但很难将地物和地貌属性表示上去，如图上河流的长度、宽度、水深和水质，更不用说对这些属性数据进行各种查询和统计分析了。使用数据库系统（如 FoxPro）可保存和管理这些属性数据，各种查询和统计分析是数据库系统的强项，但数据库系统不能将属性数据表示在图上。因而出现了一种将图形管理和数据管理有机结合的信息技术，它融合了两者的优势，克服了数据库和图形系统各自固有的局限性，即地理信息系统。CASS 可输出成各种 GIS 格式的数据，供软件进行统计分析使用。

8.6.5　利用 AutoCAD 直接成图

直接用 AutoCAD 来绘图可大大提高精度，并可获得数字化的成果，操作法如下：

用 AutoCAD 绘图时，可以不必预先打方格展绘控制点，而是直接将控制点按其坐标输入计算机中，但应注意原测量 X、Y 值互换后输入。经纬仪测绘法测得水平角及距离，相当于极坐标法的角度与距离，输入时由控制点用 AutoCAD 的相对坐标输入。主要步骤如下：

（1）设置图形界限：AutoCAD 绘图区域可看作一幅无穷大的图纸，左下角一般为 $(0,0)$，右上角根据实际测区输入一对较大的数值。选定范围，便于辅助检查绘图的正确性。

（2）在 CAD 中设置绘图单位，绘图单位包括：

① 长度类型与精度设置：长度选小数，精度选 0.000，即 mm。

② 角度类型与精度设置：类型选度/分/秒，精度选 0d00′00″，方向顺时针应打√。

③ 基准角度，即 0°角度方向应选北。

（3）控制点坐标输入：原测量 X、Y 值互换后输入。

（4）碎部点输入：从控制点开始，绘碎部点辐射线，用 AutoCAD 的相对坐标输入，以极坐标形式,如@22.01<96d16′24″,如图 8-19 所示,即表示从控制点 1 开始距离 22.01m,角度为 96°16′24″展得的碎部点。

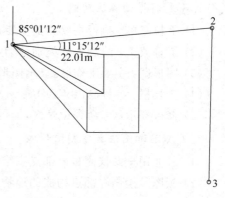

绘图时注意:测站实测零方向至碎部点的角度为 11°15′12″,应加上零方向的坐标方位角 85°01′12″,故极坐标法输入角度应为 96°16′24″。根据野外草图把相关的碎部点相连接便得地物,最后把绘碎部点的辐射线删去。

利用 AutoCAD 直接成图模拟操作参见附录 B 文件。

图 8-19　利用 AutoCAD 直接成图

思考题与练习题

1. 何谓比例尺?何谓比例尺精度?了解比例尺精度有何作用?

2. 地物符号中的比例符号、非比例符号和半比例符号各用在什么情况下?

3. 何谓等高线?等高线有哪些特性?

4. 何谓等高距、等高线平距?

5. 在图 8-20 的等高线地形图中,按以下指定的符号表示出:山顶、鞍部、山脊线、山谷线。(山脊线----,山谷线……,山顶▲,鞍部○)

6. 在图 8-21 中,小黑点为已测定其位置和高程的地形点,高程数值注记于其旁。图中,黑三角表示山顶,虚线圆圈表示鞍部,虚线表示山谷线,点划线表示山脊线。根据这些地形点及地形特征线,内插勾绘等高距为 5m 的等高线。

7. 如何进行地形图的拼接和检查?

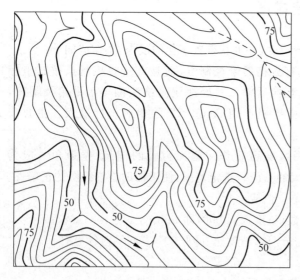

图 8-20　题 5 图

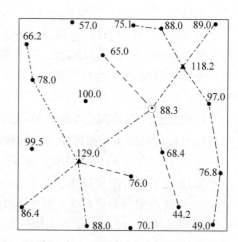

图 8-21　按地形点内插勾绘等高线

第 *9* 章

大比例尺地形图的应用

　　地形图是包含丰富的自然地理、人文地理和社会经济信息的载体,并且具有可量性,可定向性等特点。在工程建设中,利用地形图可使勘测、设计能充分利用地形条件,优化设计和施工方案,有效地节省工程建设费用。

　　在地形图上可以确定地面点的高程、坐标和直线的方向、距离、坡度、断面图、汇水面积,还可以测算图形的面积和进行土方量的计算。但是,要正确应用地形图,首先要看懂地形图,熟悉地形图的内容。

9.1　地形图的识图

9.1.1　图外注记的识图

　　地形图上图外注记标在内图廓之外,见图 9-1。

　　内图廓线与外图廓线之间注有坐标格网线的坐标,如西南角的坐标 $X=40.0\mathrm{km}$,$Y=32.0\mathrm{km}$。每幅地形图都有图名和图号,如马房山和 40.0-32.0,注记在北图廓线上方的中央。在北图廓线左上方,画有本图幅四邻各图名的略图,称为接图表。南图廓线下方的中央,注有数字比例尺,南图线左下方注有测绘日期、出版日期、坐标系统、高程系统、图式版本。南图廓线右下方注记测量员、绘图员、检查员。西图廓线下方注记测绘单位。

9.1.2　地物和地貌识图

　　不同比例尺地形图上地物、地貌是用不同的地物符号和地貌符号表示的。要正确识别地物、地貌,阅读前应先熟悉测图所采用的地形图图式。

　　地物识别。识别地物的目的是了解地物的大小种类、位置和分布情况。按照地物符号

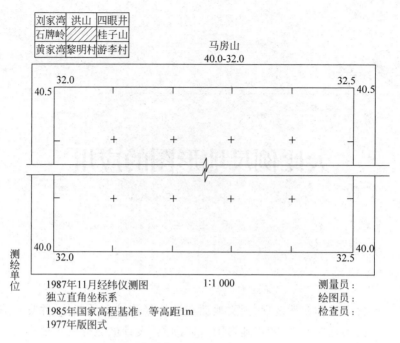

图 9-1　地形图

先识别大的居民点、主要交通要道、大河流的分布及其流向以及用图中需要的重要地物。然后扩大再识别小的居民点、次要交通路线等。通过综合分析,对地形图的地物有全面的了解。

地貌识别。地貌识别的目的是了解各种地貌的分布和地面的高低起伏状态。主要依据基本地貌的等高线特征和特殊地貌的符号。有河流时可找出山谷山脊系列;无河流时可根据相邻山头找出山脊。再按照两山谷间必有一山脊;两山脊之间必有一山谷的特征,可识别山脊和山谷的分布情况。再结合特征地貌和等高线的疏密,就可以清楚了解地形图上的地貌情况。

9.1.3　大比例尺地形图的分幅和编号

为了便于测绘、保管和使用,需要将大面积的地形图进行统一分幅、编号。大比例尺地形图的图幅大小一般为 50cm×50cm,40cm×50cm,40cm×40cm。各种比例尺地形图的图幅大小见表 9-1。

表 9-1　矩形和正方形地形图的分幅及面积

比例尺	矩 形 分 幅		正 方 形 分 幅		
	图纸大小 /(cm×cm)	实地面积 /km²	图幅大小 /(cm×cm)	实地面积 /km²	一幅 1∶5 000 图所含幅数
1∶5 000			40×40	4	1
1∶2 000	50×40	0.8	50×50	1	4
1∶1 000	50×40	0.2	50×50	0.25	16
1∶500	50×40	0.05	50×50	0.062 4	64

大比例尺地形图的编号有三种方式：

（1）按该图幅西南角的坐标进行编号。如图 9-1 所示为一幅 1∶1 000 比例尺地形图的图幅，其图幅号为 40.0-32.0。编号时 1∶2 000 和 1∶1 000 比例尺地形图坐标取至 0.1km，1∶500 比例尺地形图取至 0.01km。

（2）按象限号、行号、列号进行编号。在城市测量中，地形图一般以城市平面直角坐标系统的坐标线划分图幅，矩形图幅常采用东西 50cm，南北 40cm。城市 1∶10 000 地形图的编号是象限号-行号-列号，例如某图的编号为 Ⅳ-1-2。

一幅 1∶10 000 地形图包括 25 幅 1∶2 000 地形图，所以 1∶2 000 地形图的编号为 Ⅳ-1-2-[1]，[2]，…，[25]。一幅 1∶10 000 地形图包括 100 幅 1∶1 000 地形图，所以 1∶1 000 地形图的编号为 Ⅳ-1-2-[1]，[2]，…，[100]。

（3）流水编号。在工程建设和小区规划中，还经常采用自由分幅按流水编号法。流水编号是按从左到右，从上到下，用阿拉伯数字编号的。

9.1.4　中小比例尺地形图的识图

1. 地形图编号

大比例尺地形图的图幅是按矩形或正方形分幅，其编号法在 9.1.3 节已介绍了。中小比例尺地形图的图幅是按经纬度分幅，即按一定的经差与纬差大小组成一幅图。由于经线收敛于两极，因此图幅呈梯形状。图幅的划分与编号是以 1∶100 万比例尺为基础，1∶100 万每幅图为经差 6°、纬差 4°；1∶50 万则是在 1∶100 万图一分为四，因此，每幅图为经差 3°、纬差 2°；1∶10 万则是在 1∶100 万图一分为 144，因此，每幅图为经差 30′、纬差 20′；其他各种比例图分幅详见表 9-2。

表 9-2　1∶100 万至 1∶1 万地形图分幅编号

比例尺	图幅大小		包含的图幅数		比例尺代码	图幅编号举例	
	经差	纬差	上幅数	本幅数		旧编号	新编号
1∶100 万	6°	4°	1	1		J-50	J50
1∶50 万	3°	2°	1	4	B	J-50-A	J50B001001
1∶25 万	1°30′	1°	1	4	C	J-50-A-a	J50C001001
1∶10 万	30′	20′	1∶100 万 1	144	D	J-50-14	J50D002002
1∶5 万	15′	10′	1	4	E	J-50-14-C	J50E004003
1∶2.5 万	7′30″	5′	1	4	F	J-50-14-C-3	J50F008005
1∶1 万	3′45″	2′30″	1∶10 万 1	64	G	J-5-14-(49)	J50G015010

2012 年 6 月，我国颁布了《国家基本比例尺地形图分幅和编号》(GB/T 139 89—2012)新标准，2012 年 10 月开始实施。推荐使用经纬度分幅、编号方案。在 1992 年版的标准中，分幅大小与旧的相同，但编号方法不同，1∶100 万图幅的编号，由图幅所在的行号列号组成，例如某地经度 114°33′45″，纬度 39°22′30″所在的图幅编号，新旧两种编号均列于表 9-2 中。

新编号是由所在 1∶100 万图幅的编号、比例尺代码和各图幅行号列号共 10 位码组成。即

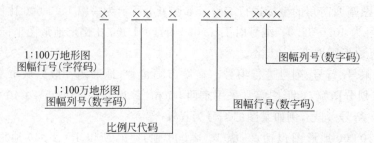

图 9-2　新编号组成示意图

新编号对于不同比例尺用不同的字符代码,见表 9-3。

表 9-3　新编号比例尺代码

比例尺	1∶500 000	1∶250 000	1∶100 000	1∶50 000	1∶25 000	1∶10 000	1∶5 000
代码	B	C	D	E	F	G	H

以某地(纬度 $\varphi=39°23'$,经度 $\lambda=114°34'$)为例说明新旧编号法的区别,见图 9-4 新旧两种编号法图示对照。对于 1∶100 万图幅新旧编号均由行号(字符码)与列号(数字码)组成,该地旧编号为 J-50,新编号为 J50。1∶100 万图幅新旧编号均由行号(字符码)与列号(数字码)组成。

行号以纬差 4°为一行,从赤道起算,0°～4°为第 1 行,用英文字母 A 表示;4°～8°为第 2 行,用字母 B 表示;……,以此类推;某地纬度 39°23′在 36°～40°之间,其所在行号第 10 行,相应字母为 J。

列号是以经差 6°为一列,从西经 180°向西,180°～174°为第 1 列,174°～168°为第 2 列,……,以此类推;某地经度 114°34′在 114°～120°之间,其所在列号为 50。行号与列号的公式计算如下:

对于 1∶100 万图幅,新旧编号均由行号(字符码)与列号(数字码)组成。1∶100 万图幅大小,纬差为 4°,经差为 6°。因列号是从西经 180°向西计算,至第 1 带(0°～6°),其列号已是 31,因此,新编号的行号与列号的公式如下:

$$\left.\begin{array}{l} 行号 = \left[\dfrac{\varphi}{4°}\right] + 1 \\[2mm] 列号 = \left[\dfrac{\lambda}{6°}\right] + 31 \end{array}\right\} \tag{9-1}$$

式中,φ、λ 表示某地的纬度、经度,[ ]表示取商的整数。把某地经纬度值(纬度 $\varphi=39°23'$ 经度 $\lambda=114°34'$)代入公式算得,行号为 10,其相应的英文字母为 J。1∶100 万图幅旧编号是"行号-列号",本例为 J-50,新编号也是行号与列号,但其间无"-"号,即 J50。

其他几种比例尺图幅新编号是在 1∶100 万图幅新编号后加比例尺代码,再加上图幅行号与列号,详见表 9-3 的规定。(1∶50 万)～(1∶1 万)图幅行号与列号公式为

$$\left.\begin{array}{l} 图幅行号 = \left[\dfrac{\varphi_{左上} - \varphi}{\Delta\varphi}\right] + 1 \\[2mm] 图幅列号 = \left[\dfrac{\lambda - \lambda_{左上}}{\Delta\lambda}\right] + 1 \end{array}\right\} \tag{9-2}$$

式中，$\varphi_{左上}$、$\lambda_{左上}$ 为某地所在 1：100 万图幅左上角的纬度、经度。根据某地纬度与经度画所在 1：100 万图幅的草图，如图 9-3 所示。从图中很容看出 $\varphi_{左上}=40°\lambda_{左上}=114°$。式（9-2）中 $\Delta\varphi$、$\Delta\lambda$ 为待求图幅的纬差、经差，若求 1：10 万图幅编号，则 $\Delta\varphi=20'$，$\Delta\lambda=30'$，代入公式得

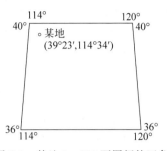

图幅行号 = 2，　图幅列号 = 2

因此，某地所在的 1：10 万图幅新编号为 J50D002002

查算某地所在的 1：10 万图幅旧编号的公式是

图 9-3　某地 1：100 万图幅的四角

$$x = \left[\frac{\varphi_{左上}-\varphi}{20'}\right]\times 12 + \left[\frac{\lambda-\lambda_{左上}}{30'}\right]+1$$

式中，x 表示某地所在 1：10 万图幅旧编号的一个序号（1、2、3、4、…、144 中的一个数）。把某地经纬度代入上式算得：$x=1\times12+1+1=14$，所以旧编号为 J-50-14。确定行号与列号后，就可在如下的图表中标出某所在 1：100 万图幅四角的经纬度，纬度从 36°～40°，经度从 114°～120°。其他比例尺新旧图幅编号从下图表中得到对应关系。图中 A、B、C、D 表示 1：50 万比例尺图幅的旧编号。数字 1、2、3、4、…、144 表示 1：10 万比例尺图幅旧编号中末尾的序号，如图中旧编号 J-50-14，相应新编号，除用公式计算外，也可查图 9-4 得行号 002，列号 002，故新编号为 J50D002002。1：5 万比例尺图幅旧编号为 J-50-14-C，新编号为 J50E004003。

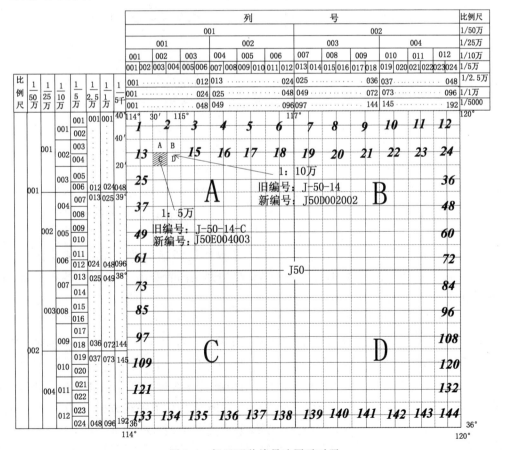

图 9-4　新旧两种编号法图示对照

2. 地形图认识编号应用

认识图幅的分幅与编号,对于用图者来说要能提出规划区内所需图幅编号与数量,以便向测绘部门购买。例如,某规划区位于东经119°15′～119°45′,北纬39°40′～40°00′,求该区域内有1:10万与5万图幅多少张,并写出它们新旧图幅编号。

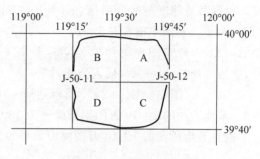

图9-5　某区域位置示意图

由于1:10万每幅图为经差30′、纬差20′,所以1:10万图幅角的经度只有整度数与30′两种,纬度则有整度数与20′、40′三种。因此,规划区所在范围很容易画出如下草图(见图9-5):

从图9-5看出规划区含1:10万图2张即J-50-11与J-50-12。

1:5万图4张即J-50-11-B,J-50-11-D,J-50-12-A,J-50-12-C。

相应新图幅编号从图9-4对应位置可查得:

1:10万　J-50-11 新编号为J50D001011,

　　　　　J-50-12 新编号为J50D001012

1:5万　 J-50-11-B 新编号为J50E001022,J-50-11-D 新编号为J50E002022

　　　　　J-50-12-A 新编号为J50E001023,J-50-12-C 新编号为J50E002023

3. 地形图图廓

图9-6是长安集1:25 000地形图,内图廓为本图幅的范围,西边经线是125°52′30″,东边经线是126°00′,南边纬线是44°00′,北边纬线是44°005′。图中最外边的粗黑线为外图廓,起装饰作用。在内外图廓中间绘有经纬度的分度带,在图幅左右两边南北方向绘有黑白相间的纬度分度带,黑、白段均为1′;在图廓上下绘有黑白相间的经度分度带,西边短粗黑线段表示为30″,其余黑、白段表示1′。通过经纬度的分度带可以确定图上某点的经纬度。

图9-6内有坐标格网,又称公里格网,每方格为1km×1km。公里格网的坐标值标注在分度带与内图廓之间,以km为单位的高斯平面直角坐标系的坐标。图中4879、4880、…、4886、4887为赤道起算的纵坐标X。21_{731}、21_{732}、…、21_{740}为高斯直角坐的通用横坐标Y(即实际坐标加500km),冠以21表示投影带带号。

在图幅四边中部外图廓与分度带之间注有相邻接图幅的编号,如相邻北图幅编号L-51-144-D-2,相邻南图幅编号K-51-12-B-2,供接边和用图者查用(图9-6相邻东、西图幅编号,因缩图而裁去,图中未显示)。

4. 图廓外的图形与文字说明

图廓外正上方写图名,图名下面是本图幅的编号。为了便于查找和使用地形图,图廓外左上角为接图表,标名本图幅与相邻八个方向图幅的图名。图廓左下方绘有坡度尺和三北方向图。坡度尺用来量图上两点的地面坡度,用两脚规在坡度尺图上可量2条、3条、4条、5条及6条等高线之间的坡度,见图9-7。三北方向图是指真子午线方向、磁子午线方向及坐标纵轴线方向之间的关系图。图中真子午线方向总是绘制在正南北方向,而磁子午线和坐标纵轴线方向根据实际情况绘制在其两侧,见图9-8。图中2°02′为磁偏角,2°03′为子午

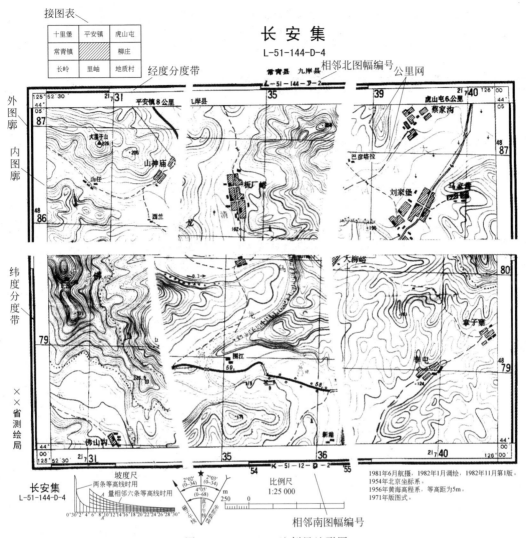

图 9-6　1 : 25 000 比例尺地形图

线收敛角,4°05′为磁坐偏角。在三北方向图中,在度分角度数值下面括号内表示另一种角度制——密位,一圆周分为 6 000 等分,每一等分弧长所对的圆心角为一密位,因此,1 密位 $=\dfrac{360°}{6\,000}=3′36″$。密位主要用于军事上,当半径为 1km 时,弧长 1m 所对的圆心角大约为 1 密位。

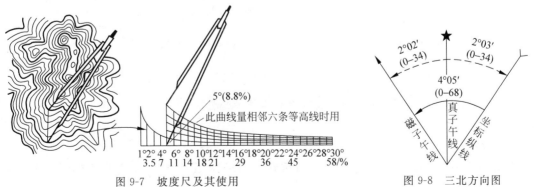

图 9-7　坡度尺及其使用　　　　　　　　图 9-8　三北方向图

图廓外的文字说明是了解图件来源、成图方法、测绘日期等的重要资料。通常在图的下方或左、右两侧注有文字说明,内容包括测图日期、坐标系、高程基准、测绘单位等。

9.2 地形图应用的基本内容

9.2.1 在图上确定某点的坐标

大比例尺地形图上绘有 $10\mathrm{cm}\times10\mathrm{cm}$ 的坐标格网,并在图廓的四角上注有纵、横坐标值,如图 9-9 所示。

欲求图上 A 点的坐标,首先要根据 A 点在图上的位置,确定 A 点所在的坐标方格 $abcd$,过 A 点作平行于 X 轴和 Y 轴的两条直线 pq、fg 与坐标方格相交于 $pqfg$ 四点,再按地形图比例尺量出 $af=60.7\mathrm{m}$,$ap=48.6\mathrm{m}$,则 A 点的坐标为

$$\left.\begin{array}{l} X_A = X_a + af = 2\,100 + 60.7 = 2\,160.7(\mathrm{m}) \\ Y_A = Y_a + ap = 1\,100 + 48.6 = 1\,148.6(\mathrm{m}) \end{array}\right\} \qquad (9\text{-}3)$$

如果精度要求较高,则应考虑图纸伸缩的影响,此时还应量出 ab 和 ad 的长度。设图上坐标方格边长的理论值为 l($l=100\mathrm{m}$),则 A 点的坐标可按下式计算,即

$$\left.\begin{array}{l} X_A = X_a + \dfrac{l}{ab}af \\ Y_A = Y_a + \dfrac{l}{ad}ap \end{array}\right\} \qquad (9\text{-}4)$$

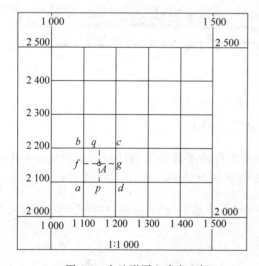

图 9-9 在地形图上确定坐标

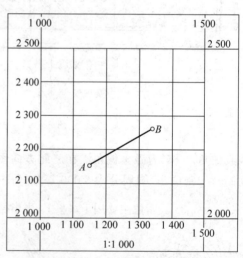

图 9-10 在地形图上确定两点间水平距离

9.2.2 在图上确定两点间的水平距离

1. 解析法

如图 9-10 所示,欲求 AB 的距离,可按式(9-3)先求出图上 A、B 两点坐标(X_A,Y_A)和

(X_B, Y_B)，然后按下式计算 AB 的水平距离

$$D_{AB} = \sqrt{(X_B - X_A)^2 + (Y_B - Y_A)^2} \tag{9-5}$$

2. 图解法

用两脚规在图上直接卡出 A、B 两点的长度，再与地形图上的直线比例尺比较，即可得出 AB 的水平距离。当精度要求不高时，可用比例尺直接在图上量取。

9.2.3　在图上确定某一直线的坐标方位角

1. 解析法

如图 9-11 所示，先求出图上 A、B 两点的坐标，可按坐标反算公式计算 AB 直线的坐标方位角

$$\alpha_{AB} = \arctan \frac{Y_B - Y_A}{X_B - X_A} = \arctan \frac{\Delta Y_{AB}}{\Delta X_{AB}} \tag{9-6}$$

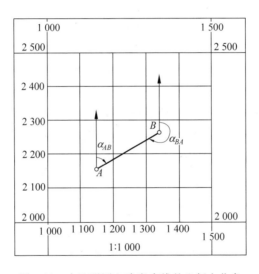

图 9-11　在地形图上确定直线的坐标方位角

2. 图解法

当精度要求不高时，可由量角器在图上直接量取其坐标方位角。如图 9-4 所示，通过 A、B 两点分别作坐标纵轴的平行线，然后用量角器的中心分别对准 A、B 两点量出直线 AB 的坐标方位角 α_{AB} 和直线 BA 的坐标方位角 α_{BA}，则直线 AB 的坐标方位角为

$$\alpha_{AB} = \frac{1}{2}(\alpha_{AB} + \alpha_{BA} \pm 180°) \tag{9-7}$$

9.2.4　在图上确定任意一点的高程

地形图上点的高程可根据等高线或高程注记点来确定。

1. 点在等高线上

如果点在等高线上,则其高程为等高线的高程。如图 9-12 所示,E 点位于 54m 等高线上,则 E 点的高程为 54m。

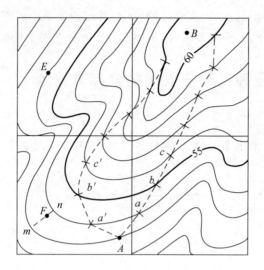

图 9-12　确定地面点的高程

2. 点不在等高线上

如果点位不在等高线上,则可按内插求得。如图 9-12 所示,F 点位于 53m 和 54m 两条等高线之间,这时可通过 F 点作一条大致垂直于两条等高线的直线,分别交等高线于 m、n 两点,在图上量取 mn 和 mF 的长度,又已知等高距为 $h=1\mathrm{m}$,则 F 点相对于 m 点的高差 h_{mF} 可按下式计算

$$\left.\begin{array}{l} h_{mF} = \dfrac{mF}{mn}h \\[2mm] H_F = H_m + h_{mF} \end{array}\right\} \tag{9-8}$$

当精度要求不高时,可以根据等高线用目估法确定图上点的高程。

9.2.5　在图上确定某一直线的坡度

在地形图上求得直线的长度以及两端点的高程后,可按下式计算该直线的平均坡度 i,即

$$i = \frac{h}{dM} = \frac{h}{D} \tag{9-9}$$

式中,d——图上量得的长度,m;

　　M——地形图比例尺分母;

　　h——直线两端点间的高差,m;

　　D——直线实地水平距离,m。

坡度有正负号,"+"表示上坡,"−"表示下坡,常用百分率(%)或千分率(‰)表示。

9.2.6　按指定方向绘制纵断面图

在各种线路工程设计中,需要了解线路方向的地面起伏情况,为此要求绘出某一方向的纵断面图。如图 9-13(a)所示,欲沿 *AB* 方向绘出纵断面图,在地形图作 *AB* 的连线。另外在纵断面图上画两条相垂直的轴线,如图 9-13(b)所示,横轴表示水平距离,纵轴表示高程。一般水平距离的比例尺与地形图比例尺相同,而高程的比例尺比水平距离比例尺大 5～20 倍。首先在地形图上量取 *A* 点到 *AB* 直线与等高线交点的水平距离,并把它们分别绘制到纵断面图的横轴上,以相应的高程作为纵坐标,得到各交点在断面图上的位置。连结这些点,得到 *AB* 方向的纵断面图。利用 CASS 软件绘制纵断面图模拟操作参见附录 B 文件。

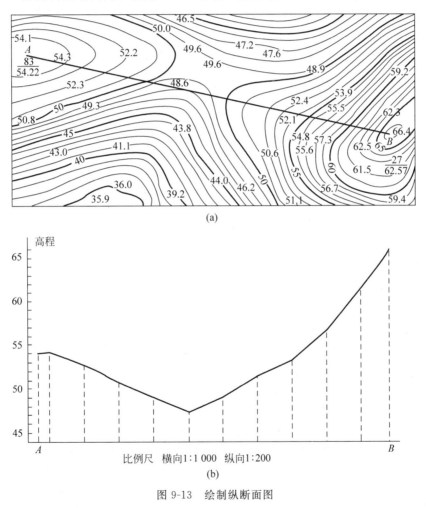

图 9-13　绘制纵断面图

9.2.7　在图上确定汇水面积

铁路、公路跨越山谷或河流时,需要架桥梁、造涵洞。而桥梁、涵洞的孔径大小,都需要根据地形确定汇流水流量的多少而定,这样汇集流量的面积,称为汇水面积。

由于雨水沿山脊线分流,按山谷线汇集,所以汇水面积的边界线由一系列山脊线连接而成的。如图9-7所示,公路通过山谷,在 P 处拟修一桥,其孔径大小应根据该处的水流量决定,而水流量又与山谷的汇水面积有关。由图9-14看出,由山脊线和公路上的线段所围成的边界线 ABCDEFGHIA 的面积,就是该山谷的汇水面积。量出汇水面积,再根据当地的气象水文资料,计算经过 P 点的水流量,为桥梁的孔径设计提供依据。

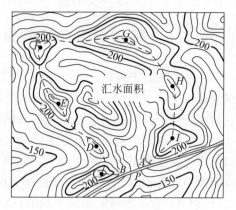

图9-14　确定汇水面积

9.2.8　在图上选线

在丘陵或山地地区进行铁路、公路等工程设计时,对线路坡度有一定要求。设计时,在满足限制坡度条件下,要求选定一条最短最合理的路线,实际上是以限制坡度为最大坡度,选出一条等坡度线,即为最短路线。

如图9-12所示,欲从 A 到 B 选一条最大坡度 i 为 5% 的路线,等高距为 h=1m,比例尺为 1:1000,为了满足坡度要求,首先计算相邻两条等高线的最小平距 d

$$d = \frac{h}{iM} = \frac{1}{0.05 \times 1\,000} = 0.02(\text{m})$$

从 A 点开始,以 2cm 为半径画弧与 53m,54m,…,等高线相交,得到两条线路 Aabc…B 和 Aa'b'c'…B。最后根据两条线路的长短,施工条件,土石方量的大小,投资多少等,选择一条最佳路线。

9.3　在地形图上量测面积

图上面积的量算方法有图解法、解析法、CAD 法和求积仪法,本节只介绍求积仪法、解析法与 CAD 法。

9.3.1　求积仪法

求积仪是一种专门供图上量算面积的仪器,其优点是操作简便、速度快,适用于任意曲线图形的面积量算,并能保证一定的精度。求积仪有机械求积仪和电子求积仪两种。下面重点介绍电子求积仪。

图9-15所示的电子求积仪是在机械装置动极、动极轴、跟踪臂等基础上,增加脉冲计数设备和微处理器,能自动显示量测面积。面积量测的相对误差为 0.2%。

电子求积仪在动极轴两端各有一个动极轮 W_1、W_2,跟踪臂与动极轴连接,求积仪在地形图上只能在垂直动极轴方向滚动,而不能在动极轴方向滑动。其面积部分有测轮、各种功能键、显示屏,描迹点是跟踪放大镜中心的一个红点,其运动示意图如图9-16所示。欲测图

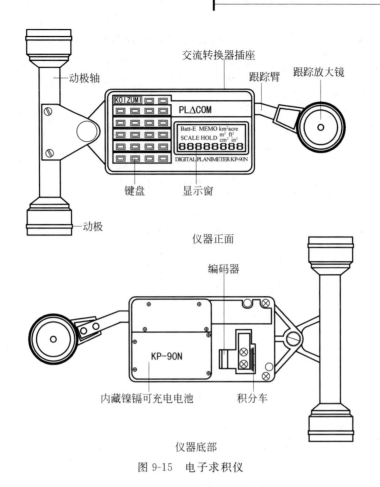

图 9-15　电子求积仪

形面积 P，按 START 键，启动测量，顺时针方向移动跟踪放大镜的中心，沿着图形 P 绕行一周，在仪器显示屏上显示图形面积。电子求积仪的功能有：选择面积的显示单位，设定图纸的纵横比例尺，几块图形分别测量显示面积总和，进行面积单位的换算等。

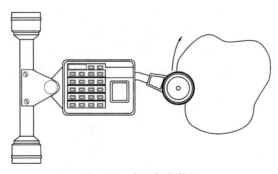

图 9-16　求积仪的使用

9.3.2　解析法

在要求测定面积的方法具有较高精度，且图形为多边形，各顶点的坐标值为已知值时，可采用解析法计算面积。

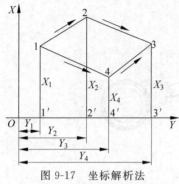

图 9-17 坐标解析法

如图 9-17 所示，欲求四边形 1234 的面积，已知其顶点坐标为 $1(X_1,Y_1)$、$2(X_2,Y_2)$、$3(X_3,Y_3)$ 和 $4(X_4,Y_4)$。则其面积相当于相应梯形面积的代数和，即

$$S_{1234} = S_{122'1'} + S_{233'2'} - S_{144'1'} - S_{433'4'}$$

$$= \frac{1}{2}\big[(X_1+X_2)(Y_2-Y_1)$$

$$+ (X_2+X_3)(Y_3-Y_2)$$

$$- (X_1+X_4)(Y_4-Y_1) - (X_3+X_4)(Y_3-Y_4)\big]$$

整理得

$$S_{1234} = \frac{1}{2}\big[X_1(Y_2-Y_4) + X_2(Y_3-Y_1) + X_3(Y_4-Y_2) + X_4(Y_1-Y_3)\big]$$

或

$$S_{1234} = \frac{1}{2}\big[Y_1(X_4-X_2) + Y_2(X_1-X_3) + Y_3(X_2-X_4) + Y_4(X_3-X_1)\big]$$

对于 n 点多边形，其面积公式的一般式为

$$S = \frac{1}{2}\sum_{i=1}^{n} X_i(Y_{i+1}-Y_{i-1}) \tag{9-10}$$

或

$$S = \frac{1}{2}\sum_{i=1}^{n} Y_i(X_{i-1}-X_{i+1}) \tag{9-11}$$

式中，i——多边形各顶点的序号。当 i 取 1 时，$i-1$ 为 n；当 i 为 n 时，$i+1$ 为 1。

式(9-10)和式(9-11)的运算结果应相等，可作校核。

9.3.3 AutoCAD 法面积计算

1. 多边形面积的计算

当待量测面积边界为多边形，多边形各顶点的平面坐标为已知时，打开 Windows 记事本，每行数据按"点号，，Y，X，0"输入多边形顶点坐标，以扩展名.dat 存盘。

（1）执行 CASS 下拉菜单"绘图处理/展野外测点点号"命令，选择之前已创建的坐标文件，展绘多边形顶点于 AutoCAD 绘图区或直接在 CAD 中输入坐标点，注意 X、Y 坐标互换位置（参见 1.5.3 节高斯平面直角坐标系与笛卡儿平面坐标系的异同）。

（2）执行多段线命令 Pline，连接多边形顶点为封闭多边形；

（3）执行 AutoCAD 的面积命令 Area 计算封闭多边形的面积。

2. 不规则图形面积的计算

对于绘制在纸质图上的不规则面积，可以采用本教材第 9 章介绍的图形面积量算方法，也可以采用 AutoCAD 辅助计算，其计算方法与步骤如下：

（1）图纸扫描。在图纸不规则图形上绘制一条确定比例的基线，如图 9-18 所示，选取实地 A、B 两点为 72.5m，其目的是将图形矢量化后确定其比例，然后将图纸扫描为 JPG 格

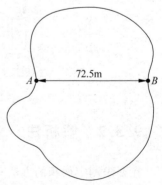

图 9-18 不规则图形的图像

式图像文件；

（2）插入图像。在 AutoCAD2010 中执行图像命令 Image，选择将 JPG 格式图像附着到 AutoCAD 绘图区或在 AutoCAD2004 菜单栏中选择"插入"→"光栅图像"，插入扫描图纸文件。

（3）在 CAD 中绘制一条标准直线长度为 72.5m。

（4）比例校正。将图像中 A、B 两点的长度校准为 72.5m，执行对齐命令 Align，CAD 绘图命令中选择对象为 JPG 图像，指定第一个源点为图像中的 A 点，指定第一个目标点为标准长度 72.5m 的端点，指点第二个源点为图像中的 B 点，第二个目标点为标准长度 72.5m 的另一端点。

（5）面积查询。校准图像尺寸后，栅格图像矢量化。利用 CAD 绘图功能，执行多段线命令 Pline，跟踪图像中的边界，形成闭合多边形。为保证面积计算精度，跟踪图形时尽量不要偏离轮廓线。执行面积命令 area 计算封闭多段线的面积。也可以全选封闭多边形，在属性查询中得到面积，不规则图像的面积为 7 486.591 1m²，周长为 328.682 0m，如图 9-19 所示。模拟操作参见附录 B。

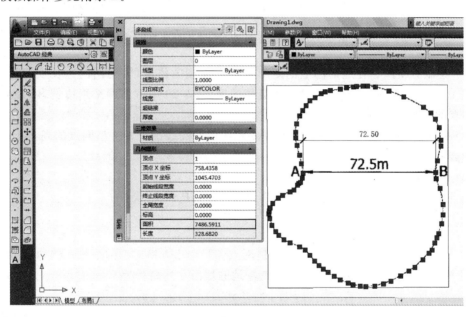

图 9-19　不规则图像计算面积

9.4　地形图在平整场地中的应用

将施工场地的自然地表按要求整理成一定高程的倾斜地面工作，称为平整场地。在符合工程总体竖向规划的前提下，平整场地的原则：满足地面自然排水的要求；使场地的填、挖方量平衡。场地平整计算土方量的方法很多，其中最常用的是方格网法。

如图 9-20 所示，根据地形图上矩形 $A_1 A_5 D_5 D_1$ 的场地平整为倾斜平面的场地，要求场地的填挖土方量相等。设计要求倾斜平面的坡度为：从南到北坡度为 +2%，从东到西的坡度为 +1.5%。具体计算步骤如下：

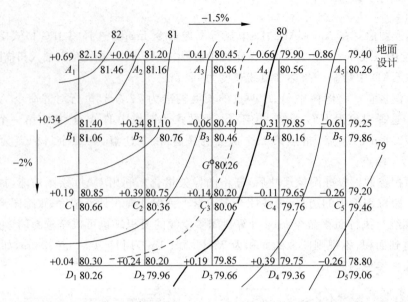

图 9-20　将场地平整为一定坡度的倾斜场地

（1）绘制方格网。在地形图上的矩形场地上绘制方格网，方格网的边长一般为 20m、40m 或 100m，方格网边长越短计算土方量越精确，图 9-20 中方格网采用边长 $S=20$m。将方格网点的编号写在方格网点的左下方。

（2）确定方格网点的地面高程。根据地形图的等高线确定各方格网点的高程 H_i，写在方格网点的右上方。

（3）计算场地的地面平均高程 $H_{平均}$。

$$H_{平均} = \frac{P_1 H_1 + P_2 H_2 + \cdots + P_n H_n}{P_1 + P_2 + \cdots + P_n} = \frac{[PH]}{[P]} \tag{9-12}$$

其中，H_i——各方格网点的地面高程；

P_i——方格网点的权，权等于该方格网点和几个小方格连结的个数。例如 A_1 的权为 1，B_1 的权为 2，C_2 点的权为 4。则图 9-20 场地的地面平均高程为

$$H_{平均} = \frac{[PH]}{[P]} = \frac{3\,852.48}{48} = 80.26 \text{(m)}$$

在图上内插绘出 80.26m 的等高线，称为填挖边界线，用虚线表示。

（4）计算各方格网点的设计高程。为了使场地的填挖方量相等，把矩形场地重心 G 的设计高程 H_G 等于场地的地面平均高程 $H_{平均}$，则无论把场地整理成通过 H_G 的任何倾斜平面，它的总填挖方量相等。

重心 G 及高程 H_G 确定后，根据方格点间距和设计坡度，自重心点高程起沿方格方向，向四周推算各方格网点的设计高程，写在方格网点的右下方。

南北方向两方格点间的设计高差 $= 20 \times 2\% = 0.4 \text{(m)}$

东西方向两方格点间的设计高差 $= 20 \times 1.5\% = 0.3 \text{(m)}$

则

B_3 点设计高程 $= 80.26 + 0.2 = 80.46 \text{(m)}$

B_2 点设计高程 $= 80.46 + 0.3 = 80.76 \text{(m)}$

（5）计算各方格网点的填挖数 h。

用各方格网点的地面高程和设计高程，可计算出各方格网点的填挖数 h

$$h = 地面高程 - 设计高程 \tag{9-13}$$

把它写在方格网点的左上方。h 为正值表示挖方，h 为负值表示填方。

（6）计算每个小方格和整个场地的填挖方量。

① 计算每个小方格的填、挖方量 v_i。近似计算公式为

$$v_i = \frac{(h_{ai} + h_{bi} + h_{ci} + h_{di}) \times S^2}{4} \tag{9-14}$$

式中，h——小方格四个顶点的填挖数；

S——小方格的边长。

v_i 是正值表示挖方量，v_i 是负值表示填方量。把每个小方格的填挖方量写在每个小方格的圆圈内，如图 9-21 所示。

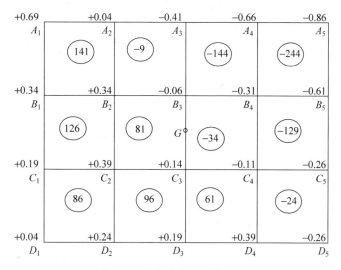

图 9-21　每个小格的填挖方量

② 计算场地总的填、挖方量：

$$V_{挖} = \sum v_{挖}$$
$$V_{填} = \sum v_{填} \tag{9-15}$$

图 9-21 中，总的挖方量为 591m^3，总的填方量为 584m^3。两者在理论上应相等，但因计算小方格土方量采用近似公式，计算场地的地面高程尾数取舍关系，实际上有微小的差数。

利用 CASS 软件计算土方量模拟操作参见附录 B 文件。

思考题与练习题

1. 地形图的分幅分哪两类？各适用于何种场合？

2. 设图 9-22 为 1∶10 000 的等高线地形图，图下印有直线比例尺，用以从图上量取长

度。根据地形图用图解法解决以下三个问题:

(1) 求 A、B 两点的坐标及 AB 连线的方位角;

(2) 求 C 点的高程及 AC 连线的坡度;

(3) 从 A 点到 B 点定出一条地面坡度 $i = 6.7\%$ 的路线。

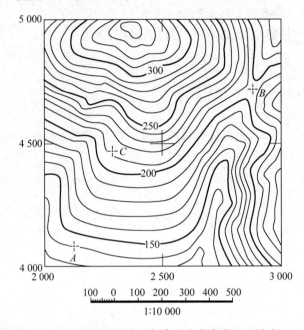

图 9-22   在图上量取坐标高程方位角及地面坡度

3. 根据图 9-23 所示的等高线地形图,沿图上 AB 方向按图下已画好的高程比例作出其地形断面图(水平比例尺与地形图一致)。

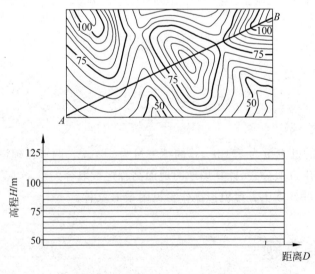

图 9-23   根据等高线地形图作断面图

4. 地形图上面积的量算方法有哪几种?

第 *10* 章

施工测量的基本工作

测设工作是根据工程设计图纸上待建的建筑物、构筑物的轴线位置、尺寸及其高程,算出待建的建筑物、构筑物各特征点(或轴线交点)与控制点(或已建成建筑物特征点)之间的距离、角度、高差等测设数据,然后以地面控制点为根据,将待建的建、构筑物的特征点在实地标定出来,以便施工。

不论测设对象是建筑物还是构筑物,测设的基本工作是测设已知的水平距离、水平角和高程。

10.1 水平距离、水平角和高程的测设

10.1.1 测设已知的水平距离

1. 用钢尺测设的一般方法

如图 10-1 所示,已知直线 AC,要在 AC 上定出 B 点,使 AB 的水平距离等于已知水平距离 $D = 120.000 \text{m}$。测设步骤如下:

图 10-1 用钢尺测设已知水平距离的一般方法

(1) 由 A 点量 $D_{往} = 120.000 \text{m}$,初定 B'。

(2) 由 B 点返测水平距离,量得 $D_{返} = 119.980 \text{m}$。

(3) 计算 AB' 的平均值及相对精度 K

$$D_{平} = \frac{1}{2}(D_{往} + D_{返}) = 119.990 \text{m}$$

$$K = \frac{\mid D_{往} - D_{返} \mid}{D_{平}} = \frac{\Delta D}{D_{平}} = \frac{1}{6\,000}$$

$$K_{允} = \frac{1}{3\,000}(合格)$$

(4) 实地改正。把 B' 在直线方向上量得 ΔD,改正到 B 点。

2. 用钢尺测设短距离的精密方法

如图 10-2 所示,若测设水平距离小于钢尺的长度时,精密测设水平距离的方法是从 A 点直接测量应量距离 D',定出 C_0 点。由精密量距的计算公式为

$$D = D' + \Delta D_d + \Delta D_t + \Delta D_h \qquad (10\text{-}1)$$

那么,测设时应量距离的计算公式

$$D' = D - \Delta D_d - \Delta D_t - \Delta D_h$$

$$= D - \frac{\Delta l \times D}{l_0} - \alpha(t - t_0) \times D + \frac{h^2}{2D} \qquad (10\text{-}2)$$

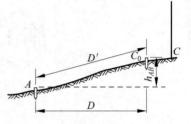

图 10-2　用钢尺测设已知水平距离的精确方法

[**例 10-1**]　已知:在 AC 上放样 C_0 点,使 AC_0 的水平距离 $D = 29.910\,0$m。钢尺的尺长方程式为 $l_t = 30 - 0.005 + 1.25 \times 10^{-5}(t - 20) \times 30$(m)。测设时钢尺温度 $t = 28.5$℃,AC_0 的高差 $h = +0.385$m。试求:在地面上放样 C_0 点的应量距离 D'。

解　$D' = D - \Delta D_d - \Delta D_t - \Delta D_h$

$$= D - \frac{\Delta l \times D}{l_0} - \alpha(t - 20) \times D + \frac{h^2}{2D}$$

$$= 29.910\,0 - \frac{(-0.005) \times 29.910}{30} - 1.25 \times 10^{-5} \times (28.5 - 20)$$

$$\times 29.910 + \frac{(+0.385)^2}{2 \times 29.910}$$

$$= 29.910\,0 + 0.005\,0 - 0.003\,2 + 0.002\,5 = 29.914\,3(\text{m})$$

3. 用钢尺测设长距离的精密方法

如图 10-1 所示,在 AC 直线上初定 B'。用钢尺精密丈量 AB' 的长度,计算 AB' 的水平距离 D'。计算较差 $\Delta D = D - D'$。实地改正,把 B' 改正到 B 点。

10.1.2　测设已知水平角

测设已知水平角是根据水平角的已知数据 β 和水平角的一边 AB,把该角的另一方向 $A\bar{C}$ 测设在地面上,如图 10-3 所示。

1. 一般方法

(1) 如图 10-3(a)经纬仪置 A 点。盘左,瞄准 B 点,并使读数为 $0°00'00''$。

(2) 拨 β 角,在地面上定出 C'。

(3) 变成盘右,瞄准 B 点,并使读数为 $180°00'00''$。

(4) 拨 β 角,在地面上定出 C''。

(5) 取 $C'C''$ 的中点 $\bar{C}$,则 $\angle BA\bar{C} = \beta$。

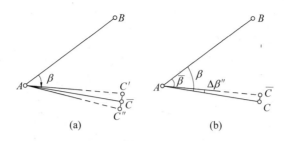

图 10-3 测设已知水平角

(a) 正倒镜分中法；(b) 多测回修正法

2. 精确方法

(1) 用一般方法，盘左时初定 $\overline{C}$ 点，见图 10-3(b)。

(2) 再用测回法测几个测回，取平均值得 $\angle BA\overline{C}=\overline{\beta}$。计算角差 $\Delta\beta=\overline{\beta}-\beta$。

(3) 计算 $\overline{C}$ 点改正数

$$C\overline{C} = \frac{D(\overline{\beta}-\beta)}{\rho''} \tag{10-3}$$

其中，D——$A\overline{C}$ 的水平距离。

(4) 从 $\overline{C}$ 点开始，垂直于 $\overline{C}A$ 方向作垂线，量 $C\overline{C}$ 距离，得 C 点，则 $\angle BAC=\beta$。

由 $\Delta\beta$ 的正负，可以确定量取 $C\overline{C}$ 的方向。

10.1.3 测设已知高程

测设已知高程是根据水准点 A 点高程 H_A 和要测设的 B 点的高程 H_B，在地面上测设 B 点的高程位置，如图 10-4 所示。

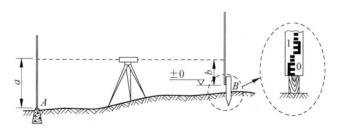

图 10-4 已知高程的测设

1. 当 AB 高差 h_{AB} 小于 5m 的方法

(1) 水准点 A 的高程 $H_A=20.950\text{m}$，放样 B 点的高程 $H_B=21.500\text{m}$。首先把水准仪置 AB 中间，测得后视读数为 $a=1.675\text{m}$。

(2) 计算 B 点的应读前视 b，由水准测量原理得

$$\begin{cases} H_B = H_A + a - b \\ b = H_A + a - H_B = 20.950 + 1.675 - 21.500 = 1.125 (\text{m}) \end{cases} \tag{10-4}$$

(3) 在 B 点立水准尺，上下移动，使得水平视线读数 $b=1.125\text{m}$，在水准尺底部画一条

水平线,此水平线的高程为 H_B。

2. 当 AB 高差 h_{AB} 大于 5m 的方法

在深基坑内或者高层建筑物上放样 B 点高程时,用悬挂钢尺法来代替水准尺法。如图 10-5 所示,水准点 A 的高程已知,为了要在深基坑内测设出设计 B 的高程 H_B,在深基坑的上面一侧悬挂钢尺,钢尺零点在下端,并挂一个重量约等于钢尺检定时拉力重锤。

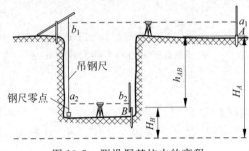

图 10-5   测设深基坑内的高程

(1) 首先在地面上置水准仪,测得钢尺零点高程 H_0。
$$H_0 = H_A + a_1 - b_1$$
(2) 把水准仪搬到坑内,计算 B 点应读前视。因为
$$H_B = H_0 + a_2 - b_2 = H_A + a_1 - b_1 + a_2 - b_2$$
所以
$$b_2 = H_A + a_1 - b_1 + a_2 - H_B \tag{10-5}$$
(3) 在 B 点立水准尺,使 B 点读数等于应读前视 b_2,在水准尺底部画一条水平线。

10.2   平面点位的测设

点的平面位置放样常用方法有直角坐标法、极坐标法、角度交会法、距离交会法。至于选用哪种方法,应根据控制网的形式、现场情况、精度要求等因素进行选择。

10.2.1   直角坐标法

当欲测设的建筑物附近有建筑方格网或建筑基线时,可采用此方法。如图 10-6 所示,有 L 形的建筑基线 AOB。设计总平面图上有放样建筑物的四个角点 $MNPQ$ 的平面坐标,建筑物长度 a、宽度 b。

1. 测设方法

(1) 经纬仪置 O 点,瞄准 A 点,沿 OA 方向,测设水平距离 D_1,得方向点 M_y。

(2) 将仪器搬到 M_y 点,瞄 A 点,定垂线,在垂线上量水平距离 D_2 得 M 点。

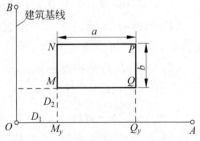

图 10-6   直角坐标法

（3）用同样方法可定出 N、P、Q 各点。

（4）测量检核：测量 $MNPQ$ 矩形的四个直角，测量矩形的四边或者矩形的两条对角线的长度，使其差数在允许范围内。

2. 放样数据准备

放样 M 点的数据

$$D_1 = | \Delta Y_{OM} | = | Y_M - Y_O | \tag{10-6}$$

$$D_2 = | \Delta X_{OM} | = | X_M - X_O | \tag{10-7}$$

10.2.2　极坐标法

极坐标法是根据一个水平角和一段水平距离，测设点的平面位置。

1. 点位测设方法

如图 10-7 所示，A、B 为已知平面控制点，用极坐标法放样建筑物 $PQRS$，设计给出建筑物四角坐标，测设步骤如下：

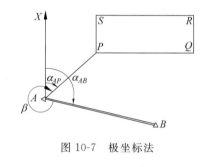

图 10-7　极坐标法

（1）在 A 点安置经纬仪，瞄准 B 点，按顺时针方向测设 β 角，定出 AP 方向；

（2）沿 AP 方向自 A 点测设水平距离 D_{AP}，定出 P 点，作出标志；

（3）用同样的方法测设 Q、R、S 点。全部测设完毕后，检查建筑物四角是否等于 $90°$，各边长是否等于设计长度，其误差均应在限差以内。

同样，在测设距离和角度时，可根据精度要求分别采用一般方法或精密方法。

2. 计算放样数据

现根据 A、B 两点，用极坐标法测设 P 点，其测设数据计算方法如下：

（1）计算 AB 边的坐标方位角 α_{AB} 和 AP 边的坐标方位角 α_{AP}

$$\alpha_{AB} = \arctan \frac{\Delta Y_{AB}}{\Delta X_{AB}}$$

$$\alpha_{AP} = \arctan \frac{\Delta Y_{AP}}{\Delta X_{AP}}$$

（2）计算 AP 与 AB 之间的夹角

$$\beta = \alpha_{AP} - \alpha_{AB}$$

（3）计算 A、P 两点间的水平距离

$$D_{AP} = \sqrt{(X_P - X_A)^2 + (Y_P - Y_A)^2}$$
$$= \sqrt{(\Delta X_{AP})^2 + (\Delta Y_{AP})^2}$$

[**例 10-2**]　已知：控制点 AB 点坐标，放样点 P 点坐标列入表 10-1。

试求：（1）按点的坐标绘草图；（2）在 B 点用极坐标法放样 P 点所需数据 D_2 和 β_2。

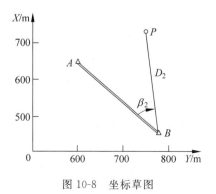

图 10-8　坐标草图

解 （1）按坐标绘草图，见图 10-8。

表 **10-1**

点名	X/m	Y/m
A	599.485	604.843
B	453.649	781.175
P	720.000	765.000

（2）计算放样数据，利用 EXCEL 程序、计算器及 CAD 计算，参见附录 B 文件。

$$D_2 = \sqrt{(\Delta X_{BP})^2 + (\Delta Y_{BP})^2} = \sqrt{(266.351)^2 + (-16.175)^2} = 266.842(\text{m})$$

$$\beta_2 = \alpha_{BP} - \alpha_{BA} = \arctan\frac{(-16.175)}{(266.351)} - \arctan\frac{(-176.332)}{(145.836)}$$

$$= (360° - 3°28'31'') - (360° - 50°24'27'') = 356°31'29'' - 309°35'33'' = 46°55'56''$$

全站仪放样点位模拟操作参见附录 B 文件。

10.2.3　角度交会法

当放样地区受地形条件限制或测距困难时，常采用角度交会法。如图 10-9(a)所示，有任意两个平面控制点 AB。放样点 P 的设计平面坐标为 $X_P Y_P$。

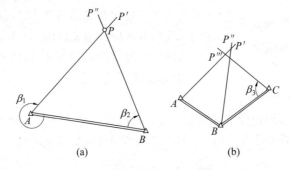

图 10-9　角度交会法

1. 测设方法

（1）经纬仪置 A 点，拨 β_1，得方向线 AP'。

（2）另一台经纬仪置 B 点，拨 β_2，得方向线 BP''。

（3）两方向线相交于 P 点。

（4）为了提高精度，防止测量错误，在已知点 C 上拨 β_3，得方向线 CP'''。由测量误差存在，三条方向线不可能相交于一点，形成一个示误三角形。当示误三角形边长在允许范围内时，可取三角形的重心作为 P 点点位。

2. 放样数据准备

$$\begin{cases} \beta_1 = \alpha_{AP} - \alpha_{AB} \\ \beta_2 = \alpha_{BP} - \alpha_{BA} \end{cases} \tag{10-8}$$

10.2.4　距离交会法

当建筑物场地平坦,量距方便,且控制点离放样点的距离小于钢尺长度时,可以采用距离交会。

1. 测设方法

(1) 如图 10-10 所示,钢尺以 A 点为圆心,D_1 为半径在地面上画圆弧。

(2) 另一条钢尺以 B 点为圆心,D_2 为半径在地面上画圆弧。

(3) 两圆弧相交于 P 点。

2. 放样数据准备

$$\begin{cases} D_1 = \sqrt{(\Delta X_{AP})^2 + (\Delta Y_{AP})^2} \\ D_2 = \sqrt{(\Delta X_{BP})^2 + (\Delta Y_{BP})^2} \end{cases} \tag{10-9}$$

利用 GPS RTK 放样点位模拟操作参见附录 B 文件。

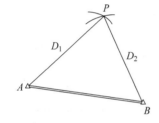

图 10-10　距离交会法

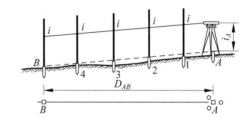

图 10-11　已知坡度线的测设

10.3　坡度线的测设

在道路、管道、排水沟、场地平整等工程施工中,需要测设已知设计坡度的直线。坡度测设所用仪器有水准仪或经纬仪。

如图 10-11 所示,直线 $A1234B$ 各点平面位置已确定,A 点设计高程为 H_A,AB 设计坡度为 i,要求把 $A1234B$ 的高程位置测设木桩上。使用水准仪的测设方法如下:

(1) 首先计算出 B 点设计高程 H_B

$$H_B = H_A + iD_{AB} \tag{10-10}$$

应用高程测设方法,把 A、B 两点木桩顶部高程测设为 H_A、H_B。

(2) 在 A 点安置水准仪,使一个脚螺旋在 AB 方向上,另外两个脚螺旋的连线垂直于 AB 方向线,把水准仪的圆水准器气泡居中,量取水准仪的仪器高 i_A,用望远镜瞄准 B 点水准尺,旋转在 AB 方向线上的脚螺旋,使视线对准水准尺上的读数为仪器高 i_A,此时仪器视线坡度为 i。然后在中间方向点 1、2、3、4 的桩顶分别立水准尺,调节木桩顶面高度,使桩顶水准尺的读数均等于仪器高 i_A,这样各桩顶的连线就是测设在地面上的设计坡度线。

当设计坡度 i 较大时,可使用经纬仪进行测设,方法相同。

思考题与练习题

1. 用钢尺精密测设水平距离。已知：钢尺尺长方程式：$l_t = 30 + 0.008 + 1.2 \times 10^{-5}$ $(t-20) \times 30$m，测设水平距离 $D_{AB} = 18.000$m，测设时钢尺温度 $t = 25℃$，$h_{AB} = 0.200$m。试求测设时沿地面应量长度 D'。

2. 精密测设水平角。已知：测设水平角 $\beta = 90°00'00''$，初定 $\overline{C}$ 点，进行多次测回测得角度平均值 $\overline{\beta} = 90°00'24''$，$D_{A\overline{C}} = 100.00$m，试求 $\overline{C}$ 点的改正数 $\overline{C}C$。

3. 测设已知点高程。已知：水准点的高程 $H_A = 25.345$m，水准仪置 AB 中间，后视 A 点读数 $a = 1.520$m，测设 B 点的高程 $H_B = 26.000$m，试求 B 点的应读前视 b。

4. 已知：控制点 A 的坐标 $X_A = 400.00$m，$Y_A = 800.00$m，控制点 AB 的方位角 $\alpha_{AB} = 358°30'00''$，放样建筑物 1234 的各点坐标列入表 10-2 中。试求：在 A 点，后视 B 点用极坐标法放样 1234 点所需数据（按各点坐标先绘略图）。

表　10-2

点号	X/m	Y/m
1	225.000	640.000
2	225.000	820.000
3	415.000	820.000
4	415.000	640.000

5. 已知：控制点 AB 和放样点 P 的坐标列入表 10-3 中。试求：

(1) 按各点坐标绘草图。

(2) 用角度交会法放样 P 点所需数据。

(3) 用距离交会法放样 P 点所需数据。

表　10-3

点号	X/m	Y/m
A	1 335.983	2 763.473
B	1 186.179	2 508.751
P	1 010.000	2 830.000

第11章

工业与民用建筑的施工测量

11.1 概述

11.1.1 施工测量的目的和内容

1. 施工测量的目的

施工测量的目的是将设计的建筑物的平面位置和高程,按设计要求用一定精度测设在地面上,作为施工的依据。

2. 施工测量的内容

(1) 施工控制测量工作。开工前在施工场地上建立平面和高程控制网,以保证施工放样的整体精度,可分批分片测设,同时开工,可缩短建设工期。

(2) 建筑物的施工放样工作。

(3) 编绘建筑物场地的竣工总平面图。作为验收时鉴定工程质量的必要资料以及工程交付使用后运营、管理、维修、扩建的主要依据之一。

(4) 变形观测。对建筑物进行变形观测,以保证工程质量和建筑物的安全。

11.1.2 施工测量原则

施工测量也必须遵循"从整体到局部"、"先控制后放样"的原则。首先在建筑场地上建立统一的平面和高程控制网,然后根据施工控制网来放样建筑物的主轴线,再根据建筑物的主轴线来放样建筑物的各个细部。施工控制网不仅是施工放样的依据,同时也是变形观测、竣工测量以及将来建筑物扩建、改建的依据。为了防止测量错误,施工测量同样必须遵循"步步检核"的原则。

11.1.3 施工测量的特点

施工测量与地形图的测绘相比具有如下特点：

（1）工作性质不同。测绘地形图是将地面上的地物、地貌测绘在图纸上；而施工测量和它相反，是将设计图纸上的建筑物按其位置放样在相应的地面上。

（2）精度要求不同。测绘地形图的精度取决于测图比例尺。一般来说施工控制网的精度高于测图控制网的精度。施工测量的精度主要取决于工程性质、建筑物的大小高低、建筑材料、施工方法等因素。一般高层大型建筑的施工测量精度高于低层、中小型建筑物；钢结构、木结构的建筑物施工测量的精度高于钢筋混凝土结构的建筑物；装配式施工的建筑物施工测量精度高于非装配式施工的建筑物。

（3）施工测量与工程施工密切相关。施工测量贯穿于整个施工过程之中。场地平整、建筑物定位、基础施工、建筑物构件安装、竣工测量、变形观测都需要进行测量。

（4）受施工干扰大。施工现场工种多，交叉作业频繁，进行测量工作受干扰较大。测量标志必须埋在不易破坏且稳定的位置，还应做到要妥善保护，如有破坏应及时恢复。

11.2 建筑场地上的控制测量

11.2.1 概述

1. 施工控制网

施工控制网包括平面控制网和高程控制网。

在大中型建筑场地上，施工平面控制网一般布置成建筑物方格网，施工高程网布置成水准网。对于小型建筑场地，施工平面控制网布置成建筑基线，施工高程控制网布置成附合或闭合水准路线。当建筑场地建立建筑方格网有困难时，可以采用导线网作为施工平面控制。

2. 测量坐标系与施工坐标系的换算

建筑施工通常采用施工坐标系，也称为建筑坐标系。其坐标轴线与建筑物主轴线平行，便于设计坐标计算和施工放样工作。

如图 11-1 所示，设 XOY 为测量坐标系 $X'O'Y'$ 为施工坐标系。将 P 点从施工坐标系 (X'_P, Y'_P)，换算到测量坐标系中的坐标 (X_P, Y_P)，换算公式为

$$\left. \begin{array}{l} X_P = X_{O'} + X'_P \cos\alpha - Y'_P \sin\alpha \\ Y_P = Y_{O'} + X'_P \sin\alpha + Y'_P \cos\alpha \end{array} \right\} \quad (11\text{-}1)$$

式中，$X_{O'}$、$Y_{O'}$——O' 在测量坐标系中的坐标；

α——X' 轴在测量坐标系中的方位角。

将 P 点的测量坐标 (X_P, Y_P) 换算到施工坐标 (X'_P, Y'_P) 的公式为

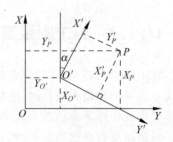

图 11-1 测量坐标系与施工坐标系的换算

$$\left.\begin{array}{l} X'_P = (X_P - X_{O'})\cos\alpha + (Y_P - Y_{O'})\sin\alpha \\ Y'_P = -(X_P - X_{O'})\sin\alpha + (Y_P - Y_{O'})\cos\alpha \end{array}\right\} \tag{11-2}$$

11.2.2　建筑基线的测设

建筑基线的布置,应根据建筑物的分布、场地的地形和已有测量控制点而定。通常,建筑基线可布置成图 11-2 所示形式。

根据建筑场地已有测量控制点的情况不同,建筑基线的测设方法主要有以下两种情况。

1)根据建筑红线测设建筑基线

城市规划行政主管部门批准并由测绘部门实地测定的建设用地位置的边界线称为建筑红线。

如图 11-3 所示,1、2、3 点是建筑红线点,AOB 是建筑基线点。在 1、2、3 点上分别用直角坐标法放样 AOB 三个建筑基线点。然后进行测量校核,实量 AO、BO 的距离与设计距离相对误差不应超过 1/10 000,$\angle AOB$ 与 $90°$ 之差不得超过 $20''$。

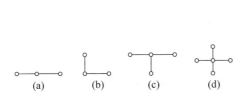

图 11-2　建筑基线布置形式

(a)一字形;(b)L 字形;(c)T 字形;(d)十字形

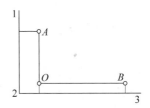

图 11-3　根据建筑红线测设

2)根据测量控制点测设建筑基线

(1)如图 11-4 所示,在测量控制点 1、2 上,用极坐标初定建筑基线点 $A'O'B'$,D_1、D_2、D_3 为其对应的距离。

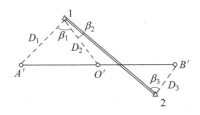

图 11-4　根据测量控制点测设

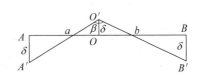

图 11-5　直线上点位的调整

(2)如图 11-5 所示,由于存在测量误差,$A'O'B'$ 不在同一条直线上。在 O' 点用经纬仪测量水平角 $\angle A'O'B' = \beta$,再测量 $A'O'$、$O'B'$ 的长度为 a、b。沿与基线垂直方向各移动相同的距离 δ,其值按下式计算

$$\delta = \frac{ab}{(a+b)\times\rho''}\left(90° - \frac{\beta}{2}\right) \tag{11-3}$$

把 $A'O'B'$ 调整到 AOB。经纬仪置 O 点,再测水平角 $\angle AOB$,要求 $|\angle AOB - 180°| \leqslant 20''$。

（3）把 AOB 调整为一条直线后，再用精密放样水平距离的方法，调整 A、B 的位置，调整为 A_OB_O。再测量 OA_O，OB_O 的距离，要求测量两段水平距离与设计水平距离的相对误差小于 1/10 000。

（4）如图 11-6 所示，经纬仪置 O 点，初定 C'。再用精密测设 $90°$ 的方法，得到 C 点。再用精密测设水平距离的方法，得到 C_O 点。测量检核，对于角度 $\angle A_OOC_O$ 和水平距离 OC_O 的精度要求同测设 A_OOB_O 建筑基线的精度。

（5）同样的方法测设 D_O 点，见图 11-7。

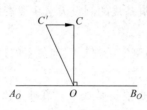

图 11-6　C_O 点测设

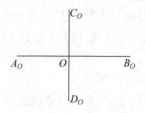

图 11-7　D_O 点测设

11.2.3　建筑方格网的测设

1. 建筑方格网的布置及精度指标

在一个建筑群内，如果其主要建筑物的轴线相互垂直，而且建筑物轴线，道路中心线，管线等相互平行或垂直，则这个建筑场地的平面控制网可布置与建筑物主轴线平行的矩形格网形式，称为建筑方格网。

建筑方格网的设计在设计总平面图上进行。建筑方格网的主轴线点应设置在工程放样精度要求最高的地方。方格网的边平行于建筑物的轴线，彼此之间严格垂直，边长宜在100m 范围内，同时最好是 10m 的倍数。方格网的边长应保证通视良好，便于测角与量距，点位要稳定可靠，并能长期保存。建筑方格网的精度见表 11-1。

表 11-1　建筑方格网的精度

等级	边长/m	测角中误差/(″)	边长的相对中误差	角度限差/(″)	边长限差
一级	200～300	5	1∶30 000	10	1∶15 000
二级	100～200	8	1∶20 000	16	1∶10 000
三级	50～100	10	1∶15 000	20	1∶8 000

2. 建筑方格网主轴线点的测设

如图 11-8 所示，建筑方格网的主轴线 AOB 和 EOF 的测设方法与十字形建筑基线测设方法相同，然后再测设两条主轴线上的节点 $CDGH$。

3. 方格网点的测设

（1）初定方格网点 $1'，2'，3'，\cdots，16'$。

（2）测量所有小方格的边长和角度。

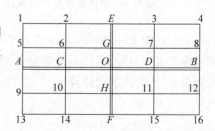

图 11-8　建筑方格网主轴线点的测设

（3）严密平差计算各点坐标。

（4）把初定的各点 $1', 2', 3', \cdots, 16'$ 改正到设计位置 $1, 2, 3, \cdots, 16$ 上。

（5）检查小方格的边长和角度。

11.2.4　施工高程控制测量

施工高程控制测量的要求是：①水准点的密度尽可能满足施工放样时安置一次水准仪即可测设所需点的高程；②在施工期间高程控制点的位置保持不变；③每栋较大建筑物附近，还要测设建筑物的±0.000 高程标志。

大型的建筑场地高程控制网分为两个等级：首级网和加密网。首级水准网一般由几个闭合环组成，可按国家三等水准测量要求进行施测。加密水准网采用附合水准路线，可按四等水准测量要求进行施测。

中、小型的建筑场地高程控制可采用一个等级，可按国家四等水准测量要求进行施测。

11.3　民用建筑施工中的测量工作

11.3.1　概述

1. 民用建筑物的分类

住宅楼、商店、学校、医院、食堂、办公楼、水塔等建筑物都属于民用建筑物。民用建筑物分为单层、低层（2～3 层）、多层（4～8 层）和高层（9 层以上）。

2. 民用建筑放样过程

民用建筑放样过程包括建筑物的定位、放线，建筑物基础施工测量，墙体施工测量等。在建筑场地完成了施工控制测量工作后，将建筑物的位置、基础、墙、柱、门楼板、顶盖等基本结构放样出来，设置标志，作为施工的依据。

3. 建筑物施工放样的主要技术指标

建筑物施工放样的主要技术指标如表 11-2 所示。

表 11-2　建筑物施工放样的主要技术指标

建筑物结构	测距相对中误差 K	测角中误差 m_β/(")	按距离控制点100m,采用极坐标法测设点位中误差 m_P/mm	在测站上测定高差中误差/mm	根据起始水平面在施工水平面上测定高程中误差/mm	竖向传递轴线点中误差/mm
金属结构、装配式钢筋混凝土结构、建筑物高度 100～200m，或跨度 30～36m	1/20 000	±5	±5	1	6	4
15 层房屋、建筑物高度 60～100m 或跨度 18～30m	1/10 000	±10	±11	2	5	3

续表

建筑物结构	测距相对中误差 K	测角中误差 $m_\beta/('')$	按距离控制点100m,采用极坐标法测设点位中误差 m_P/mm	在测站上测定高差中误差/mm	根据起始水平面在施工水平面上测定高程中误差/mm	竖向传递轴线点中误差/mm
5～15 层房屋、建筑物高度 15～60m 或跨度 6～18m	1/5 000	±20	±22	2.5	4	2.5
5 层房屋、建筑物高度 15m 或跨度 6m 以下	1/3 000	±30	±36	3	3	2
木结构、工业管线或公路铁路专用线	1/2 000	±30	±52	5		
土木竖向整平	1/1 000	±45	±102	10		

注：采用极坐标测设点位，当点位距离控制点 100m 时，其点位中误差的计算公式 $m_P = \sqrt{(100m_\beta/\rho'')+(100K)^2}$

11.3.2 施工前的准备工作

施工前的准备工作包含下列内容：

(1) 了解设计意图，熟悉设计资料，核对设计图纸。

(2) 现场踏勘，检测平面控制点和水准点。

(3) 制定施工放样的方案，准备放样数据，绘制放样略图。

11.3.3 建筑物的定位和放线

1. 建筑物定位

建筑物的定位就是把建筑物外廓各轴线的交点桩，也称为角桩放样到地面上，作为放样基础和细部的依据。

2. 建筑物定位的方法

(1) 根据建筑红线定位。

(2) 根据建筑基线、建筑方格网定位。

(3) 根据测量控制点定位。

(4) 根据已有建筑物定位。

3. 建筑物放线

根据建筑物外廓的交点桩放样其他细部轴线的交点也称为中心桩。作为基础放线、细部放线和基槽开挖边线放样的依据。

4. 建筑物放线的步骤

(1) 测设所有轴线的中心桩。

(2) 测设轴线的控制桩或者龙门板控制桩(见图 11-9)。

(3) 撒出基槽开挖边界的白灰线。

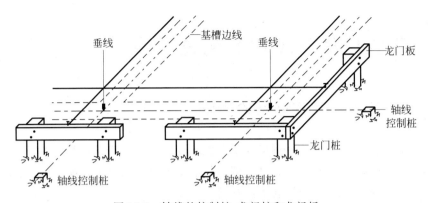

图 11-9　轴线的控制桩、龙门桩和龙门板

11.3.4　建筑物基础施工中的测量工作

1．控制基槽开挖深度

当基槽挖到一定深度后，用水准仪在槽壁上测设一些水平桩（见图 11-10），使木桩上表面离槽底设计标高为一固定值（如 0.500m），以控制挖槽深度。一般在槽壁各拐角处和槽壁每隔 3～4m 处均测设水平桩，其高程测设的允许误差为±10mm。

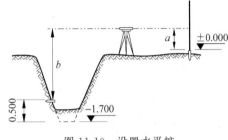

图 11-10　设置水平桩

2．在垫层上投测基础墙中心线

基础垫层打好后，根据龙门板上轴线钉或轴线控制桩，把轴线投测到垫层上，并用墨线标出基础墙体中心线和基础墙体边线。

3．基础墙体标高控制

房屋基础墙体的高度是利用基础皮数杆控制，在基础皮数杆上按照设计的尺寸，在砖、灰缝的厚度处划出线条，并标明±0.000、防潮层等的标高位置。

4．基础墙顶面标高检查

基础施工结束后，应检查基础顶面的标高，允许误差为±10mm。

11.3.5　墙体施工中的测量工作

1．墙体定位

利用轴线控制桩或龙门板上的轴线钉和墙体边线标志，用经纬仪将轴线投测到基础顶面或防潮层上，然后用墨线弹出墙中心线和墙边线。最后把墙轴线延伸画在外墙侧面，做好标志，并作为向上投测轴线的依据。

2．墙体高程控制

在墙体施工中，墙身各部位高程通常也用墙体皮数杆控制。当一层楼施工完成后，按照第一层的皮数杆起，建立第二层的皮数杆，由此一层一层向上接，由此来传递高程。

11.4　工业厂房施工中的测量工作

11.4.1　工业厂房控制网的测设

工业厂房多为排架式结构,对测量的精度要求较高。工业建筑在基坑施工,安置基础模板,灌注混凝土,安装预制构件等工作中,都以各定位轴线为依据指导施工,因此在工业建筑施工中,均应建立独立的厂房矩形施工控制网。

1. 基线法

它是先根据厂区控制网定出厂房矩形网的一边 S_1S_2 作为基础。如图 11-11 所示,再在基线 S_1、S_2 的两端测设直角,设置矩形的两条边 S_1N_1、S_2N_2,并沿各边丈量距离,设置距离指示桩 123456。最后在 N_1N_2 处安置仪器,检查角度,并测量 N_1N_2 距离进行检查。这种方法误差集中在最后一边 N_1N_2 上,这条边误差最大。这种方法一般适用于中小型的工业厂房。

2. 轴线法

对于大型工业厂房,应根据厂区控制网定出厂房矩形控制网的主轴线 AOB 和 COD,然后根据两条主轴线测设矩形控制网 $EFGH$。如图 11-12 所示,测设两条主轴线 AOB 和 COD,两主轴线交角允许误差为 $3''\sim5''$,边长误差不低于 $1:30\,000$。然后用角度交会法,交会出 $EFGH$ 各点,其精度要求与主轴线相同。

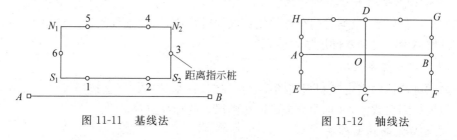

图 11-11　基线法　　　　　　　　　图 11-12　轴线法

11.4.2　厂房柱列轴线的测设和柱基的测设

1. 厂房柱列轴线的测设

根据厂房平面图上所注的柱间距和跨距尺寸,用钢尺沿厂房矩形控制网各边量出各柱列轴线控制桩的位置,如图 11-13 中的 $1'$、$2'$、…,并打入大木桩,桩顶用小钉标出点位,作为柱基测设和施工安装的依据。丈量时应以相邻的两个距离指标桩为起点分别进行,以便检核。

2. 杯形柱基的施工测量

1) 柱基的测设

柱基测设是为每个柱子测设出四个柱基定位桩。如图 11-14 所示,作为放样柱基坑开挖边线、修坑和立模板的依据。按照基础大样图的尺寸，放出基坑开挖线，撒白灰标出开挖范围。

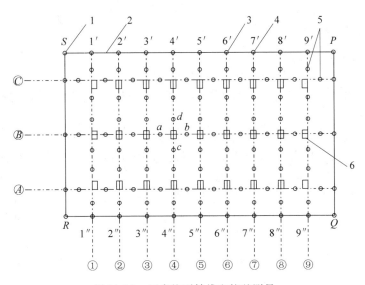

图 11-13　厂房柱列轴线和柱基测量

1—厂房控制桩；2—厂房矩形控制网；3—柱列轴线控制桩；

4—距离指标桩；5—定位小木桩；6—柱基础

2）基坑高程的测设

当基坑开挖到一定深度时，应在坑壁四周离坑底设计高程 0.3～0.5m 处设置几个水平桩，作为基坑修坡和清底的依据。

3）垫层和基础放样

在基坑底设置垫层小木桩，使桩顶面高程等于垫层设计高程，作为垫层施工依据。

4）基础模板定位

如图 11-15 所示，完成垫层施工后，根据基坑边的柱基定位桩，将柱基定位线投测在垫层上，作为柱基立模板和布置基础钢筋的依据。拆模后，在杯口面定出柱轴线，在杯口内壁定出设计标高。

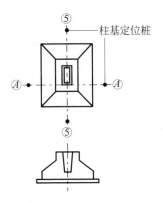

图 11-14　柱基的测设

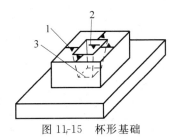

图 11-15　杯形基础

1—柱中心线；2——60cm 标高线；3—杯底

11.4.3 厂房构件的安装测量

1. 厂房柱子安装测量

1) 柱子安装的精度要求

(1) 柱脚中心线应对准柱列轴线,偏差应不超过±5mm。

(2) 牛脚顶面和柱顶面的实际高程与设计高程一致,其允许误差应不超过±5mm(柱高≤5m)或±8mm(柱高≤8m)。

(3) 柱身垂直的允许误差:当柱高≤5m 时,为±5mm;当柱高 5～10m 时为±10mm;当柱高超过 10m 时,为柱的 1/1 000,但不得超过±20mm。

2) 吊装前的准备工作

(1) 由柱列轴线控制桩,用经纬仪把柱列轴线投测在杯口顶面上,并弹出墨线,用红漆画上"▶"标志。此外,在杯口内壁,用水准仪测设一条 −60cm 的高程线,并用"▼"表示,用以检查杯底标高。

(2) 每根柱子按轴线位置进行编号,在柱身的三个侧面弹出柱中心线和柱下水平线,如图 11-16 所示。

3) 柱长检查与杯底抄平

为了保证吊装后的柱子牛腿面符合设计高程 H_2,必须使杯底高程 H_1 加上柱脚到牛腿面的长度 l 等于 H_2。

4) 柱子的竖直校正

将两台经纬仪分别安置在柱基纵、横轴线上,离柱子的距离约为柱子高的 1.5 倍处。瞄准柱子底部中心线,仰俯柱子顶面中心线。如不重合,应调整使柱子垂直。

由于成排柱子,柱距很小,可以将经纬仪安置在纵轴一侧,偏离柱列轴线 3m 以内。这样安置一次仪器,可校数根柱子,如图 11-17 所示。

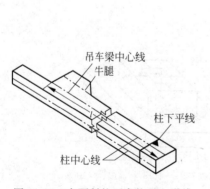

图 11-16 在预制的厂房柱子上弹线

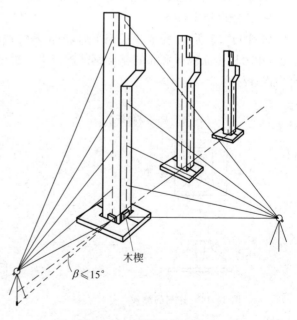

图 11-17 柱子的竖直校正

2．吊车梁的安装测量

1）吊车梁安装时的梁中心线测量

如图 11-18 所示，吊车梁吊装前，应先在其顶面和两端面弹出中心线。如图 11-19 所示，利用厂房中心线 A_1A_1，根据设计图纸上的数据在地面上测设出吊车轨道中心线 $A'A'$。在一个端点 A' 上安置经纬仪，瞄准另一个端点 A'，将吊轨中心线投测到每根柱子的牛腿面上，并弹墨线。吊装时吊车梁中心线与牛脚上中心线对齐，其允许误差为 $\pm 3\mathrm{mm}$。安装完成后，用钢尺丈量吊车梁中心线间隔与设计间距，允许误差不得超过 $\pm 5\mathrm{mm}$。

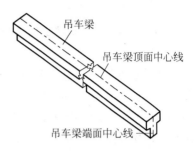

图 11-18　在吊车梁顶面和端面弹线

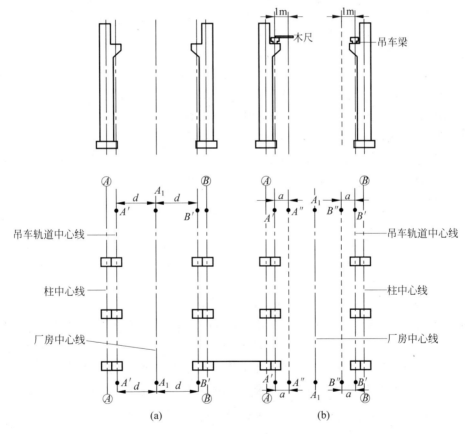

图 11-19　吊车梁和吊车轨道的安装

2）吊车梁安装时的高程测量

吊车梁安装完后，检查吊车梁顶面高程，其高程允许误差为 $\pm 3\mathrm{mm}\sim\pm 5\mathrm{mm}$。

11.5　高层建筑施工测量

11.5.1　高层建筑物的轴线投测

高层建筑施工测量的主要任务之一是轴线的竖向传递,以控制建筑物的垂直偏差,做到正确地进行各种楼层的定位放线。高层建筑物轴线向上投射的竖向偏差值在本层内不超过5mm,全高不超过楼高的1/1 000,累计偏差不超过20mm。高层建筑物的轴线投测方法主要有经纬仪投射法和激光垂准仪法。

1. 经纬仪投测法

高层建筑物在基础工程完工后,用经纬仪将建筑物的主轴线从轴线控制桩上,精确地引测到建筑物四面底部立面上,并设标志,以供向上投测用。同时在轴线延长线上设置引桩,引桩与楼的距离不小于楼高。

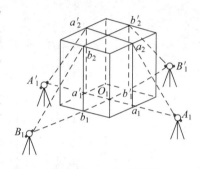

图 11-20　经纬仪投测

如图 11-20 所示,向上投测轴线时,将经纬仪安置在 A_1 上,照准 a_1,然后用正倒镜法把轴线投测到所需楼面上,得到轴线的一个端点 a_2,用同样的方法在 A'_1、B_1、B'_1 上安置经纬仪,分别投测出 a'_2、b_2、b'_2 点。连接 $a_2a'_2$ 和 $b_2b'_2$ 即得楼面上相互垂直的两条中心轴线,根据这两条轴线,用平行推移方法确定出其他各轴线,并弹出墨线。放样该楼房的轴线后,还要进行轴线间距和角度的检核。

2. 激光垂准仪投测法

1) 激光垂准仪的简介

图 11-21 为苏州一光仪器有限公司生产的 DZJ2 型激光垂准仪。它在光学垂准系统的基础上添加了半导体激光器,可以分别给出上下同轴的两根激光铅垂线,并与望远镜视准轴同心、同轴、同焦。当望远镜照准目标时,在目标处就会出现一个红色光斑,并可以从目镜观察到;另一个激光器通过下对点系统将激光束发射出来,利用激光束照射到地面的光斑进行对中操作。

DZJ2 型激光垂准仪利用圆水准器和水准管来整平仪器,激光的有效射程白天为 120m,夜间为 250m,距离仪器望远镜 80m 处的激光光斑直径不大于 5mm,其向上投测一测回垂直测量标准偏差为 $\frac{1}{45\,000}$,等价于激光铅垂精度为 $\pm5''$。

2) 激光垂准仪投测轴线点

如图 11-22 所示,先根据建筑物的轴线分布和结构情况设计好投测点位,投测点位距离最近轴线的距离一般为 0.5~0.8m。基础施工完成后,将设计投测点位准确地测设到地坪层上,以后每层楼板施工时,都应在投测点位处预留 30cm×30cm 的垂准孔,见图 11-23 所示。

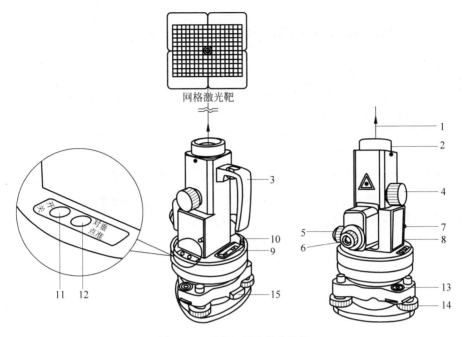

图 11-21　DZJ2 型激光垂准仪

1—望远镜端激光束；2—物镜；3—手柄；4—物镜调焦螺旋；5—激光光斑调焦螺旋；

6—目镜；7—电池盒盖固定螺旋；8—电池盒盖；9—水准管；10—管水准器校正螺丝；11—电源开关；

12—对点/垂准激光切换开关；13—圆水准器；14—脚螺旋；15—轴套锁定钮

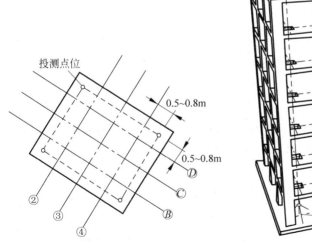

图 11-22　投测点位设计

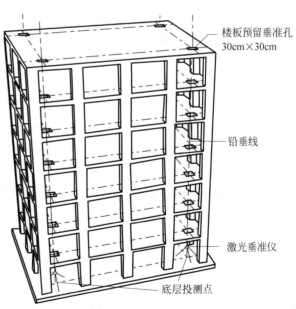

图 11-23　用激光垂准仪投测轴线点

11.5.2　高层建筑物的高程传递

高层建筑施工测量的另一个主要任务是高程传递。建筑物首层±0.000 高程由水准点测设,由首层逐渐向上传递,使楼板、门窗等高程达到设计要求。高程传递每层允许误差±3mm；建筑物高度 $H \leqslant 30m$,允许误差不超过±5mm；$30m < H \leqslant 60m$,允许误差不超过±10mm；$60m < H \leqslant 90m$,允许误差不超过±15mm；$H > 90m$,允许误差不超过±20mm。

下面介绍几种传递高程的方法。

(1) 钢尺直接丈量法。沿建筑物外墙、边柱或电梯间等用钢尺直接丈量,一幢高层建筑物至少要有 3 个首层高程点向上量取,同一层的几个高程点要用水准仪测量进行校核。

(2) 悬挂钢尺法。用悬挂钢尺法进行传递高程时,放样点 B 的高程为

$$H_B = H_A + a_1 - b_1 + a_2 - b_2 \tag{11-4}$$

B 点应读前视

$$b_2 = H_A + a_1 - b_1 + a_2 - H_B \tag{11-5}$$

在测设 B 点高程要求精度较高时,钢尺长度 $b_1 - a_2$ 应加两项改正数 Δt 和 Δk,则

$$H_B = H_A + a_1 - [(b_1 - a_2) + \Delta t + \Delta k] - b_2 \tag{11-6}$$

式中,Δt——钢尺温度改正数；

Δk——钢尺尺长改正数。

11.6　建筑物变形观测

11.6.1　概述

1. 建筑物产生变形的原因

建筑物变形主要由两个方面的原因产生,一是自然条件及其变化,即建筑物地基的工程地质、水文地质等；另一种是与建筑物本身相联系的原因,即建筑物本身荷重、建筑物的结构、形式及动荷载的作用。

2. 变形观测的任务

变形观测的任务是周期性地对观测点进行重复观测,求得其在两个观测周期间的变化量。

3. 变形观测的主要内容

变形观测的主要内容是建筑物的沉降观测、水平位移测量、倾斜观测和裂缝观测。

4. 变形观测的目的

建筑物在建设和运营过程中都会产生变形。这种变形在一定限度内,应认为是正常现象,但如果超过规定的限度,就会影响建筑物的正常使用,严重时还会危及建筑物的安全。其次,通过对建筑物进行变形观测、分析研究,可以验证地基和基础的计算方法,工程结构的设计方法,建筑物的允许沉陷与变形数值,为工程设计、施工、管理和科学研究工作提供资料。

5. 变形观测的精度和频率

建筑物变形观测是否能达到预定的目的，主要取决于基准点和观测点的布置、观测精度与频率，以及每次观测的日期。

变形观测的精度要求，取决于建筑物预计的允许值的大小和进行观测的目的。一般认为如果观测目的是为了变形值不超过某一允许值而确保建筑物的安全，其观测中误差应小于允许变形值的 $1/10 \sim 1/20$。

观测的频率决定于变形速度以及观测目的。通常要求观测次数既能反应变化过程，又不遗漏变化的时刻。

6. 建筑物变形测量的精度等级

建筑物变形测量的精度等级如表 11-3 所示。

表 11-3　建筑物变形测量的精度等级

等级	沉降观测 观测点测站高差中误差 m_R/mm	位移观测 观测点坐标中误差 M/mm	适　用　范　围
特级	≤0.05	≤0.3	特高精度要求的特种精密工程和重要科研项目变形观测
一级	≤0.15	≤1.0	高精度要求的大型建筑物和科研项目变形观测
二级	≤0.50	≤3.0	中等精度要求的建筑物和科研项目变形观测；重要建筑物主体倾斜观测、场地滑坡观测
三级	≤1.50	≤10.0	低精度要求的建筑物变形观测；一般建筑物主体倾斜观测、场地滑坡观测

11.6.2　建筑物沉降观测

在建筑物施工过程中，随着上部结构的逐步建成、地基荷载的逐步增加，将使建筑物产生沉降现象。建筑物的沉降是逐渐产生的，并将延续到竣工交付使用后的相当长一段时期。因此建筑物的沉降观测应按照沉降产生的规律进行。

1. 水准基准点的布设

对水准基准点的基本要求是必须稳定、牢固、能长期保存。基准点应埋设在建筑物的沉降影响范围及震动影响范围外，桩底高程低于最低地下水位，桩顶高程低于冻土线的高程，宜采用预制多年的钢筋混凝土桩。埋设基准点的方法可以有两种：一是远离建筑物浅埋，另一种是靠近建筑物深埋。

为了检核水准基点是否稳定，一般在建筑场地至少埋设 3 个水准基准点。它可以布设成闭合环、结点或附合水准路线等形式。

2. 沉降观测点的布设

沉降观测点的布设应能全面反映建筑物沉降的情况，一般应布置在沉降变化可能显著的地方，如沉降缝的两侧、基础深度或基础形式改变处、地质条件改变处等，除此以外高层建筑还应在建筑物的四角点、中点、转角、纵横墙连接处及建筑物的周边 15～30m 设置观测点。工业厂房的观测点一般布置在基础、柱子、承重墙及厂房转角处。

沉降观测标志可采用墙（柱）标志、基础标志，各类标志的立尺部位应加工成半环形，并涂上防腐剂，如图 11-24 所示。观测点埋设时必须与建筑物连结牢靠，并能长期使用。观测点应通视良好，高度适中，便于观测，并与墙保持一定距离，能够在点上竖立尺子。

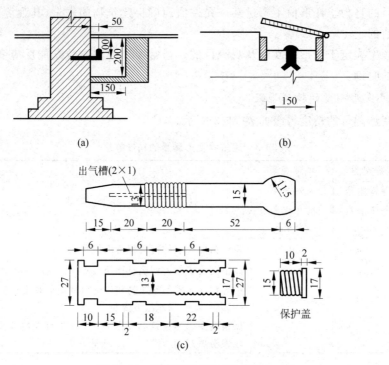

图 11-24　沉降观测点标志（单位：mm）

（a）窨井式标志（适用于建筑物内部埋设）；（b）盒式标志（适用于设备基础上埋设）；

（c）螺栓式标志（适用于墙体上埋设）

3．建筑物的沉降观测

沉降观测与一般水准测量比较具有以下特点：

（1）沉降观测有周期性。一般在基础施工或垫层浇筑后，开始首次沉降观测。施工期间一般在建筑物每升高 1～2 层及较大荷载增加前后均应进行观测。竣工后，应连续进行观测，开始每隔 1～2 个月观测一次，以后随着沉降速度的减慢，可逐渐延长间隔时间，直到稳定为止。

（2）观测时要求"三固定"。固定的观测人员、固定的水准仪、固定的水准路线。水准路线的转点位置，水准仪测站位置都要固定。

（3）视线长度短，前后视距离差要求严。需要经常测定水准仪的 i 角。由于观测点比较密集，同一测站上可以采用中间视的方法，测定观测点的高程。

（4）一般性高层建筑物和深坑开挖的沉降观测，按国家二等水准测量技术要求施测。对于低层建筑物的沉降观测可采用三等水准测量施测。

4．沉降观测的成果整理

沉降观测成果处理的内容是，计算每个观测点每次观测的高程，计算相邻两次观测之间的沉降量和累积沉降量。表 11-4 列出了某建筑物上观测点的沉降量,图 11-25 是根据表 11-4 的数据画出各观测点的沉降量、荷重、时间的关系曲线。

表 11-4　沉降观测记录表

观测次数	观测时间（年月日）	各观测点的沉降情况						3	施工进展情况	荷载情况/(t/m²)
		1			2					
		高程/m	本次下沉/mm	累积下沉/mm	高程/m	本次下沉/mm	累积下沉/mm	...		
1	1985.01.10	50.454	0	0	50.473	0	0	...	一层平口	
2	1985.02.23	50.448	−6	−6	50.467	−6	−6		三层平口	40
3	1985.03.16	50.443	−5	−11	50.462	−5	−11		五层平口	60
4	1985.04.14	50.440	−3	−14	50.459	−3	−14		七层平口	70
5	1985.05.14	50.438	−2	−16	50.456	−3	−17		九层平口	80
6	1985.06.04	50.434	−4	−20	50.452	−4	−21		主体完	110
7	1985.08.30	50.429	−5	−25	50.447	−5	−26		竣工	
8	1985.11.06	50.425	−4	−29	50.445	−2	−28		使用	
9	1986.02.28	50.423	−2	−31	50.444	−1	−29			
10	1986.05.06	50.422	−1	−32	50.443	−1	−30			
11	1986.08.05	50.421	−1	−33	50.443	0	−30			
12	1986.12.25	50.421	0	−33	50.443	0	−30			

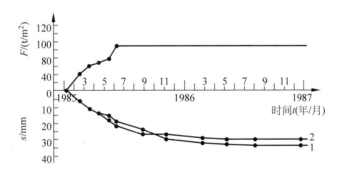

图 11-25　沉降曲线图

11.6.3　建筑物的倾斜观测

建筑物倾斜观测是测定建筑物顶部相对于底部的水平位移与高差,计算建筑物的倾斜度和倾斜方向。

1. 一般建筑物的倾斜观测

某建筑物的形状为长方体,对它进行倾斜观测时,通常是在建筑物相互垂直的两个立面上,分别在同一竖直面内设置上、下两点标志。如图 11-26 所示,在离建筑物墙面大于 1.5 倍建筑物高度的地方选固定点 A,安置经纬仪,然后瞄准高点 M,用正倒镜取中的方法定出下面 m_1 点。用同样方法,在与其相垂直的另一墙面上,瞄准高点 N,定出下面 n_1 点。经过一段时间,重复观测一次,得到观测点 m_2 和 n_2。用小钢卷尺分别量得偏移量 Δm 和 Δn,然后计算建筑物的总的位移量 Δ:

$$\Delta = \sqrt{(\Delta m)^2 + (\Delta n)^2} \tag{11-7}$$

那么建筑物的倾斜角 α 的计算公式:

$$\tan\alpha = \frac{\Delta}{H} \tag{11-8}$$

式中,H——建筑物的高度。

2. 塔式建筑物的倾斜观测

如图 11-27 所示,在烟囱中心的纵横轴线,距烟囱约为 1.5 倍的高度的地方建立测站 A、B。在烟囱底部地面垂直视线方向放一尺子。然后分别照准烟囱底部两点,在尺子上得到 1、2 两点的读数,取平均值为 A。照准烟囱顶部边缘两点,投测在尺子上,得 3、4 点的读数,取平均值为 A'。A 和 A' 读数之差即为 Δm。在 B 点用同样方法可得 Δn。顶部中心对底部中心的位移量 Δ

$$\Delta = \sqrt{(\Delta m)^2 + (\Delta n)^2}$$

建筑物的倾斜角 α 计算如下

$$\tan\alpha = \frac{\Delta}{H}$$

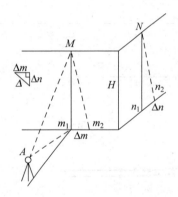

图 11-26　一般建筑物倾斜观测

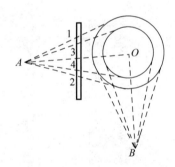

图 11-27　塔式建筑物倾斜观测

11.6.4　建筑物的裂缝观测

建筑物的裂缝观测的内容是测定建筑物上裂缝分布位置,裂缝的走向、长度、宽度以及变化程度。对裂缝进行编号,并对每条裂缝定期裂缝观测。

如图 11-28 所示,通常用两块白铁皮,一片为 150mm×150mm 的正方形,固定在裂缝的一侧,使其一边与裂缝边缘对齐;另一片为 50mm×200mm 的长方形,固定在裂缝的另一侧,并使其中一部分与正方形白铁皮相叠,然后把两块白铁皮表面涂红漆。如果裂缝继续

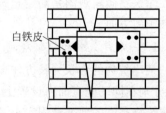

图 11-28　建筑物的裂缝观测

发展,则两块白铁将逐渐拉开,可测得裂缝增加的宽度。

11.7　竣工总平面图的编绘

工业建筑或民用建筑竣工后,应编制竣工总平面图,为建筑物的使用、管理、维修、扩建或改建提供图纸资料和数据。竣工图是根据施工过程中各阶段验收资料和竣工后的实测资料绘制的,故能全面、准确地反应建筑物竣工后的实际情况。

11.7.1　竣工总平面图的内容

竣工总平面图包含以下内容:
(1) 测量控制点和建筑方格网,矩形控制网等平面及高程控制点;
(2) 测量地面及地下建(构)筑物的平面位置及高程;
(3) 测量给水、排水、电信、电力及热力管线的位置及高程;
(4) 测量交通场地、室外工程及绿化区的位置及高程。

11.7.2　竣工总平面图的测绘

1. 室外实测工作

(1) 细部坐标测量:对于较大的建筑物,至少需要测 3 个外廓点的坐标。对于圆形建筑物,应测算其中心坐标,并在图上注明半径长度。对于窨井中心、道路交叉点等重要特征点,要测出坐标。

(2) 地下管线测绘:地下管线准确测量其起点、终点和转折点的坐标。对于上水道的管顶和下水道的管底,要用水准仪测定其高程。

2. 室内编绘工作

室内编绘是按竣工测量资料编绘竣工总平面图。一般采用建筑坐标系统,并尽可能绘在一张图纸上。对于重要细部点,要按坐标展绘并编号,以便与细部点坐标、高程明细表对照。地面起伏一般用高程注记方法表示。如果内容太多,可另绘分类图,如排水系统、热力系统。

竣工总平面图的比例尺,一般用 1∶500 或 1∶1 000。图纸编绘完毕,附必要的说明及图表,连同原始地形图,地质资料,设计图纸文件,设计变更资料,验收记录等合编成册。

思考题与练习题

1. 简述施工测量的目的和内容。
2. 施工测量的特点有哪些?
3. 建筑场地上的平面控制网形式有几种? 各适用于什么场合?

4. 什么叫建筑物定位？建筑物定位的方法有哪几种？

5. 什么叫建筑物放线？建筑物放线的步骤有哪些？

6. 简述工业厂房控制网的两种测设方法。它们各适用于什么场合？

7. 简述高层建筑物如何向高处投测轴线和传递高程。

8. 简述建筑物产生变形的原因？

9. 变形观测的任务、内容和目的是什么？

第12章

线路工程测量

12.1 线路工程测量的任务和内容

道路、铁路、送电线路等均属于线型工程。它们的特点是建(构)筑物分布在一个很长的带状内。线路在勘测设计施工阶段的测量工作称为线路工程测量。

在道路设计时从理论上讲最好是一条直线,也称为航空线。实际工作中选择线型好,技术上可行,经济上合理的方案。线型好指的是短、平、顺。针对高速路,在平原地区设计要求为:行车速度 $V=120km/h$,最小半径 $R=1\,000m$,缓和曲线长度 $L_0=100m$,最大坡度为3%。同时避免通过森林、矿区、旱区,避免建设长隧道、长桥梁。跨越河流应与其垂直。

道路设计分两个阶段,测量也分两个阶段:

1. 初步设计阶段——初测

为初步设计所做的测量工作称为初测,主要工作内容有控制测量和地形图测绘。

2. 施工设计阶段——定测

为施工设计所做的测量工作称为定测。主要内容有实地定道路中心线和线路纵横断面测量。

12.2 道路工程初测阶段的测量工作

道路工程初测阶段的测量工作的主要任务为实地定线、导线测量、水准测量、带状地形图测绘。

12.2.1 实地定线

根据已有交通规划道路线的中小比例尺地形图(如 1：50 000)上,选取路线方案,并到实地考察,经方案论证比较,确定路线的基本方案后进行实地定线。

12.2.2 导线测量

平面控制可以采用导线测量、GPS 技术,一般采用导线测量较多。导线测量的任务包括:选导线点、测角、量距,平差计算得到导线点的坐标。

导线测量的要求如下:

(1) 沿实地规划路线布设导线点,边长在 50～500m。

(2) 应布设附合导线,导线最大长度 30km,角度闭合差 $f_\beta = \pm 30'' \sqrt{n}$,全长相对闭合差 $1/T = 1/2\,000$。

(3) 不能布设附合导线时,应在导线两端测定方位角,角度闭合差 $f_\beta = \pm 30'' \sqrt{n}$。

(4) 角度测量,两个半测回。用 DJ_2 经纬仪观测时,两个半测回角度之差 $20''$;用 DJ_6 经纬仪观测时,两个半测回角度之差 $30''$。

(5) 距离测量,边长相对中误差应不大于 $1/2\,000$。

12.2.3 水准测量

线路工程初测阶段的高程测量工作称为基平测量,通常采用水准测量方法,沿线设置水准点,并测定它们的高程。基平测量是导线点高程测量、中平测量和施工测量的依据。

1. 基平测量

基平测量时,每隔 1～2km 建立一个水准点。观测方法为往返观测或两个单程测量。两组高差不符值为 $\pm 30 \sqrt{L}$ mm,L 为相邻两国家水准点间的路线长度,单位为 km。建立的水准点每隔 30km 与国家水准点联测,形成附合水准路线。

2. 导线点高程测量(中平测量)

导线点高程测量是依据基平测量高程控制点,利用水准测量方法测定的。高程测量时应布设成附合水准路线,起闭于线路基平水准点,高差闭合差为 $\pm 50 \sqrt{L}$ mm。(L 为附合水准路线长度,以 km 计)。其线路长度不大于 2km。导线点高程测量可采用含有中间视的单程附合水准测量。

12.2.4 带状地形图的测绘

道路工程初测阶段带状地形图的测绘任务为测绘(1∶2 000)～(1∶5 000)的带状地形图,测绘桥梁、隧道、车站附近的大比例尺局部地形图。带状地形图的宽度为 400～600m。地形图测绘时应尽量以导线点作为测站,必要时可增设一个测站点,确有困难时,可继续增设第二个测站点。

当采用一阶段勘测时,可直接以道路中线桩作为测图控制点。所谓道路中线桩是指在线路实地选线时所确定的交点(JD)、转点(ZD)等中线控制桩。

12.3　定测阶段的测量工作

定测阶段的测量工作的主要任务为中线测量和纵横断面测量,为施工设计提供基础资料。

12.3.1　中线测量

定测阶段中线测量的任务是把设计道路中心线测设在实地。

1. 线路交点(JD)测设的方法

(1)根据初测导线测设交点。根据导线点的坐标和交点的设计坐标,计算出测设数据,用极坐标法、距离交会法、角度交会法测设交点。

(2)穿线定线法测设交点。如图 12-1(a)所示,在图上选定中线上的某些点 P_1、P_2、P_3、P_4,根据导线点计算测设数据,用仪器在实地测设这些点,由于图解和测设误差,使测设的这些点不严格在一条直线上。用全站仪视准法定出一条直线,使之尽可能靠近这些测设点,该项工作称为穿线。根据穿线的结果得到中线直线段上的 A、B 点。用同样的方法测设另一中线直线段上的 C、D 点。然后根据 AB 直线,CD 直线测设出交点 JD,如图 12-1(b)所示。

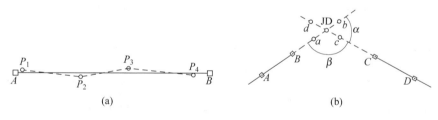

图 12-1　穿线法测设交点

2. 线路转角 α 测量

在线路的交点上,根据交点前后转点测定线路的转角 α。通常测定线路右角 β 来计算转角 α。转角可分为右转角和左转角。如图 12-1 中 α 为右转角。使用 DJ$_6$ 经纬仪观测时,观测两个半测回,半测回角差 $\pm 20''$。

3. 里程桩测设

里程表示线路中线上点位沿交通线路到起点的水平距离。里程桩为埋设在线路中线点上注有里程的桩位标志,里程桩上所注的里程又称为桩号,以公里数和公里以下的米数相加表示。如 K100+560.56,表示第 K 条线路距离起点的长度为 100 560.56m。里程桩又称为中线桩。

里程桩分为整桩和加桩。线路直线部分整桩是由路线起点开始,每隔 10m、20m 或

50m 的整倍数桩号设置的里程桩,一般设置百米桩。曲线部分一般设置 20m 整桩。加桩的种类有地形、地物、曲线和关系加桩。曲线上设置的主点桩有圆曲线起点(ZY),圆曲线中点(QZ),圆曲线终点(YZ)。

里程桩是线路纵横断面的依据。里程桩测设是利用全站仪、经纬仪、钢尺等测量仪器,通过定线、量距,将中线桩钉于地面。

12.3.2　纵横断面测量

纵断面测量任务是测定中线上各里程桩的地面高程,绘制线路纵断面图,供线路纵坡设计使用。

1. 纵断面测量

1) 线路水准点复测(基平测量)

主要任务是把初测时线路水准点进行复测,并恢复被破坏的桩点。复测精度要求为 $\pm 30\sqrt{L}$ mm,当满足精度要求时,仍以初测高程为准。

2) 中平测量

中平测量的目的是测定各里程桩地面的高程,为纵断面图绘制提供基础资料。主要任务是根据线路水准点,组成附合水准路线,测定线路中桩的地面高程,精度要求为 $\pm 50\sqrt{L}$ mm。中平测量一般采用视线高法水准测量,也可以采用全站仪测量,如图 12-2 所示。

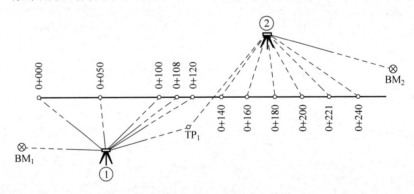

图 12-2　中平测量

中平测量工作内容及步骤如下:

(1) 在适当的位置安置水准仪,后视 BM_1,前视 TP_1,读数至毫米。然后分别在待测里程桩 0+000、0+050、0+100、0+108、0+120 等点地面立水准尺,称为中间视,读数至厘米,将各中丝读数记入记录表 12-1 中。

(2) 水准仪搬第 2 测站,观测后视 TP_1,前视 TP_2,再观测中间视,记入表中,一直观测到已知水准点 BM_2。

(3) 每站计算各点高程公式如下:

$$视线高程 = 后视点高程 + 后视读数 \quad (H_i = H_{后} + a)$$

$$转点高程 = 视线高程 - 前视读数 \quad (H_{TP_i} = H_i - b)$$

中桩高程 = 视线高程 − 中视读数　　$(H_中 = H_i − b_中)$

计算 $f_h ≤ f_{h允}$,闭合差不需要进行分配。

表 12-1　线路纵断面水准(中平)测量记录

测站	点号	水准尺读数/m			仪器视线高程/m	高程/m	备注
		后视	中视	前视			
1	BM₁	2.191		14.505	12.314		ZY₁
	0+000		1.62			12.89	
	+050		1.90			12.61	
	+100		0.62			13.89	
	+108		1.03			13.48	
	+120		0.91			13.60	
	TP₁			1.006		13.499	
2	TP₁	2.162		15.661	13.499		QZ₁
	+140		0.50			15.16	
	+160		0.52			15.14	
	+180		0.82			14.84	
	+200		1.20			14.46	
	+221		1.01			14.65	
	+240		1.06			14.60	
	TP₂			1.521		14.140	
3	TP₂	1.421		15.561	14.140		YZ₁
	+260		1.48			14.08	
	+280		1.55			14.01	
	+300		1.56			14.00	
	+320		1.57			13.99	
	+335		1.77			13.79	
	+350		1.97			13.59	
	TP₃			1.388		14.173	
4	TP₃	1.724		15.897	14.173		JD₂ (14.618)
	+384		1.58			14.32	
	+391		1.53			14.37	
	+400		1.57			14.33	
	BM₂			1.281		14.616	

(4)绘制纵断面图。纵断面图以中桩里程为横坐标,其高程为纵坐标绘制。横坐标比例尺常采用 1∶5 000,1∶2 000,1∶1 000,纵向比例尺采用横向比例尺的 10~20 倍,如图 12-3 所示。

测量工作者填写内容为地面高程、桩号、直线与曲线,图上细折线是地面线。

设计工作者填写内容为坡度与距离、设计高程、填挖土,图上粗折线是设计坡度线。

2. 横断面测量

横断面测量任务是测定中线各里程桩两侧垂直于中线方向的地面各点距离和高程,绘制横断面图,供线路工程设计、计算土石方量及施工时放边桩使用。

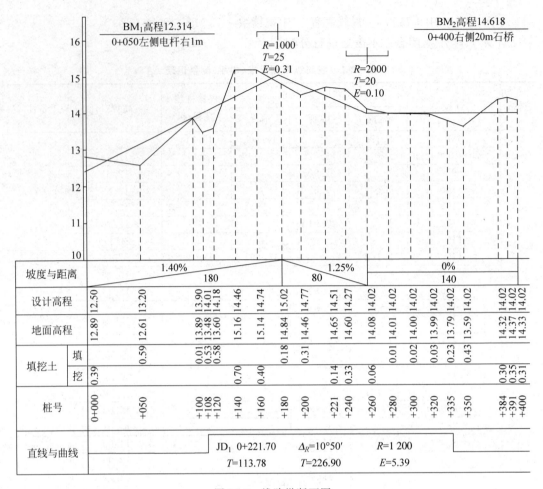

图 12-3 线路纵断面图

	0+000	+050	+100	+108	+120	+140	+160	+180	+200	+221	+240	+260	+280	+300	+320	+335	+350	+384	+391	+400
坡度与距离				1.40% 180					1.25% 80			0% 140								
设计高程	12.50	13.20	13.90	14.01	14.18	14.46	14.74	15.02	14.77	14.51	14.27	14.02	14.02	14.02	14.02	14.02	14.02	14.02	14.02	14.02
地面高程	12.89	12.61	13.89	13.48	13.60	15.16	15.14	14.84	14.46	14.65	14.60	14.08	14.01	14.00	13.99	13.79	13.59	14.32	14.37	14.33
填挖土 填		0.59	0.01	0.53	0.58			0.18	0.31				0.01	0.02	0.03	0.23	0.43	0.30	0.35	0.31
填挖土 挖	0.39					0.70	0.40			0.14	0.33	0.06								
桩号	0+000	+050	+100	+108	+120	+140	+160	+180	+200	+221	+240	+260	+280	+300	+320	+335	+350	+384	+391	+400

直线与曲线：JD$_1$ 0+221.70　$\Delta_R=10°50'$　$R=1\,200$　$T=113.78$　$T=226.90$　$E=5.39$

（图中注记：BM$_1$高程12.314　0+050左侧电杆右1m；BM$_2$高程14.618　0+400右侧20m石桥；$R=1000$　$T=25$　$E=0.31$；$R=2000$　$T=20$　$E=0.10$）

1）测设横断面方向

横断面方向采用方向架测设，方向架的结构如图 12-4 所示。

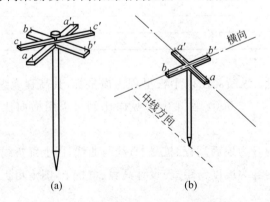

(a)　　　　　　(b)

图 12-4 方向架测设直线的横断面方向

2）横断面测量

横断面上中桩的地面高程已在纵断面测量时完成，横断面上各地形特征点相对于中桩的平距和高差可用水准仪——皮尺法、经纬仪视距法、全站仪法等进行测量。如图 12-5、表 12-2 所示为水准仪——皮尺法观测示例。

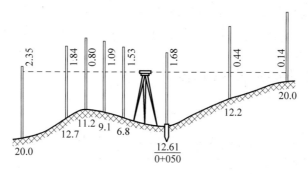

图 12-5　水准仪——皮尺法测量横断面

表 12-2　横断面测量记录

$\dfrac{前视读数}{距离}$（左侧）					$\dfrac{后视读数}{桩号}$	（右侧）$\dfrac{前视读数}{距离}$	
$\dfrac{2.35}{20.0}$	$\dfrac{1.84}{12.7}$	$\dfrac{0.81}{11.2}$	$\dfrac{1.09}{9.1}$	$\dfrac{1.53}{6.8}$	$\dfrac{1.68}{0+050}$	$\dfrac{0.44}{12.2}$	$\dfrac{0.14}{20.0}$

3）横断面绘制图

一般采用 1∶100 或 1∶200 的比例尺绘制横断面图，如图 12-6 所示。

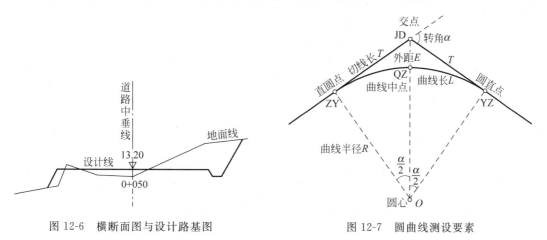

图 12-6　横断面图与设计路基图

图 12-7　圆曲线测设要素

12.4　圆曲线测设

当线路由一个方向转向另一个方向时，应用曲线连接。曲线形式很多，其中圆曲线是最基本的平面曲线。

如图 12-7 所示，圆曲线测设的已知条件是设计给定圆曲线半径 R，线路的转角 α 是用经纬仪测定的。在设计图上给出了圆曲线的起点 ZY，圆曲线的中点 QZ，圆曲线的终点

YZ,线路的交点 JD 的桩号。

圆曲线测设的任务：

(1) 实地定出直圆点 ZY,曲线中点 QZ,圆直点 YZ,称为主点测设。

(2) 再根据主点在圆曲线上隔一定距离钉一桩,以详细标定曲线位置,称为辅点测设。

12.4.1　圆曲线的主点测设

1. 圆曲线要素的计算

为测设圆曲线主点,应先计算出切线长 T,曲线长 L,外距 E 和切曲差 J,这些元素称为主点测设元素。计算公式如下：

切线长

$$T = R \tan \frac{\alpha}{2} \tag{12-1}$$

曲线长

$$L = R\alpha \left(\frac{\pi}{180°} \right) \tag{12-2}$$

外距

$$E = R \left(\sec \frac{\alpha}{2} - 1 \right) \tag{12-3}$$

切曲差

$$J = 2T - L \tag{12-4}$$

2. 主点桩号计算

根据交点 JD 桩号和曲线测设元素可计算主点桩号,计算公式如下：

$$ZY 桩号 = JD 桩号 - T \tag{12-5}$$
$$QZ 桩号 = ZY 桩号 + L/2 \tag{12-6}$$
$$YZ 桩号 = QZ 桩号 + L/2 \tag{12-7}$$

计算检核：

$$YZ 桩号 = JD 桩号 + T - J \tag{12-8}$$

[**例 12-1**] 已知：JD 桩号 4+522.31,转角 $\alpha = 10°49'00''$（右折）,半径 $R = 1\,200$m。试求：(1)T、L、E、J；(2)主点桩号。

解　(1) 计算 T、L、E、J

$$T = 1\,200 \tan \frac{10°49'00''}{2} = 113.61 (\text{m})$$

$$L = 1\,200 \times 10°49'00'' \times \left(\frac{\pi}{180°} \right) = 226.54 (\text{m})$$

$$E = 1\,200 \left(\sec \frac{10°49'00''}{2} - 1 \right) = 5.37 (\text{m})$$

$$J = 2 \times 113.61 - 226.54 = 0.68 (\text{m})$$

(2) 计算主点桩号

$$ZY 桩号 = 4\,522.31 - 113.61 = 4\,408.70 (\text{m})$$
$$QZ 桩号 = 4\,408.70 + 226.54/2 = 4\,521.97 (\text{m})$$
$$YZ 桩号 = 4\,521.97 + 226.54/2 = 4\,635.24 (\text{m})$$

计算检核：

$$YZ 桩号 = 4\,522.31 + 113.61 - 0.68 = 4\,635.24 (\text{m})$$

3. 主点测设的步骤

(1) 经纬仪置 JD 点,后视相邻两交点方向,分别量取切线长 T,可得 ZY 和 YZ 点。

(2) 确定 $180°-\alpha$ 的角平分线,在此方向上量取 E,可得 QZ 点。

(3) 测量检核。经纬仪搬到 ZY 点,后视 JD 点,对 $0°00'00''$,前视 YZ 点的水平角应为 $\alpha/2$;前视 QZ 点的水平角应为 $\alpha/4$,其差值应该在允许误差范围内。

12.4.2　用偏角法测设圆曲线的辅点

1. 测设方法

(1) 如图 12-8 所示,经纬仪置 ZY 点,后视 JD 点,读数为 $0°00'00''$。

(2) 拨 δ_1,量 C_1 得 P_1 点。再拨 δ_2,量 C_2 得 P_2 点。

(3) 依次类推。

(4) 测量检核。到 QZ 点时进行测量检核,如果两个 QZ 点不重合,其闭合差应在允许范围内。

(5) 仪器搬 YZ 点,再测设另外半条圆曲线。

2. 测设数据计算

由图 12-8 得

拨角　　　$\delta_i = \dfrac{l_i \times 180°}{2R\pi}$ 　　　(12-9)

弦长　　　$C_i = 2R\sin\delta_i$ 　　　(12-10)

弦弧差

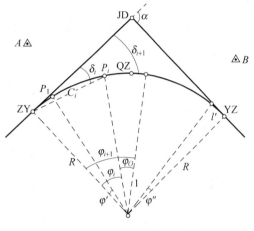

图 12-8　偏角法测设圆曲线

$$\Delta l_i = l_i - C_i = \frac{l_i^3}{24R^2} \tag{12-11}$$

式中,l_i——P_i 点到 ZY 点的弧长;

　　　R——圆曲线半径。

[例 12-2] 已知:$\alpha = 10°49'00''$(右折),$R = 1\,200\text{m}$。求:在整 20m 的桩号上用偏角法测设圆曲线辅点的测设数据。

解　(1) 首先确定整 20m 桩号的辅点。

(2) 计算弧长 l_i

$$l_i = P_i \text{ 点桩号} - \text{ZY 点桩号}$$
$$l_1 = 4\,420.00 - 4\,408.70 = 11.30(\text{m})$$

(3) 计算拨角 δ_1

$$\delta_1 = \frac{l_1 \times 180°}{2R\pi} = \frac{11.30 \times 180°}{2\,400 \times \pi} = 0°16'11''$$

(4) 计算弦长 C_1

$$C_1 = 2R\sin\delta_1 = 2 \times 1\,200\sin 0°16'11'' = 11.298(\text{m}) \approx 11.30(\text{m})$$

所有测设数据列入表 12-3 中。

表 12-3　偏角法测设圆曲线计算表

点名	桩号	弧长/m	弦长/m	偏角 δ	切线支距		备注
					X/m	Y/m	
ZY	4+408.70	0.00	0.00	0°00′00″	0.00	0.00	
1	4+420	11.30	11.30	0°16′11″	11.30	0.05	
2	4+440	31.30	31.30	0°44′50″	31.30	0.41	
3	4+460	51.30	51.30	1°13′29″	51.29	1.10	
4	4+480	71.30	71.29	1°42′08″	71.26	2.12	
5	4+500	91.30	91.28	2°10′47″	91.22	3.47	
6	4+520	111.30	111.27	2°39′26″	111.15	5.16	
QZ	4+521.97	113.27	113.23	2°42′15″	113.10	5.34	

12.4.3　用切线支距法测设圆曲线的辅点

1. 测设方法

(1) 如图 12-9 所示，首先建立测量坐标系 XOY。原点 O 设在 ZY 点上，切线方向定为 X 轴，过 O 点垂直于 X 轴方向定为 Y 轴。

(2) 经纬仪置 ZY 点，后视 JD 点量 X_i 得 m 点。

(3) 经纬仪搬至 m 点，后视 ZY 点，转直角，量 Y_i，得 P_i 点。

(4) 以此类推，到 QZ 点进行测量检核。

(5) 仪器搬 YZ 点，再放另外半条圆曲线。

2. 测设数据计算

由图 12-9 得

$$X_i = R\sin\varphi_i = R\sin 2\delta_i \qquad (12\text{-}12)$$

$$Y_i = R(1 - \cos\varphi_i) = R(1 - \cos 2\delta_i) \qquad (12\text{-}13)$$

式中，φ_i——P_i 点到 ZY 点弧长所对圆心角。

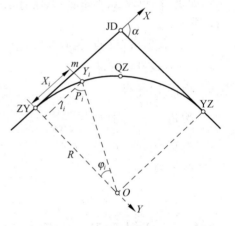

图 12-9　切线支距法测设圆曲线

$$\varphi_i = \frac{l_i \times 180°}{R\pi} = 2\delta_i \qquad (12\text{-}14)$$

[例 12-3]　已知：$\alpha = 10°49′00″$（右折），$R = 1\,200\text{m}$。求：在整 20m 的桩号上用切线支距测设圆曲线辅点的测设数据。

解　(1) 首先确定整 20m 桩号的辅点。

(2) 计算弧长 l_i。

(3) 计算拨角 δ_i

$$\delta_i = \frac{l_1 \times 180°}{2R\pi} = \frac{11.30 \times 180°}{2\,400\pi} = 0°16′11″$$

(4) 计算 X_i、Y_i

$$X_1 = 1\,200\sin(2 \times 0°16′11″) = 11.30(\text{m})$$

$$Y_1 = 1\,200[1 - \cos(2 \times 0°16′11″)] = 0.05(\text{m})$$

所有的测设数据列入表 12-3 中。

12.4.4　用极坐标法测设圆曲线的主点和辅点

1. 测设方法

（1）如图 12-8 所示，A 和 B 是测量控制点。全站仪安置在 A 点，后视 B 点，用极坐标法测设圆曲线主点 ZY、QZ。

（2）再用极坐标法测设圆曲线 ZY 点到 QZ 点之间的辅点。

（3）把全站仪搬到 B 点，后视 A 点，用极坐标法先检查 QZ 点，再测设 YZ 点。

（4）再用极坐标法测设圆曲线 QZ 点到 YZ 点之间的辅点。

2. 测设数据的计算

（1）圆曲线主点坐标的计算。设计给出各交点 JD 的坐标，圆曲线切线长 T，外距 E，就可以计算出 ZY、QZ、ZY 点的坐标。

（2）圆曲线辅点坐标计算。已知 JD 点到 ZY 的方位角，用偏角法测设 ZY 点到 QZ 点辅点的角度 δ_i 和弦长 C_i，就可以计算出测设各辅点的坐标 X_i、Y_i。

（3）分别计算在 A 点和 B 点放样圆曲线主点和辅点所需要的角度和距离。

12.5　有缓和曲线的圆曲线测设

车辆在圆曲线的公路上行驶，会产生离心力的作用，其大小与行车速度和圆曲线半径大小有关。离心力大影响行车安全，须用公路外侧超高使车辆向曲线内侧倾斜来抵消这种离心力。但是路线从直线段进入圆曲线段，超高不应突然产生，因此需要在直线段和圆曲线之间插入一段缓和曲线作为过渡。

缓和曲线具有以下两个特性：

（1）缓和曲线上每一点曲率半径 R' 是变化的，半径由 ∞ 变化到圆曲线半径 R。

（2）曲率半径 R' 与该点主起点的曲线长度 L 成正比。

如图 12-10 所示，带有缓和曲线的圆曲线由三部分组成：即第一缓和曲线段 ZH～HY，圆曲线段 HY～YH，第二缓和曲线段 YH～HZ。有 5 个主点，见表 12-4。

表 12-4　曲线点位名称

主点名称	汉语拼音符号	英文字母符号
直缓点	ZH	TS
缓圆点	HY	SC
曲中点	QZ	MC
圆缓点	YH	CS
缓直点	HZ	ST

有缓和曲线的圆曲线测设任务已知条件实地有交点 JD，观测转角 α，设计图上给出圆曲线半径 R，缓和曲线长度 L_h：

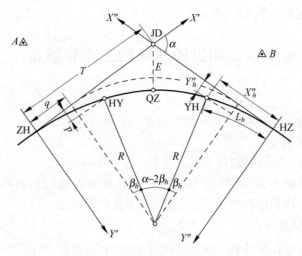

图 12-10　有缓和曲线的圆曲线

（1）实地定出直缓点 ZH，缓圆点 HY，曲中点 QZ，圆缓点 YH 和缓直点 HZ，称为主点测设。

（2）再根据主点，在曲线上每隔一定距离（如 20m）钉一桩，以详细标定曲线位置，称为辅点测设。

12.5.1　主点测设

1. 曲线要素计算

为了测设曲线的 5 个主点，应计算切线长 T，曲线长 L，外距 E 和切曲差 J。

$$切线长\ T = (R + P)\tan\frac{\alpha}{2} + q \tag{12-15}$$

$$曲线长\ L = R(\alpha - 2\beta_h)\frac{\pi}{180°} + 2L_h \tag{12-16}$$

$$圆曲线长\ L_Y = R(\alpha - 2\beta_h)\frac{\pi}{180°} \tag{12-17}$$

$$外距\ E = (R + P)\sec\frac{\alpha}{2} - R \tag{12-18}$$

$$切曲差\ J = 2T - L \tag{12-19}$$

其中：

$$圆曲线内移值\ P = \frac{L_h^2}{24R} \tag{12-20}$$

$$切线增长值\ q = \frac{L_h}{2} - \frac{L_h^3}{240R^2} \tag{12-21}$$

$$过缓圆点的切线角\ \beta_h = \frac{L_h}{2R} \times \frac{\pi}{180°} \tag{12-22}$$

缓圆点 HY 的坐标 (X'_O, Y'_O) 的计算，如图 12-11 所示。

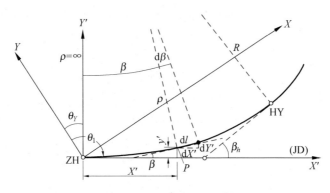

图 12-11　缓圆点坐标计算

首先建立 $X'OY'$ 坐标系，O 点位于 ZH 点，X' 是过 ZH 的切线为 X' 轴，缓圆点的坐标计算公式：

$$X'_O = R\sin\beta_h + q \tag{12-23}$$

$$Y'_O = R(1 - \cos\beta_h) + P \tag{12-24}$$

[**例 12-4**]　已知：$R = 300\text{m}$，$L_h = 60\text{m}$，$\alpha = 37°16'00''$，交点里程 1+476.210m。

求：(1) P、q、β_h；(2) T、L、E、J；(3) X'_O、Y'_O。

解　(1) 计算 P、q、β_h

$$P = \frac{L_h^2}{24R} = \frac{60^2}{24 \times 300} = 0.500(\text{m})$$

$$q = \frac{L_h}{2} - \frac{L_h^3}{240R^2} = \frac{60}{2} - \frac{60^3}{240 \times 300^2} = 29.990(\text{m})$$

$$\beta = \frac{L_h}{2R} \times \frac{180°}{\pi} = \frac{60}{2 \times 300} \times \frac{180°}{\pi} = 5°43'46.5''$$

(2) 计算 T、L、E、J

$$T = (R + P) \cdot \tan\frac{\alpha}{2} + q$$

$$= (300 + 0.500) \cdot \tan\frac{37°16'00''}{2} + 29.900$$

$$= 131.314(\text{m})$$

$$L = R(\alpha - 2\beta_h) \cdot \frac{\pi}{180°} + 2L_h$$

$$= \frac{300 \times (37°16'00'' - 2 \times 5°43'46.5'')\pi}{180°} + 2 \times 60$$

$$= 255.128(\text{m})$$

$$E = (R + P) \cdot \sec\frac{\alpha}{2} - R$$

$$= (300 + 0.500) \cdot \sec\left(\frac{37°16'00''}{2}\right) - 300$$

$$= 17.123(\text{m})$$

$$J = 2T - L = 2 \times 131.314 - 255.128 = 59.940(\text{m})$$

（3）计算 X'_O, Y'_O

$$
\begin{aligned}
X'_O &= R \cdot \sin\beta_h + q \\
&= 300 \cdot \sin(5°43'46.5'') + 29.990 \\
&= 59.940(\text{m}) \\
Y'_O &= R \cdot (1 - \cos\beta_h) + P \\
&= 300 \cdot (1 - \cos5°43'46.5'') + 0.500 \\
&= 1.999(\text{m})
\end{aligned}
$$

2. 主点里程（桩号）计算

已知：JD 的里程，计算主点里程的公式：

$$\text{ZH 里程} = \text{JD 里程} - T \tag{12-25}$$

$$\text{HY 里程} = \text{ZH 里程} + L_h \tag{12-26}$$

$$\text{QZ 里程} = \text{HY 里程} + \frac{L}{2} - L_h \tag{12-27}$$

$$\text{YH 里程} = \text{QZ 里程} + \frac{L}{2} - L_h \tag{12-28}$$

$$\text{HZ 里程} = \text{YH 里程} + L_h \tag{12-29}$$

计算检核

$$\text{HZ 里程} = \text{JD 里程} + T - J \tag{12-30}$$

[**例 12-5**] 已知：交点 JD 里程 $1+476.210\text{m}, T=131.314\text{m}, L_h=60\text{m}, L=255.128\text{m}$。求主点里程。

解

$$
\begin{aligned}
\text{ZH 里程} &= 1\,476.210 - 131.314 = 1\,344.896(\text{m}) \\
\text{HY 里程} &= 1\,344.896 + 60 = 1\,404.896(\text{m}) \\
\text{QZ 里程} &= 1\,404.896 + 255.128/2 - 60 = 1\,472.460(\text{m}) \\
\text{YH 里程} &= 1\,472.460 + 255.128/2 - 60 = 1\,540.024(\text{m}) \\
\text{HZ 里程} &= 1\,540.024 + 60 = 1\,600.024(\text{m})
\end{aligned}
$$

计算检核：

$$\text{HZ 里程} = 1\,476.210 + 131.314 - 7.500 = 1\,600.024(\text{m})$$

3. 主点测设步骤

（1）经纬仪置 JD_i 点，向两切线方向分别量 T，得 ZH 和 HZ 点。

（2）再后视 JD_{i-1}，再作 $(180° - \alpha)$ 的角平分线，量 E 得 QZ 点。

（3）仪器搬 ZH 点，用切线支距法 X'_O, Y'_O 定出 HY 点。

（4）仪器搬 HZ，用同样方法定出 YH 点。

12.5.2 切线支距法测设辅点

1. 测设方法

（1）如图 12-12 所示，首先建立数学坐标系 XOY。原点 O 设立在 ZH 点上，切线方向是 X 轴，过 O 点垂直于 X 轴方向为 Y 轴。

（2）经纬仪置 ZH 点，后视 JD 方向量 X_i 得 m 点。

（3）仪器搬 m 点，后视 ZH，转 $90°$ 量 Y_i，得 i 点。

（4）以此类推，到 QZ 点进行测量检核。

（5）仪器再搬 HZ 点，放另外半条曲线。

2. 测设数据准备

（1）缓曲部分坐标计算公式

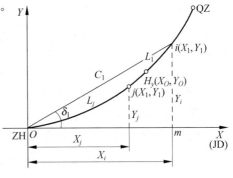

图 12-12　切线支距法测设辅点

$$X_j = L_j - \frac{L_j^5}{40R^2L_h^2} \qquad (12\text{-}31)$$

$$Y_i = \frac{L_j^3}{6RL_h} \qquad (12\text{-}32)$$

式中，L_j——j 点到 ZH 点的弧长。

（2）圆曲线部分坐标计算公式

$$X_i = R\sin\alpha_i + q$$

$$Y_i = R(1 - \cos\alpha_i) + P$$

$$\alpha_i = \left[\frac{(L_i - 0.5L_h)}{R} \times \frac{180°}{\pi} \right]$$

式中，L_i——i 点到 ZH 点的弧长。

[**例 12-6**]　已知条件同例 12-4。

求：缓和曲线和圆曲线每隔 20m 放一辅点。圆曲线要求辅点在整 20m 的里程桩上。

解　（1）在表 12-5 填写点名，计算各点里程，计算每点到 ZH 的弧长 L_i；

（2）计算缓曲各点坐标，例如 H_1；

$$X_{H_1} = 20 - \frac{20^5}{40 \times 300^2 \times 60^2} = 20.000(\text{m})$$

$$Y_{H_1} = \frac{20^3}{6 \times 300 \times 60} = 0.074(\text{m})$$

（3）计算圆曲线各点坐标，例如 Y_1 点；

$$\alpha_{Y_1} = \left[\frac{(75.104 - 0.5 \times 60)}{300} \times \frac{180°}{\pi} \right] = 8°36'51.2''$$

$$X_{Y_1} = 300 \cdot \sin(8°36'51.2'') + 29.990 = 74.924(\text{m})$$

$$Y_{Y_1} = 300 \cdot (1 - \cos 8°36'51.2'') + 0.500 = 3.884(\text{m})$$

12.5.3　用偏角法测设辅点

1. 测设方法

（1）如图 12-12 所示，经纬仪置 ZH 点后视 JD 点，使读数为 $0°00'00''$。

（2）拨角度 δ_1，量 C_1 的 H_1 点。拨角度 δ_2，量 C_2 的 H_2 点。

（3）以此类推。到 QZ 点进行测量检核。

（4）仪器搬 HZ 点，再测设另外半条曲线。

2. 测设数据准备

$$\text{偏角：} \delta_j = \arctan \frac{Y_j}{X_j}; \quad \delta_i = \arctan \frac{Y_i}{X_i}$$

$$\text{弦长：} C_j = \sqrt{X_j^2 + Y_j^2}; \quad C_i = \sqrt{X_i^2 + Y_i^2}$$

[**例 12-7**] 已知条件同例 12-4。

求：$(1) X_j$、Y_j；$(2) X_i$、Y_i。

解 （1）在表中计算缓曲各点偏角，弦长

$$C_{H_1} = \sqrt{20.000^2 + 0.074^2} = 20.000(\text{m})$$

$$\delta_{H_1} = \arctan \frac{0.074}{20.000} = 0°12'43''$$

（2）在表中计算圆曲各点偏角，弦长

$$C_{Y_1} = \sqrt{74.924^2 + 3.884^2} = 75.025(\text{m})$$

$$\delta_{Y_1} = \arctan \frac{3.884}{74.924} = 2°58'03''$$

表 12-5 为缓和曲线主点测设计算表。

表 12-5　缓和曲线主点测设计算表

1. 已知条件	
JD 桩号（里程）＝1＋476.210	$X_0' = R \times \sin\beta + q = 59.940\text{m}$
$R = 300\text{m}, \alpha = 37°16'00''$	$Y_0' = R(1 - \cos\beta) + P = 1.999\text{m}$
$L_h = 60\text{m}$	
2. 要素计算	
$q = \dfrac{L_h}{2} - \dfrac{L_h^3}{240R^2} = 29.990\text{m}$	
$P = \dfrac{L_h^2}{24R} = 0.500\text{m}$	3. 桩号计算
	ZH＝JD－T＝1 344.896m
	HY＝ZH＋L_h＝1 404.896m
$\beta_h = \dfrac{L_h}{2R} \times \dfrac{180°}{\pi} = 5°43'46.5''$	QZ＝HY＋$\dfrac{L}{2}$－L_h＝1 472.460m
$T = (R + P) \times \tan \dfrac{\alpha}{2} + q = 131.314\text{m}$	YH＝QZ＋$\dfrac{L}{2}$－L_h＝1 540.024m
$L = \dfrac{\pi \times R \times (\alpha - 2\beta_h)}{180°} + 2L_h = 255.128\text{m}$	HZ＝YH＋L_h＝1 600.024m
	计算检核：
$E = (R + P) \times \sec \dfrac{\alpha}{2} - R = 17.123\text{m}$	HZ＝JD＋T－J＝1 600.024m
$J = 2T - L = 7.500\text{m}$	
图略	

表 12-6 为缓和曲线辅点测设计算表。

表 12-6　缓和曲线辅点测设计算表

点名	桩号（里程）	L_i/m	X_i/m	Y_i/m	$\delta_j(\delta_i)$	$C_j(C_i)$/m
ZH	1+344.896	0.000	0.000	0.000	0°00′00″	0.000
H_1	1+364.896	20	20.000	0.074	0°12′43″	20.000
H_2	1+384.896	40	39.992	0.593	0°50′58″	39.996
HZ	1+404.896	60	59.940	1.999	1°54′36″	59.973
Y_1	1+420	75.104	74.924	3.884	2°58′03″	75.025
Y_2	1+440	95.104	94.584	7.537	4°33′22″	94.884
Y_3	1+460	115.104	113.957	12.490	6°15′17″	114.639
QZ	1+472.460	127.564	125.843	16.220	7°20′48″	126.885

12.5.4　极坐标法测设主点和辅点

1. 测设方法

（1）如图 12-10 所示，A 和 B 是测量控制点。将全站仪安置于 A 点，后视 B 点定向。用极坐标法将主点 ZH、HY、QZ 测设于地面，然后测设 ZH 到 QZ 之间的辅点。

（2）把全站仪安置到 B 点，后视 A 点定向，用极坐标法先检查 QZ 点，再测设主点 YH、HZ。最后测设 QZ 到 HZ 之间辅点。

2. 测设各点数据计算

与圆曲线测设各点的计算方法相同。

12.6　竖曲线测设

12.6.1　概述

线路纵断面上设计线路中心线由许多不同坡度的坡段连接成。坡度变化之点称为变坡点。如图 12-13 中连接不同坡段的曲线称为竖曲线，我国高速公路设计采用圆曲线。竖曲线有两种类型；顶点在曲线之上的称为凸形竖曲线，反之称为凹形竖曲线。

12.6.2　竖曲线要素计算

如图 12-13 所示，竖曲线测设的已知条件是圆曲线半径 R，两条相邻坡段的坡度 i_1 和 i_2。由于线路坡度很小，所以两条坡段在竖直面上的曲折角 α 很小，可以得到

$$\alpha = \Delta_i = i_1 - i_2 \qquad (12\text{-}33)$$

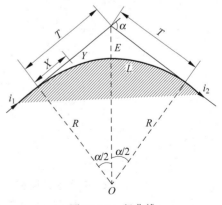

图 12-13　竖曲线

式中，Δ_i——两坡度的代数差。因此，竖曲线的切线长度 T：

$$T = R\tan\frac{\alpha}{2} = R\frac{\alpha}{2} \approx \frac{1}{2}R\Delta_i \tag{12-34}$$

$$竖曲线长度\ L = R\alpha = R\mid\Delta_i\mid \approx 2T \tag{12-35}$$

$$竖曲线的外矢距\ E = \frac{T^2}{2R} \tag{12-36}$$

12.6.3　竖曲线上各点设计高程 H_i 及两坡度上各点高程 H'_i 的计算

如图 12-13 所示，首先建 XOY 坐标系，原点 O 在竖曲线起点上，切线方向定为 X 轴，垂直 X 轴方向定为 Y 轴。由于 α 角很小，可以认为竖曲线和坡度线上各点的 Y 坐标方向与铅垂方向一致，那么竖曲线各点与相应坡度线各点的高程之差 Y_i，对于凸竖曲线的计算公式

$$Y_i = H'_i - H_i \tag{12-37}$$

或

$$H_i = H'_i - Y_i \tag{12-38}$$

对于凹形竖曲线的计算公式

$$Y_i = H_i - H'_i \tag{12-39}$$

或

$$H_i = Y_i + H'_i \tag{12-40}$$

12.6.4　竖曲线起点和终点里程(桩号)计算

已知变坡点的里程，则有：

$$竖曲线起点里程 = 变坡点里程 - T$$
$$竖曲线终点里程 = 起点里程 + L$$

[例 12-8]　已知凸形竖曲线如图 12-13 所示，$i_1 = 4‰$，$i_2 = -6‰$，$R = 10\,000\text{m}$，变坡点里程 K217+240，变坡点高程 $H_变 = 418.69\text{m}$。

求：(1) 竖曲线要素。

(2) 竖曲线上各点里程(桩号)。

(3) 竖曲线上各点设计高程 H_i。

解　(1) 计算竖曲线要素：

$$\alpha = 4‰ - (-6‰) = 10‰$$

$$T = \frac{1}{2} \times 10\,000 \times 10‰ = 50(\text{m})$$

$$L = R\mid\Delta_i\mid = 10\,000 \times 10‰ = 100(\text{m})$$

$$E = \frac{50^2}{2 \times 10\,000} = 0.125(\text{m})$$

(2) 计算各点里程

$$竖曲线起点里程 = 217\,240 - 50 = 217\,190(\text{m})$$
$$竖曲线终点里程 = 217\,190 + 100 = 217\,290(\text{m})$$

再计算每隔 10m 各点里程，填入表 12-7。

（3）计算竖曲线上各点设计高程，以 K217＋210 为例，首先计算 Y_i 值。

$$Y_i = \frac{X_i^2}{2R} = \frac{20^2}{2 \times 10\,000} = 0.02(\text{m})$$

再计算坡度线上该点高程 H_i'，

$$H_i' = H_{\text{变}} - i_1(T - Y_i) = 418.69 - 4‰ \times (50 - 20) = 418.57(\text{m})$$

最后计算竖曲线上该点设计高程 H_i，

$$H_i = H_i' - Y_i = 418.57 - 0.02 = 418.55(\text{m})$$

12.6.5　测设竖曲线各点高程的步骤

（1）实地定出竖曲线起点、终点及中间点的木桩。

（2）根据已知线路水准点，测设竖曲线各点设计高程，在木桩侧面上画设计高程位置。

表 12-7　竖曲线测设

点号	桩号	X/m	Y/m	坡度线高程/m	竖曲线设计高程/m
起点	217＋190	0	0.00	418.49	418.49
	＋200	10	0.00	418.53	418.53
	＋210	20	0.02	418.57	418.55
	＋220	30	0.04	418.61	418.57
	＋230	40	0.08	418.65	418.57
变坡点	217＋240	50	0.12	418.69	418.57
	＋250	40	0.08	418.63	418.55
	＋260	30	0.04	418.57	418.53
	＋270	20	0.02	418.51	418.49
	＋280	10	0.00	418.45	418.45
终点	217＋290	0	0.00	418.39	418.39

思考题与练习题

1. 道路设计和测量各分为哪两个阶段？

2. 道路工程初测阶段的主要测量工作有哪几项？其主要任务是什么？

3. 道路工程定测阶段的测量工作有哪几项？其主要任务是什么？

4. 完成表 12-8 中平测量记录的计算。

5. 圆曲线测设。已知：JD 桩号为 11＋956.54，线路转角 $\alpha = 38°18'30''$，圆曲线半径 $R = 250$m，试求：（1）圆曲线要素 TLEJ；（2）主点桩号；（3）在 ZY 点上用偏角法测设辅点所需数据（辅点设在整 20m 桩号上）；（4）用切线支距法测设辅点所需数据。

表 12-8　中平测量记录表

测点	水准尺读数/m			视线高程 /m	高程 /m
	后视	中视	前视		
BM$_5$	1.426				417.628
K4+980		0.87			
K5+000		1.56			
K5+020		4.25			
K5+040		1.62			
K5+060		2.30			
ZD$_1$	0.876		2.402		
K5+080		2.42			
K5+092.4		1.87			
K5+100		0.32			
ZD$_2$	1.286		2.004		
K5+120		3.15			
K5+140		3.04			
K5+160		0.94			
K5+180		1.88			
K5+200		2.00			
ZD$_3$			2.186		

6. 有圆曲线的缓和曲线测设。已知 JD 点的里程(桩号)2+247.192,右转角 $\alpha=19°05'00''$,圆曲线半径 $R=600$m,缓和曲线长度 $L_h=50$m,试求:(1)P、q、β_h。(2)T、L、E、J、X'_O、Y'_O。(3)在 ZH 点上用切线支距法放样辅点所需数据。(4)在 ZH 点上用偏角法放样辅点所需数据(辅点测设从 ZH 点开始,计算到 QZ)。

7. 竖曲线测设(表 12-9)。已知道路某处相邻坡段为凸形竖曲线。第一段坡度 $i_1=+6‰$,第二段坡度 $i_2=-22‰$。其变坡点里程(桩号)为 8+140,高程为 64.50m。竖曲线半径 $R=3000$m,试求:(1)Δ、T、L、J;(2)竖曲线上各点高程。

表 12-9　竖曲线测设

点号	桩号	X/m	Y/m	坡度线高程 /m	竖曲线设计高程 /m
起点	8+100				
	8+110				
	8+120				
	8+130				
变坡点	8+140			64.50	
	8+150				
	8+160				
	8+170				
终点	8+180				

第 *13* 章

桥隧及道路工程测量

13.1 概述

当公路或铁路穿越大型沟谷、江河湖海及跨越既有主干道路时,需要架设桥梁;穿越大型山岭时,需要开凿隧道。桥梁或隧道工程是一项投资大、精度要求高、施工程序比较复杂的工程。测量工作在桥梁和隧道工程的勘测设计、建筑施工和运营管理各阶段都起着重要的作用。

13.1.1 桥及桥梁测量

桥分为上部结构和下部结构。桥面和承重结构统称为桥的上部结构,亦称跨越结构或桥跨结构;桥墩和桥台统称为桥的下部结构,亦称支撑结构。上部结构比较复杂,承重结构是梁的叫主梁,有钢板梁、钢箱梁、钢桁梁、钢筋混凝土梁或预应力混凝土梁等;是拱的叫主拱(多于一片拱时称拱肋);是悬索的叫主索或大缆。桥梁的中心线通常称为桥轴线,桥轴线两岸控制桩的距离称为桥轴线长度。桥梁的下部结构通常由支座、墩台、基础三部分组成。荷载通过上部结构的承重结构传递至支座,并至下部结构的墩台顶面。承受墩台底部压力的土壤或岩石称为地基或基础。

桥梁测量主要包括桥位勘测和桥梁施工测量两大部分。

桥位勘测的目的是为了选择桥址和进行设计提供地形、水文、地质等资料。在桥址选线测量时,要测绘桥址地形图、纵断面图及辅助断面测量等。桥址地形图的比例尺一般为$(1:500)\sim(1:5\,000)$;测绘的范围应能满足选定桥位、桥头引道、桥梁孔径、桥头路基和导流建筑物、施工场地的需要,个别情况下还应满足水工模型试验的需要。一般沿线路方向应测至两岸历史最高洪水位或设计水位以上$0.5\sim1.0$m。若平坦地区河滩过宽,不应小于桥梁全长加导流堤宽,并要稍有余量。上、下游施测长度根据实际需要而定,也可考虑上游测至$3B_{槽}+0.12B_{滩}$,下游测至$1.5B_{槽}+0.06B_{滩}$($B_{槽}$为河槽宽度,$B_{滩}$为两岸河滩宽度之和）；平坦地区上游测至桥长的 2 倍且大于 200m，下游为桥长的 1～1.5 倍且大于 100m。对于桥址纵断面测量，其范围依据设计需要而定，一般情况下应测至两岸路基设计标高以上。若河两岸陡峭或有河堤，应测至陡岸边或堤的顶部；若河两岸为浅滩漫流，则岸上的测绘范围以能满足设计（含引桥在内的桥梁孔跨、导流建筑物和桥头引道等）的需要为原则。测绘方法视岸上和水下两部分而有别，岸上地形图测绘见第 8 章，纵横断面图测绘见第 12 章；水下部分要用水下地形测量或断面测量方法测量，即要用交会法、极坐标法或 GPS（RTK）测量方法等测定水面处断面点的位置（平面、高程），同时用测深仪（或测深锤、测深杆）测定水深，以确定水下断面点的位置；还要进行水位测量及水位计算，以确定测时水位或某一时刻水位（如同时水位）的水面高程。断面测点间距以能反映河床的变化为原则。

本章主要介绍桥梁工程施工测量。

13.1.2　隧道及隧道测量

隧道是指在既有的建筑或土石结构中挖出来的通道，供交通立体化、穿山越岭、地下通道、越江、过海、管道运输、电缆地下化、水利工程等使用。

深度浅的隧道可先开挖后覆盖，称为明挖回填式隧道；先兴建从地表通往地下施工区的竖井，再直接从地下持续开挖称为钻挖式隧道；建造海底隧道可用沉管式隧道。

隧道测量是在隧道工程的规划、勘测设计、施工建造和运营管理的各个阶段进行的测量工作。

（1）规划阶段：主要是提供隧道选线用的地形图和地质填图所需的测绘资料。

（2）勘测设计阶段：包括在隧道沿线布设测图控制网，测绘带状地形图，实地进行隧道的洞口点、中线控制桩和中线转折点的测设，绘制隧道线路平面图、纵断面图、洞身工程地质横断面图、正洞口和辅助洞口的纵断面图等工程设计图。

（3）施工建造阶段：根据隧道施工要求的精度和施工顺序进行相应的测量，首先根据隧道线路的形状和主洞口、辅助洞口、转折点的位置进行洞外施工控制网和洞口控制网的布设及施测，再进行中线进洞关系的计算及测量，随着隧道向前延伸而阶段性地将洞内基本控制网向前延伸，并不断进行施工控制导线的布设和中线的施工放样，指导并保证不同工作面之间以预定的精度贯通，贯通后进行实际贯通误差的测定和线路中线的调整，施工过程中进行隧道纵横断面测量和相关建筑物的放样，以及进行竣工测量。

（4）施工建造和运营管理阶段：包括定期进行地表、隧道洞身各部位及其相关建筑物的沉降观测和位移观测。

本章主要介绍隧道在施工建造阶段的测量工作。

13.2　桥梁工程施工测量

桥梁工程施工测量的基本任务是根据设计文件，按照规定的精度，将图纸上设计的桥梁墩台位置标定于地面，据此指导施工，确保建成的桥梁在平面位置、高程位置和外形尺寸等方面均符合设计要求。

　　桥梁施工测量的主要内容包括：中线复测、桥轴线长度测定、桥梁墩台中心及其纵横轴线测设、墩台基础测设、桥梁施工放样检测和桥梁竣工测量。

13.2.1　中线复测与桥轴线测定

1. 中线复测

　　由于桥梁施工测量的精度要求较高，定测或新线复测后的线路中线精度不一定能满足其要求，因此桥梁定位测量前要先对桥梁所在的线路进行中线复测。复测方法如下：

　　(1) 当桥梁位于直线上且直线较长时，宜用导线测量方法进行复测，在所有转点置镜，采用方向观测法测量右角。然后计算出各转点相对于桥轴线的坐标，以调整桥跨内各转点的位置。

　　(2) 当桥梁位于曲线上时，应对整个曲线进行复测。精确测定线路的转向角，观测不少于两测回。转向角测定后，根据实测角值 α 以及圆曲线半径 R、缓和曲线长 L，重新计算曲线资料，并测设曲线控制桩。

　　(3) 当桥梁位于始端缓和曲线时，曲线的 ZH 里程保持与原设计里程不变；当桥梁位于末端缓和曲线时，曲线的 HZ 里程保持与原设计里程不变，同时保持各墩台中心设计里程不变。为使 ZH 或 HZ 里程保持不变，可采用设断链桩或将距离误差调整在直线段的办法来解决。

　　(4) 当桥梁跨越整个曲线时，如果条件许可，即桥梁前后相邻曲线没有施工或无重大建筑物，可以调整切线方向，使转向角恢复到原设计值，以保证桥梁原设计不变。

2. 桥轴线长度测定

　　为保证桥梁与相邻线路在平面位置上正确衔接，必须在桥址两岸的线路中线上埋设控制桩，两岸控制桩的连线称为桥轴线，控制桩之间的水平距离称为桥轴线长度。

　　桥轴线长度可采用精密钢尺量距或光电测距方法测定。直接丈量桥轴线长度时，应使用鉴定过的钢尺按精密量距的方法直接丈量桥轴线的长度。

　　采用全站仪或测距仪测距时，在测量前，应按规定项目对测距仪器进行检验和校正，对使用的气压计和温度计应进行检定。观测时应选择气象比较稳定、成像清晰、附近没有光和电信号干扰的条件下进行。数据处理时，必须加入气象、加常数、乘常数、周期误差改正，然后化为水平距离，再将其归算至墩顶(或轨底)平均高程面上。

　　对于中小型桥梁，桥轴线长度测量的限差为 $(1/2\,000) \sim (1/5\,000)$。

13.2.2　桥梁施工控制测量

　　桥梁施工控制测量包括平面控制测量和高程控制测量。

1. 桥梁施工平面控制网的布设

　　建立平面控制网的目的是测定桥轴线长度，并据以进行墩、台位置的放样，同时也可用于施工过程中的变形监测。对于跨越无水河道的直线小桥，桥轴线长度可以直接测定，墩、台位置也可直接利用桥轴线的两个控制点放样，无需建立平面控制网。但跨越有水河道的大型桥梁,墩、台无法直接定位,则必须建立平面控制网。

根据桥梁的大小、精度要求和地形条件,桥梁施工平面控制网可以采用边角网、导线网、GPS网等形式。选择控制点时,应尽可能使桥的轴线作为控制网的一个边,以利于提高桥轴线的精度。如不可能,也应将桥轴线的两个端点纳入网内,以间接求算桥轴线长度。对于控制点的要求,除了图形强度外,还要求地质条件稳定、视野开阔、便于交会墩位、交会角不宜太大或太小。

1) 三角网

三角网(含边角网)的网形布设通常有以下几种形式。双三角形(见图 13-1(a));大地四边形(见图 13-1(b))等。

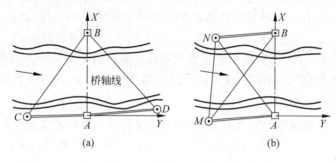

(a) (b)

图 13-1 桥梁三角网控制

2) 精密导线网

由于高精度全站仪的应用,桥梁控+制网除了采用三角网和边角网的形式外,还可选择布设精密导线的方案。如图 13-2 所示,在河流两岸的桥轴线上各设立一个控制点,并在桥轴线上下游沿岸布设最有利交会桥墩的精密导线点,同时增加上下游过江测距,使导线闭合于桥轴线上的控制点。这种布网形式图形简单,可避免远点交会桥墩时交会精度差的情况。也不需要增加节点和插入点,因此简化了桥梁控制网的测量工作。

3) GPS 控制网

利用全球卫星导航定位测量技术布设桥梁施工控制网时,各控制点应相互通视,点位要选在易于保存处,桥轴线点 A、B 应与桥台相距较近,见图 13-3。为减少精度损失,应尽量采用一级布网,一般不作二级加密。

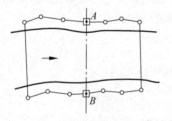

图 13-2 桥梁导线控制网

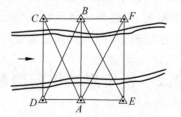

图 13-3 桥梁 GPS 控制网

桥梁施工平面控制网可采用独立坐标系,如图 13-4 所示。直线桥以桥轴线两控制桩中里程较小的一个为坐标原点,以桥轴线按里程增加方向为 X 轴正向建立测量坐标系,见图 13-4(a)。曲线桥一般以曲线起点或始切线上的转点为坐标原点,以始切线指向 JD 方向

为 X 轴正向建立测量坐标系,见图 13-4(b)。也可以桥轴线控制点为坐标系原点,以该点处曲线的切线方向为 X 轴正向建立测量坐标系。

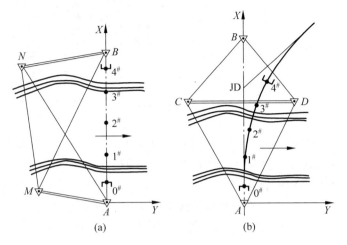

图 13-4 桥梁控制网坐标系

2. 桥梁施工高程控制网的布设

桥梁高程控制网的作用一是统一本桥的高程基准面,二是在桥址附近设立水准基点和施工水准点,以满足施工放样和监测桥梁墩台垂直变形。

建立高程控制网常用的方法有水准测量、电磁波测距三角高程测量方法。

水准基点布设的数量视河宽及桥的大小而异。一般小桥可只布设 1 个;200m 以内的桥,宜在两岸各布设 2 个;当桥长超过 200m 时,由于两岸联测不便,每岸至少设置 2 个水准点。

水准基点是永久性的,必须十分稳固。除了它的设置位置要求便于保护外,根据地质条件,可采用混凝土标石、钢管标石、管柱标石或钻孔标石。在标石上方嵌以凸出的半球状的铜质或不锈钢标志。

为方便施工,可在附近设立施工水准点。由于其使用时间较短,在结构上可以简化,但要求使用方便、相对稳定,且在施工过程中不致被破坏,并应布设为附合水准路线。

在桥梁高程控制路线中,若水准路线经由较宽的河流或山谷时,需用跨河精密水准测量的方法测定高差。

13.2.3 桥梁墩台中心及其纵横轴线测设

准确地测设桥梁墩台的中心位置及其纵横轴线,是桥梁施工阶段最主要的工作之一。对于直线桥梁,只要根据墩台中心的里程桩号和岸上桥轴线控制桩的桩号,求出其桩号差(间距)即可定出墩台中心的位置,如图 13-5 所示。

当桥墩位于水中无法丈量距离及安置反光镜时,则可采用角度前方交会法。为了检核放样精度及避免错误,角度前方交会法应利用 3 个已知控制点进行,最好能同时利用桥轴线的方向。

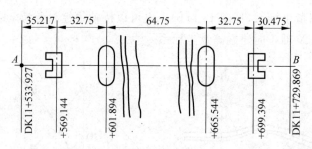

图 13-5 直线桥梁的墩台中心放样

由于测量误差的影响,角度交会法交会的三个方向不交于一点,而形成示误三角形。示误三角形的最大边长或两交会方向与桥中线交点间的长度,在墩台下部(承台、墩身)不应大于 25mm,在墩台上部(托盘、顶帽、垫石)不应大于 15mm。若交会的一个方向为桥轴线,则以其他两个方向线的交会点 P_1 投影在桥轴线上的 P 点作为墩台中心(见图 13-6)。交会方向中不含桥轴线方向时,示误三角形的边长不应大于 30mm,并以交会得的示误三角形的重心作为桥墩台中心。

随着桥梁工程的进展,需要经常进行交会定位。为了工作方便,提高效率,通常都是在交会方向的延长线上设立标志(见图 13-7)。在以后交会时即不再放样角度,而是直接照准标志即可。

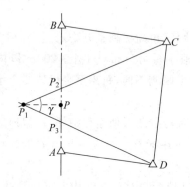

图 13-6 交会方向示误三角形

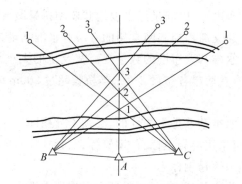

图 13-7 交会方向延长线上设立标志

当桥墩施工露出水面以后,即可在桥墩上架设反光镜,利用全站仪极坐标法直接测定出桥墩中心的位置。

对于曲线桥梁,由于墩台中心不在线路中线上,需要计算墩台中心的坐标,然后再测设其位置。

曲线桥梁的线路中心线为曲线,而梁本身是直线,线路中心与梁的中线不能完全吻合,如图 13-8 所示。梁在曲线上的布置是使各梁的中线连接起来,成为基本与线路中线相符合的一条折线,即称为桥梁工作线。桥墩中心位于工作线转折角的顶点上,墩台中心定位就是要测设这些转折角的顶点位置。

为使列车运行时梁的两侧受力均匀,桥梁工作线应尽量接近线路中线,所以梁的布置应使工作线的转折点向线路中线外侧移动一段距离 E,这段距离称为"桥墩偏距"。偏距 E 一般以梁长为弦线中矢的一半。相邻梁跨工作线构成的偏角 α 称为"桥梁偏角"。每段折线的长

度 L 称为"桥墩中心距"。E、α、L 在设计图中都已经给出,根据给出的 E、α、L 即可放样墩位。

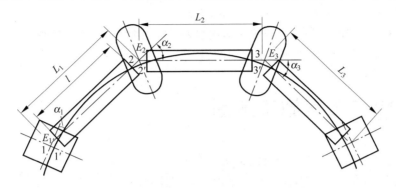

图 13-8　曲线桥的线路中心与桥梁工作线

为进行墩台施工的细部放样,需要放样其纵、横轴线。所谓纵轴线是指过墩台中心平行与线路方向的轴线,而横轴线是指过墩台中心垂直(或斜交)线路方向的轴线。桥台的横轴线是指桥台的胸墙线。

在施工过程中,墩台中心的定位桩要被挖掉,但随着工程的进展,又要经常需要恢复墩台中心的位置,因而要在施工范围以外钉设护桩(轴线控制桩),据以恢复墩台中心的位置。图 13-9 为轴线与护桩示意图。

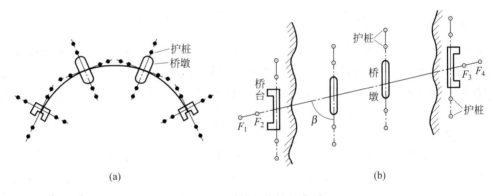

(a)　　　　　　　　　　　　　　　(b)

图 13-9　轴线与护桩示意图

墩台施工完成后架梁前,应做好以下测量工作:

(1)测定墩台中心、纵横轴线及跨距。跨距与设计跨距之差超过 2cm 时,应根据墩台设计允许偏差逐墩调整跨距。

(2)丈量墩台各部尺寸。以墩台纵横轴线为依据,丈量顶帽的长和宽;按设计尺寸放样支座轴线及梁端轮廓线,并弹出墨线,供支座安装和架梁使用。

(3)测定墩帽和支承垫石的高程。

架梁是建造桥梁的最后一道工序,无论是钢梁还是混凝土梁,都是预先按设计尺寸做好,再运到工地架设的。

梁的两端是用位于墩顶的支座支撑的,支座放在底板上,而底板则用螺栓固定在墩、台的支承垫石上。架梁的测量工作,主要是放样支座底板的位置,放样时也是先设计出它的纵、横中心线位置。支座底板的纵、横中心线与墩、台纵横轴线的位置关系是在设计图上给出的。因而在墩、台顶部的纵横轴线定出以后,即可根据它们的相互关系,用钢尺将支座底板的纵、横中心线设放出来。

桥梁竣工后,应测定桥中线、纵横坡度等并根据测量结果,按规定编绘出墩台中心距表、墩顶水准点和垫石高程表、墩台竣工平面图、桥梁竣工平面图等。

13.3　隧道工程施工测量

隧道在施工建造阶段所进行的测量工作如下。

(1) 地面控制测量:在地面上建立平面和高程控制网。

(2) 联系测量:将地面上的坐标、方向和高程传到地下,建立地面地下统一的坐标系统。

(3) 地下控制测量:包括地下平面与高程控制测量。

(4) 隧道放样测量:为指导开挖及衬砌,需根据隧道设计要求进行中线测设和高程放样测量。

13.3.1　地面控制测量

1. 地面(洞外)平面控制测量

地面平面控制测量的主要任务是:测定各洞口控制点的相对位置,作为引测进洞和测设洞内中线的依据。一般要求洞外平面控制网应包括洞口控制点。

建立洞外平面控制的方法有:铺设中线法、精密导线、GPS 测量、三角锁等方法。下面只介绍精密导线控制测量方法与 GPS 控制测量方法。

1) 隧道精密导线控制

在洞外沿隧道线形布设精密光电测距导线来测定各洞口控制点的平面坐标。精密导线一般采用主、副导线,为增强导线网的图形强度,尽量增加主、副导线间的连接,如图 13-10所示。

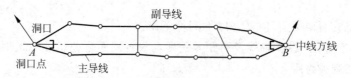

图 13-10　隧道精密导线网

主导线应沿两洞口连线方向铺设,每 1~3 个主导线边应与副导线联系。主导线边长一般不宜短于 300m,且相邻边长不宜相差过大。主导线须同时观测水平角和边长,副导线一般只测水平角。

2) 隧道 GPS 控制

如图 13-11 所示,利用 GPS 静态测量技术,测定各洞口控制点的平面坐标。隧道 GPS网布点时,每一个洞口外至少布设 3 个控制点,且构成同步环,洞口点与两个方向通视。

GPS 测量技术特别适合于特长隧道及通视条件较差的山岭隧道。《公路全球定位系统（GPS）测量规范》规定：根据公路及特殊桥梁、隧道等构造物的特点及不同要求，GPS 控制网分为一级、二级、三级、四级共四个等级，用户可以根据实际工程选择一种合适的级别布设 GPS 控制网。

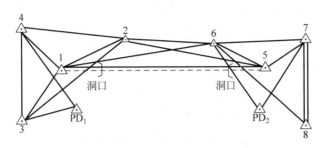

图 13-11　秦岭隧道 GPS 控制网

2. 地面（洞外）高程控制测量

地面高程控制测量的任务，是按照测量设计中规定的精度要求，施测隧道洞口（包括隧道的进出口、竖井口、斜井口和坑道口）附近水准点的高程，作为高程引测进洞的依据。高程控制一般采用三、四等水准测量，当两洞口之间的距离大于 1km 时，应在中间增设临时水准点。如果隧道不长，高程控制测量等级在四等以下时，也可采用光电测距三角高程测量的方法进行观测。三角高程测量中，光电测距的最大边长不应超过 600m，且每条边均应进行对向观测，高差计算时，应加入地球曲率改正。

13.3.2　联系测量

在长隧道施工中，为了增加隧道掘进的工作面，以加快工程进度，通常在其中部开挖竖井。竖井联系测量的目的是将地面控制点的坐标、方位角和高程，通过竖井传递到地下，以保证新增工作面隧道开挖的正确贯通。

根据地面已有控制点测设竖井的开挖位置，竖井开挖过程中，其垂直度靠悬挂重锤的铅垂线来控制，开挖深度用长钢尺丈量。当竖井开挖到设计深度，并根据概略掘进的中线方向向左右两翼掘进约 10m 后，就应通过竖井联系测量将地面控制点的坐标、方位角与高程精确地传递到井下，为隧道施工测量提供依据。

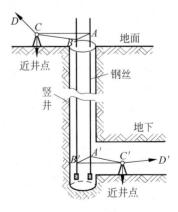

图 13-12　一井定向

1. 一井定向

一井定向是通过一个竖井井筒，利用联系三角形，进行坐标和方位角传递的几何定向测量。如图 13-12 所示，在井筒内悬挂两根钢丝垂球线，在地面上利用地面控制点（近井点）测定两垂球线的平面坐标及其连线方位角，在井下通过测角和量边把垂球线与井下起始控制点连接起来，然后利用联系三角形，计算井下起始控制点的坐标和方位角（见图 13-13）。一井定向的测角和量边，可用经纬仪配钢尺观测,也可以用免棱镜全站仪观测。

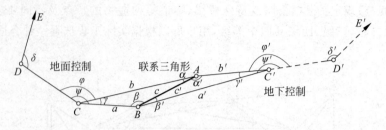

图 13-13　联系三角形

一井定向测量观测元素与观测精度见表 13-1。

表 13-1　一井定向测量观测元素与观测精度

	连接方向	近井点	量边及中误差 m_s	测角及中误差 m_β
地面	D	C	$a\ b\ c$　±0.8mm	$\gamma\ \varphi$　±4″
地下	D'	C'	$a'\ b'\ c'$　±0.8mm	$\gamma'\ \psi'$　±6″

2. 陀螺全站仪方位角传递

陀螺全站仪是一种将陀螺仪和全站仪结合在一起的仪器。它利用陀螺仪本身的物理特性及地球自转的影响,实现自动寻找真北方向,从而测定地面和地下工程中任意测站的坐标方位角。

1) 激光全站仪坐标传递

如图 13-14 所示,在地面近井点 C 安置全站仪,并定向。在井下 A' 点安置激光全站仪,当全站仪天顶距为零时,激光束为一铅直线,并投射于地面 A 点。利用地面全站仪测量 A 点坐标,即可获得地下 A' 点的坐标。为了检核并提高精度,应该旋转全站仪在三个位置分别进行投射,取其平均值作为地下导线的起始坐标。

2) 陀螺全站仪方位角测定

如图 13-15 所示,在地下 A' 点安置陀螺全站仪,测定 $A'C'$ 边的真方位角,经子午线收敛角和陀螺常数改正后,得到该边的坐标方位角,作为地下导线的起始方位角。

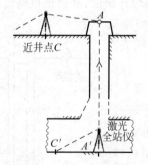

图 13-14　激光全站仪坐标传递

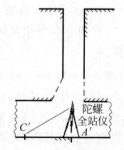

图 13-15　陀螺全站仪方位角测定

3. 高程传递

高程传递方法详见 10.1 节。

13.3.3　地下控制测量

地下(洞内)控制测量包括平面控制和高程控制。平面控制采用导线测量,高程控制采用水准测量。洞内控制测量的目的是为隧道施工测量提供依据。在隧道施工过程中,地下控制测量与施工测量是交替进行的。

1. 地下(洞内)导线测量

地下(洞内)导线通常是支导线,随着隧道的掘进而延伸,一般每掘进 20～50m 就应增设一个新导线点。为了防止错误和提高支导线的精度,通常是每埋设一个新点后,都应从支导线的起点开始全面重复测量。复测还可发现已建成的隧道是否存在变形,点位是否被碰动过。对于直线隧道,一般只复测水平角。

洞内导线的水平角观测,可以采用 DJ_2 级经纬仪观测 2 测回或 DJ_6 级经纬仪观测 4 测回。观测短边的水平角时,应尽可能减少仪器的对中误差和目标偏心误差。使用全站仪观测时,最好使用三联架法观测。对于长度在 2km 以内的隧道,导线的测角中误差应不大于 $\pm5''$,边长测量相对中误差应小于 1/5 000。

2. 地下(洞内)水准测量

与地下导线点一样,每掘进 20～50m 就应增设一个新水准点。洞内水准点可以埋设在洞顶、洞底或洞壁上,但必须稳固和便于观测。可以使用洞内导线点标志作为洞内水准点标志,也可以每隔 200～500m 设置一个较好的专用水准点。每新埋设一个水准点后,都应从洞外水准点开始至新点重复往返观测。对于长度在 5km 以内的隧道,水准测量每千米高差中误差不得大于 ±7.5mm。重复水准测量还可以监测已建成隧道的沉降情况,这对在软土中修建的隧道特别重要。

13.3.4　隧道放样测量

隧道施工测量的内容包括:隧道正式开挖之前测设掘进方向;开挖过程中,测设隧道中线和腰线,指示掘进方向和控制掘进高程及坡度;隧道开挖到一定的距离后,进行洞内控制测量;如还要在隧道中间开挖竖井,则应进行竖井联系测量等。

1. 隧道掘进方向的测设与标定

如图 13-16 所示,根据洞外控制点 9 的坐标和路线交点 JD 的设计坐标,计算出进洞点 A 处的隧道掘进夹角 β_A,按 β_A 定出 A-JD 方向;计算出进洞点 B 处的隧道掘进夹角 β_B,按 β_B 定出 B-JD 方向。

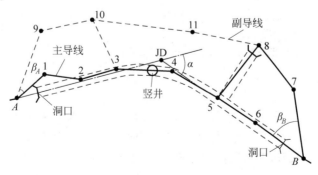

图 13-16　曲线隧道掘进方向

将定出的掘进方向标定在地面上的方法是：在掘进方向上埋设并标定出 A_1、A_2、A_3、A_4 桩，在垂直掘进方向上埋设并标定出 A_5、A_6、A_7、A_8 桩，见图 13-17。桩位应埋设为混凝土桩或石桩，点位的选取应注意在施工过程中不被破坏和扰动，还应测量出进洞点 A 至 A_2、A_3、A_6、A_7 点的距离，以便在施工过程中随时检查和恢复洞口点的位置。

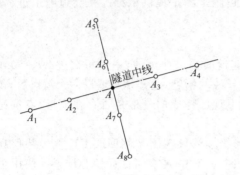

图 13-17　地面标定掘进方向

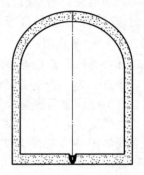

图 13-18　隧道掘进中线桩

2. 开挖施工测量

1）隧道中线和腰线测设

洞口开挖后，随着隧道的向前掘进，要逐步往洞内引测隧道中线和腰线。中线控制掘进方向，腰线控制掘进高程和坡度。

中线测设一般隧道每掘进 20m 左右时，就应测设一个中线桩，将中线向前延伸。中线桩可同时埋设在顶部和底部，见图 13-18。

测设曲线隧道的曲线段中线桩时，因为洞内工作面狭小，无法使用偏角法或切线支距法测设中线桩，一般使用驻点搬移测站的偏角法进行测设。

如图 13-19 所示，将圆曲线长 L 分为 n 等份，每一段曲线长为 $l=L/n$，P_1 点所对圆心角为 $\varphi=\alpha/n$，弦切角为 $\varphi/2$，弦长为 $c=2 \cdot R \cdot \sin(\varphi/2)$。

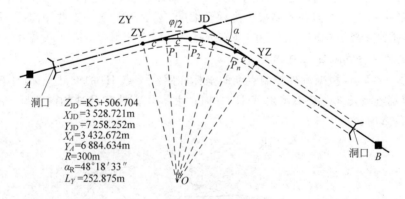

$Z_{JD}=K5+506.704$
$X_{JD}=3\ 528.721m$
$Y_{JD}=7\ 258.252m$
$X_A=3\ 432.672m$
$Y_A=6\ 884.634m$
$R=300m$
$\alpha_R=48°18'33''$
$L_Y=252.875m$

图 13-19　隧道圆曲线测设

测设时，将仪器安置于 ZY 点，盘左后视进洞点 A，配置水平度盘读数为 0，倒镜，即得曲线的切线方向 ZY→JD，转 $\varphi/2$ 角，得 ZY→P_1 方向，沿该方向用测距仪测设出弦长 c，然后用盘右重复上述操作，最后取两次测设点位的中点为最后结果。当掘进超过 P_1 点时，将仪

器安置于 P_1,以 ZY 点为后视方向重复上述操作,测设出 P_2 点。依此法,直至测设到曲线终点或贯通面。

洞内高程由洞口水准点引入,随着隧道掘进的延伸,每隔 10m 应在岩壁上设置一个临时水准点,每隔 50m 设置一个固定水准点,以保证隧道顶部和底部按设计纵坡开挖和衬砌的正确放样。水准测量均应往返观测。

根据洞内水准点的高程,沿中线方向每隔 5～10m 在洞壁上高出隧道底设计地坪高 1m 的高度标定抄平线,称为腰线。

2)掘进方向指示

由于洞内工作面狭小,光线暗淡,在隧道施工中,一般使用具有激光指向功能的全站仪、激光经纬仪或激光指向仪来指示掘进方向。当采用盾构施工时,可以使用激光指向仪或激光经纬仪配合光电跟踪靶,指示掘进方向。如图 13-20 所示,光电跟踪靶安装在掘进机上,激光指向仪安置在工作点上,并调整好视准轴方向和坡度,其发射的激光束照射在光电跟踪靶上,当掘进方向发生偏差时,安装在掘进机上的光电跟踪靶输出偏差信号给掘进机,掘进机通过液压控制系统自动纠偏,使掘进机沿着激光束指引的方向和坡度正确掘进。

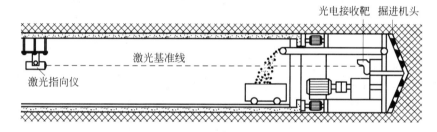

图 13-20　激光指向仪指示自动顶管工法施工

3)开挖断面放样

如图 13-21 所示,若用盾构机掘进,因盾构机的钻头架是根据隧道断面专门设计的,可以保证隧道断面在掘进时一次成形,混凝土预制衬砌块的组装一般与掘进同步或交替进行,所以,不需要测量人员放样断面。

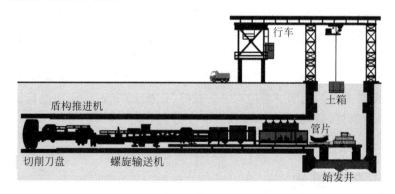

图 13-21　盾构机掘进

若用凿岩爆破法施工,则每爆破一次后,都应将设计隧道断面放样到开挖面上,以供施工人员安排炮眼,准备下一次爆破。如图 13-22 所示,开挖断面的放样是在中垂线 VV 和腰

线 HH 的基础上进行的,它包括两边倒墙和拱顶两部分的放样工作。在设计图纸上一般都给出断面的宽度、拱脚和拱顶的标高、拱曲线半径等数据。侧墙的放样是以中垂线 VV 为准,向两边量取开挖宽度的一半,用红漆或白灰标出,即为侧墙线。拱形部分可根据计算或在 AutoCAD 上标注的尺寸放出圆周上的 $1'$、$2'$、$3'$ 等点,然后连成圆弧。

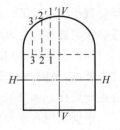

图 13-22　开挖断面放样

13.4　道路工程施工测量

道路工程建设在设计阶段所进行的测量工作——初测和定测,参见第 12 章线路工程测量。本节将阐述道路工程在施工阶段的测量工作。

道路工程在施工阶段所进行的测量工作称为道路施工测量,其任务是按设计文件的要求,将道路的平面位置和高程以及形状、规格正确地测设于实地,用以指导道路施工。道路施工测量的依据是由设计单位提供的设计说明书、线路平面图、纵断面图及路基横断面图等基础资料。

道路施工测量工作贯穿于道路施工的全过程。在开工前系统地进行一次中线、路线水准测量和横断面测量,而后才能进行施工放样;在施工过程中,为了检查工程质量和进度情况,指导施工和验收工程数量,还要适时地进行中线、水准、横断面测量;在工程完工后,还要进行竣工测量、检验施工成果,提供竣工资料,评定工程质量。

13.4.1　道路施工测量的准备工作

1. 资料准备

应准备的资料包括:设计单位交付施工单位的设计说明书,线路平面图、纵断面图、路基横断面图、线路控制桩表、水准基点表、曲线表、路基填挖高度表、挡土墙表、路基防护加固地段表、桥涵图表、隧道图表等资料。对上述资料必须进行详细审阅,充分了解路线主要技术条件,地物、地貌及交通情况,以便有计划有步骤地进行施工测量工作。

2. 桩的交接

交桩时由设计单位、施工单位双方共赴现场,按设计单位提出的主要设计资料进行现场查看交接。控制桩交接的范围一般应有:交点桩、直线上的转点桩、曲线控制桩、大中桥控制桩、隧道洞口控制桩、桥隧控制桩、沿线水准点号码、位置及高程等情况,以便施工测量工作的顺利进行。

13.4.2　路线复测

路线在施工前除了在室内对设计成果进行审查外,还要对路线进行全面复测,以检查原有各点的正确性,防止由于勘测设计错误引起返工造成损失。另外,勘测设计中可能有缺点或错误,路线复测时,应注意发现不合理之处,以便进行设计资料的修改,提高路线设计的质量,且节省投资。路线复测的主要任务有路线的中心复测、水准复测、横断面复测。路线复测的精度与定测时相同。

此外,由于从定测到施工往往需要间隔一段时间,在这段时间里,原有桩点难免移动或丢失。因此复测的另一个目的就是要在施工前把这些桩点完全恢复。

在恢复中线时,一般需将附属物(涵洞、检查井、挡土墙等)的位置一并定出。对于部分改线地段,则应重新定线,并测绘相应的纵横断面图。恢复中线所采用的测量方法与线路中线测量方法基本相同,常采用直角坐标法、偏角法、极坐标法、角度交会法及距离交会法等。

13.4.3　中线控制桩引桩的设置

路线中线控制桩(中线桩、中桩)是路基施工的重要依据,在整个施工过程中要根据中线控制桩来确定路基的平面位置、高程和各部分尺寸,所以必须妥善地保护。但是在施工过程中,这些桩点很容易被移动或破坏。为了能迅速而又准确地恢复中线控制桩,必须在施工前把对路线起控制作用的主要桩点(如交点、转点、曲线控制点等)测设施工控制桩(引桩)。引桩就是在施工范围以外选择不易被破坏的地方,另外钉设一些控制桩。根据这些引桩,用简单的方法就可以迅速地恢复原来的中线桩。

引桩测设方法主要是根据线路周围的地形条件来决定,测设方法主要有如下三种。

1. 平行线法

平行线法是在设计的路基宽度以外,测设两排平行于中线的施工控制桩,如图 13-23 所示。施工控制桩间距一般取 10~30m。对于地势平坦、直线较长的路线宜采用此方法。

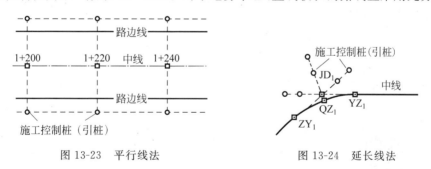

图 13-23　平行线法　　　　　　　　图 13-24　延长线法

2. 延长线法

延长线法是在中线和曲中点 QZ 至交点 JD 的延长线上测设施工控制桩,主要是控制交点的位置。各施工控制桩距交点的距离应量出,如图 13-24 所示。此法多用在地势起伏较大、直线段较短的山区公路。

3. 交会法

图 13-25(a)和(b)是用两个方向交会定点的方向交会法,图 13-25(c)是距离交会法。

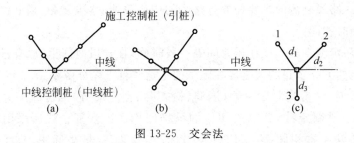

图 13-25　交会法

13.4.4　路基边桩的测设

路基边桩测设就是在地面上将每个横断面的路基边坡线与地面的交点,用木桩标定出边桩的位置由两侧边桩至中桩的距离确定。常用的边桩放样方法如下。

1. 图解法

图解法是先在透明纸上绘出设计路基横断面图(比例尺与现状横断面图相同),然后将透明纸按各桩填方(或挖方)高度蒙在相应的现状横断面图上,则设计横断面的边坡与现状地面的交点即为坡脚,用比例尺由图上量得坡脚至中心桩的水平距离。然后在实地相应的断面上用皮尺测设出坡脚的位置。

2. 解析法

解析法是根据路基填挖高度、边坡率、路基宽度和横断面地形等情况,先计算出路基中桩至边桩的距离,然后在实地沿横断面方向按距离将边桩标定出来。具体方法按下述两种情况进行。

1) 平坦地段的边桩放样

填方路堤如图 13-26 所示,坡脚桩至中桩的距离 D 为

$$D = \frac{B}{2} + m \cdot H \tag{13-1}$$

挖方路堑如图 13-27 所示,坡顶桩至中桩距离 D 为

$$D = \frac{B}{2} + S + m \cdot H \tag{13-2}$$

式中,B——路基宽度;

　　m——边坡率;

　　H——填挖高度;

　　S——路堑边沟顶宽。

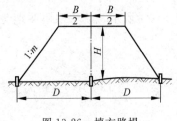

图 13-26　填方路堤

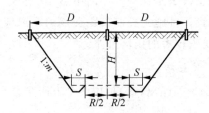

图 13-27　挖方路堑

以上是断面位于直线段时求算 D 值的方法。若断面位于弯道上有加宽时,按上述方法求出 D 值后,还应在加宽一侧的 D 值中加上加宽值。

测设时,沿横断面方向测设求得的坡脚(或坡顶)至中桩的距离,定出边桩即可。

(2) 倾斜地段的边桩测设

在倾斜地段,边桩至中桩的距离随着地面坡度的变化而变化。如图 13-28 所示,路堤脚桩至中桩的距离 $D_上$ 和 $D_下$ 分别为

$$
\begin{cases}
D_上 = \dfrac{B}{2} + m \cdot (H - h_上) \\[2mm]
D_下 = \dfrac{B}{2} + m \cdot (H + h_下)
\end{cases}
\tag{13-3}
$$

如图 13-29 所示,路堑坡顶桩至中桩的距离 $D_上$ 和 $D_下$ 分别为

$$
\begin{cases}
D_上 = \dfrac{B}{2} + S + m \cdot (H + h_上) \\[2mm]
D_下 = \dfrac{B}{2} + S + m \cdot (H - h_下)
\end{cases}
\tag{13-4}
$$

式中,$h_上$、$h_下$——上、下侧坡脚(或坡顶)至中桩的高差。

由于 B、S 和 m 均为已知,故 $D_上$、$D_下$ 随 $h_上$、$h_下$ 的变化而变化。由于边桩未定,所以 $h_上$、$h_下$ 均为未知数。实际工作中,采用逐渐趋近方法,在现场边测边标定,一般试探 1～2 次即可。如果结合图解法,则更为简便。

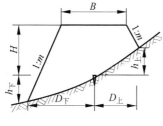
图 13-28　路堤坡脚

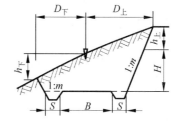
图 13-29　路堑坡顶

13.4.5　路基边坡的测设

边桩测设出后,为保证填挖的边坡达到设计要求,还应把设计边坡在实地标定出来,以方便施工。

1. 用竹竿、绳索测设边坡

如图 13-30 所示,O 处为中桩,A、B 为边桩,$CD = B$ 为路基宽度。测设时在 C、D 处立竹竿,将高度等于中桩填土高 H 的 C'、D' 用绳索连接,同时由 C'、D' 用绳索连接到 A、B 处边桩上,则设计边坡展现于实地。

当路堤填土不高时,可按上述方法一次挂线。当路堤填土较高时,如图 13-31 所示,可分层挂线。

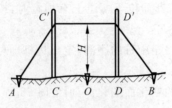

图 13-30　竹竿绳索测设边坡

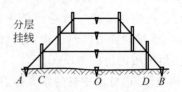

图 13-31　高路堤边坡测设

2. 用边坡样板测设边坡

施工前按照设计边坡度做好边坡样板,施工时,按照边坡样板进行测设。用活动边坡尺测设边坡,做法如图 13-32 所示,当水准器气泡居中时,边坡尺的斜边所指示的坡度恰好为设计边坡坡度,故借此可指示与检核路堤的填筑。同理边坡尺也可指示与检核路堑的开挖。

用固定边坡样板放样边坡做法如图 13-33 所示,在开挖路堑时,在坡顶桩外侧按设计坡度设立固定样板,施工时可随时指示并检核开挖和修整情况。

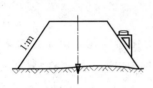

图 13-32　边坡样板测设

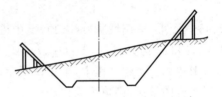

图 13-33　坡顶设立固定样板

13.4.6　路面测设

路面测设为开挖路槽和铺筑路面提供测量保障。

1) 路槽测设步骤

(1) 根据路面设计图每隔 10m 测设一个横断面,钉设路槽边桩(见图 13-34)。

(2) 用水准仪抄平,使路槽边桩桩顶高程等于铺筑后的路面标高。

(3) 在路槽边桩和中桩旁钉上木桩。用水准仪抄平,使桩顶高程等于槽底的设计标高。这类桩志称为路槽底桩,由于它们是在路槽开挖前设置的,因此需挖坑埋设。

2) 路面测设

为了顺利排水,路面一般筑成拱形,称路拱。路拱通常采用抛物线形。

如图 13-35 所示,建立局部坐标系,抛物线公式如下

$$X^2 = 2P \cdot Y \tag{13-5}$$

当 $X = B/2$ 时,$Y = f$,将其代入式(13-5)得

$$2P = \frac{B^2}{4f} \tag{13-6}$$

将式(13-6)代入式(13-5)得

$$Y = (4f \cdot X^2) / B^2 \tag{13-7}$$

式中,f——拱高;

　　B——路面宽度,由设计给定。

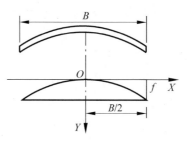

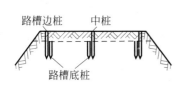

图 13-34　路槽测设　　　　　　　图 13-35　路面测设

令

$$K = \frac{4f}{B^2}$$

则有

$$Y = K \cdot X^2 \tag{13-8}$$

式中，X——横距，代表路面上任意一点离中桩的距离；

　　　Y——纵距，代表路面上任意一点与中桩之间的高差。因此，在路面施工时只要知道路面上任意一点离中桩的距离，即可求出该点与中桩之间的高差，以控制路面施工的高程。

思考题与练习题

1. 隧道工程建设包括哪几个阶段？各阶段的测量工作有哪些？
2. 桥梁工程施工测量的基本任务是什么？主要测量内容有哪些？
3. 桥位勘测的目的是什么？包含哪些测量工作？
4. 桥梁施工平面控制网布设有何特点？
5. 隧道在施工建造阶段所进行的测量工作有哪些？
6. 竖井联系测量的目的是什么？
7. 简述地下（洞内）控制测量的方法及特点。
8. 道路施工测量的任务是什么？
9. 道路施工测量前应准备的资料包括哪些？
10. 中线桩和引桩各有何作用？

第 14 章

课程实训

土木工程本科院校的培养目标是设计或研究型的专业人才,就业之后所从事的测量工作要进行比较多的理论分析和复杂计算。在工作中碰到施工测量问题大都是与建筑工程测量有关的基本概念、基本计算和基本操作,本章试图通过一些施工测量的典型问题的实训,使学生在生产第一线能较好地处理可能遇到的施工测量问题。

14.1 实训 1 DS$_3$ 微倾水准仪的使用

14.1.1 实训目的

(1) 了解 DS$_3$ 水准仪的构造,认识水准仪主要部件的名称和作用。
(2) 初步掌握水准仪的安置、粗平、瞄准、精平与读数的方法。
(3) 初步掌握用视线高法来测定地面点的高程。

14.1.2 仪器和工具

DS$_3$ 水准仪 1 套,水准尺 4 支,记录板 1 块。

14.1.3 实训方法和要求

已知水准点 A 的高程 $H_A = 50.000$m,用视线高法测量 B、C、D 三点的高程。

1. 方法

(1) A、B、C、D 立水准尺,水准仪置 O 点,并使仪器到各点距离大致相等。
(2) 后视 A 点,读数 a,计算视线高 $H_i = H_A + a$。

（3）前视 B 点，读数 b，计算 $H_B = H_i - b$。

（4）前视 C、D 点，读数 c、d，计算 $H_C = H_i - c$，$H_D = H_i - d$。

2. 要求

（1）测量小组每人做一遍。换人操作时，重新安置水准仪，仪器高度变化 5~10cm。

（2）每组测量同一点的高程最大差数不大于 10mm。

14.1.4　应交资料

视线高法水准测量手簿和实训报告。

14.2　实训 2　普通闭合水准测量

14.2.1　实训目的

初步掌握普通闭合水准路线的观测、记录和计算的方法。

14.2.2　仪器和工具

DS_3 水准仪 1 套，水准尺 2 支，记录板 1 块。

14.2.3　实训方法和要求

已知水准点 A 的高程 $H_A = 50.000$m，在地面上选 B、C、D 三个点组成一条闭合的水准路线。要求相邻两个点距离为 150m 左右。

1. 方法

（1）第一站，水准仪置 AB 中间，目测前后视距离相等。后视 A 点读数为 a_1，前视 B 点读数为 b_1，计算高差 $h_1 = a_1 - b_1$。

（2）用同样方法测得 h_2、h_3 和 h_4。

（3）计算高差闭合差 $f_h = \sum h = h_1 + h_2 + h_3 + h_4$，计算高差改正数 $V_h = -f_h/n$，再计算各点高程。

2. 要求

（1）测量小组每人观测一次闭合水准路线。

（2）允许的高差闭合差 $f_{h允} = \pm 12\sqrt{n}$ mm。

（3）每小组测量同一点的高程最大差数不大于 20mm。

14.2.4　应交资料

高差法水准测量手簿和实训报告。

14.3　实训 3　四等闭合水准测量

14.3.1　实训目的

初步掌握四等闭合水准路线的观测、记录和计算方法。

14.3.2　仪器和工具

DS_3 水准仪 1 套,双面水准尺 2 支,记录板 1 块。

14.3.3　实训方法和要求

已知条件和场地布置同普通闭合水准测量。

1. 方法

(1) 第 1 站,水准仪置 AB 中间,要求前后视距相等。每站的观测顺序:

① 后视水准尺黑面,读下上丝和中丝读数;

② 前视水准尺黑面,读中丝和下上丝读数;

③ 前视水准尺红面,读中丝读数;

④ 后视水准尺红面,读中丝读数。

(2) 用同样的方法测量第 2、3、4 站。

(3) 计算高差闭合差,改正数和各点高程。

2. 要求

(1) 测量小组每人测一次闭合水准路线。

(2) 每测站前后视距差不大于 5.0m,整条水准路线前后视累积差不大于 10.0m。

(3) 同一水准尺红、黑面中丝读数差不大于 3mm。一测站上红、黑面的高差之差不大于 5mm。

(4) 允许的高差闭合差 $f_{h允} \leqslant \pm 20\sqrt{L}$ mm。

14.3.4　应交资料

闭合水准测量手簿、计算书和实训报告。

14.4　实训 4　DS₃ 微倾式水准仪的 *i* 角检验

14.4.1　实训目的

初步掌握 DS₃ 微倾式水准仪 *i* 角的检验。

14.4.2　仪器和工具

DS₃ 水准仪 1 套,双面水准尺 2 支,尺垫 2 个,皮尺 1 支,记录夹板 1 块。

14.4.3　实训方法和要求

1. 方法

(1) 地面上选 *A*、*B* 两点放上尺垫。*AB* 两点距离 $D_{AB}=60\sim80\mathrm{m}$,取中点 *O*。
(2) 变动仪器高在 *O* 点观测两个高差 h_1'、h_1'',要求差数不大于 3mm,取平均值为 h_1。
(3) 水准仪搬到 *B* 点外 3m 左右,再测高差 h_2。
(4) 计算 *i* 角。

$$i = \frac{(h_2 - h_1) \times \rho''}{D_{AB}}$$

要求 $|i| \leqslant 20''$,可以使用,否则应进行校正。

2. 要求

(1) 测量小组每人测一次。
(2) 测得 *i* 角互差不大于 $10''$。

14.4.4　应交资料

水准仪 *i* 角检验计算书和实训报告。

14.5　实训 5　DJ₆ 经纬仪的使用

14.5.1　实训目的

(1) 了解 DJ₆ 经纬仪的构造,认识经纬仪主要部件的名称和作用。
(2) 初步掌握经纬仪的安置、照准、读数方法。
(3) 初步掌握用测回法测量水平角∠*AOB*。

14.5.2 仪器和工具

DJ$_6$ 经纬仪 1 套,测钎 2 支,记录夹板 1 块。

14.5.3 实训方法和要求

1. 方法

(1) 在地面上选三个点 A、O、B,使 D_{OA}、D_{OB} 距离在 50m 左右。A、B 两点立上测钎。

(2) 用测回法观测水平角。在 O 点上安置经纬仪对中和整平。

(3) 经纬仪的盘左位置瞄准 A,使读数在 0°附近,进行读数 $a_左$。再瞄准 B,进行读数 $b_左$。则上半测回角值 $\beta_上 = b_左 - a_左$。

(4) 变成盘右位置,瞄准 B 点,进行读数 $b_右$。再瞄准 A,进行读数 $a_右$。则下半测回角值 $\beta_下 = b_右 - a_右$。

(5) 计算一测回角值 $\beta = \frac{1}{2}(\beta_上 + \beta_下)$。

2. 要求

(1) 测量小组每人测一测回。第 1 个同学起始方向从 0°开始测角,第 2 个同学起始方向读数增加 $180°/n$,以此类推。

(2) 上下半测回角差不大于 40″。

(3) 全组各测回间最大角差不大于 40″。

14.5.4 应交资料

水平角测量手簿和实训报告。

14.6 实训 6 测回法测量水平角

14.6.1 实训目的

掌握测回法测量水平角的方法、记录和计算。

14.6.2 仪器和工具

DJ$_6$ 经纬仪 1 套,测钎 2 支,记录夹板 1 块。

14.6.3　实训方法和要求

1. 方法

（1）用测回法观测水平角∠AOB 一测回。

（2）用测回法观测水平角∠BOA 一测回。

2. 要求

（1）测量小组每人做一遍。测∠AOB 时起始方向读数在 0°附近,测量∠BOA 时起始方向读数在 90°附近。

（2）上、下半测回角差不大于 36″。|∠AOB+∠BOA−360°|≤24″。

（3）全组同一角度最大角差不大于 24″。

14.6.4　应交资料

水平角测量手簿和实训报告。

14.7　实训 7　竖直角测量

14.7.1　实训目的

掌握竖直角观测、记录和计算。

14.7.2　仪器和工具

DJ_6 经纬仪 1 套,测钎 2 支,记录夹板 1 块。

14.7.3　实训方法和要求

1. 方法

（1）在地面上选测站 O 点置经纬仪,再选两目标点 A、B,要求 A 点高于仪器,B 点低于仪器,立上测钎。

（2）观测 A 点竖直角 α_A,B 点竖直角 α_B 各一测回。

（3）计算竖直角 α 和竖盘指标差。

$$\alpha = \frac{1}{2}(\alpha_左 + \alpha_右)$$

$$x = \frac{1}{2}(L + R - 360°)$$

2. 要求

（1）测量小组每人做一遍。

（2）测量小组观测同一目标的竖直角之差不大于 $25''$。

（3）测量小组观测所有竖直角的指标差变化范围不大于 $25''$。

14.7.4　应交资料

竖直角观测手簿和实训报告。

14.8　实训 8　经纬仪的检验

14.8.1　实训目的

（1）了解经纬仪主要轴线应满足的几何条件。

（2）初步掌握经纬仪的检验方法。

14.8.2　仪器和工具

DJ_6 经纬仪 1 套，直尺 1 支，记录夹板 1 块。

14.8.3　实训方法和要求

1. 照准部水准管轴 LL 垂直竖轴 VV 的检验

方法和要求：

先将经纬仪整平。再使照准部水准管平行于某两个脚螺旋的连线，转动两脚螺旋使水准管气泡居中；然后将照准部旋转 180°，若气泡仍居中，则条件满足。若气泡偏离超过 1 格，则需要校正。

2. 视准轴 CC 垂直于横轴 HH 的检验

方法和要求：

（1）在平坦场地上选 A、B 两点，相距 80～100m，取中点 O，置经纬仪。在 A 点竖立一标志，在 B 点横放一支直尺，使标志、仪器和直尺高度大致相同。

（2）盘左瞄准 A 点，纵转望远镜，在 B 尺上读数 B_1。

（3）变成盘右，再瞄准 A 点，用同样方法在 B 尺上读数 B_2。

（4）计算 c 角

$$c = \frac{\overline{B_1 B_2} \times \rho''}{4D}$$

DJ_6 经纬仪要求 $|c| \leqslant 60''$，否则需要校正。

3. 横轴 HH 垂直于竖轴 VV 的检验

方法和要求：

（1）在距离建筑物 20～30m 处安置仪器。在建筑物上选一高点 P，使瞄准 P 点竖直角不小于30°；与仪器同高的建筑物墙上横放一支直尺。

（2）盘左瞄准 P 点，然后使视线水平在直尺上读数 P_1。

（3）变成盘右瞄准 P 点，然后使视线水平在直尺上读数 P_2。

（4）计算 i 角

$$i = \frac{\overline{P_1 P_2} \times \rho''}{2D\tan\alpha}$$

DJ$_6$ 经纬仪要求 $|i| \leqslant 20''$，否则需要校正。

14.8.4　应交资料

计算书和实训报告。

14.9　实训 9　钢尺普通量距

14.9.1　实训目的

掌握钢尺普通量距的方法、记录和计算。

14.9.2　仪器和工具

30m 钢尺 1 把，花杆 2 支，测钎 1 组，记录夹板 1 块。

14.9.3　实训方法和要求

1. 方法

（1）在平坦地面上选 A、B 两点，距离约 80m。

（2）往测：$D_{往} = nL + \Delta L_{往}$

（3）返测：$D_{返} = nL + \Delta L_{返}$

2. 要求

距离允许的相对误差 $K_{允} = \dfrac{1}{3\,000}$

14.9.4　应交资料

钢尺量距手簿和实训报告。

14.10　实训 10　视距测量

14.10.1　实训目的

掌握视距测量测定水平距离和高差的方法、记录和计算。

14.10.2　仪器和工具

DJ$_6$ 经纬仪 1 套,水准尺 4 支,小钢卷尺 1 把,记录夹板 1 块。

14.10.3　实训方法和要求

1. 方法

(1) 在地面上选测站点 O,测点 $ABCD$。并使 O 点到各点水平距离在 50～100m 之内。

(2) 经纬仪置 O 点,量取仪器高 i,精确到厘米。设 O 点高程 $H_O = 50.00$m。

(3) 盘左位置,瞄准 A 点,中丝读数 $V_A = 2.00$m。再读上、下丝和竖盘读数 L_A。

(4) 计算水平距离、高差和高程

$$D_{OA} = KL\cos^2\alpha$$
$$h_{OA} = D_{OA}\tan\alpha + i - V_A$$
$$H_A = H_O + h_{OA}$$

(5) 用同样方法测量到 B、C、D 的水平距离,高差和高程。水平距离计算到分米;高差和高程计算到厘米。

2. 要求

(1) 测量小组每人测一遍。换人后应变动仪器高再进行观测。

(2) 小组内同一条水平距离最大差数不大于 0.20m。

(3) 小组内同一点高程最大差数不大于 0.05m。

14.10.4　应交资料

视距测量手簿和实训报告。

14.11　实训 11　全站仪的使用

14.11.1　实训目的

(1) 了解全站仪的构造、各部件的名称和作用。

(2) 初步掌握全站仪测量角度和距离的方法。

14.11.2　仪器和工具

全站仪1套,有觇牌的棱镜和三脚架2套,记录夹板1块。

14.11.3　实训方法和要求

1. 方法

(1) 在实训场地上选测站点 O,安置全站仪。再选观测点 A、B,安置棱镜。

(2) 观测水平角一测回。

(3) 观测 A、B 两点竖直角各一测回。

(4) 观测水平距离 D_{OA}、D_{OB}。

2. 要求

(1) 测量小组每人测一遍。

(2) 水平角最大较差不大于 24″。

(3) 同一竖直角最大较差不大于 25″。竖盘指标差的变化范围不大于 25″。

(4) 同一段水平距离最大较差不大于 10mm。

14.11.4　应交资料

角度和距离测量手簿、实训报告。

14.12　实训 12　建筑物的放样

14.12.1　实训目的

掌握建筑物的放样工作。

14.12.2　仪器和工具

DJ₆ 经纬仪1套,钢尺1把,测钎1组,记录夹板1块。

14.12.3　实训方法和要求

1. 方法

(1) 已知测量控制点 A、B 及新建建筑物 $MNPQ$ 的四角坐标,各点的坐标分别是 A(81 120,54 200),B(81 100,54 199),M(81 116.690,54 203.310),N(81 116.690,54 219.250),

$P(81\,100.750,54\,219.250)$，$Q(81\,100.750,54\,203.310)$。要求在 A 点用极坐标法放样 M、N、P、Q 四点。

（2）放样数据准备

$$D_{AM} = \sqrt{(\Delta X_{AM})^2 + (\Delta Y_{AM})^2}$$

$$\beta_1 = \alpha_{AM} - \alpha_{AB} = \arctan\left(\frac{\Delta Y_{AM}}{\Delta X_{AM}}\right) - \arctan\left(\frac{\Delta Y_{AB}}{\Delta X_{AB}}\right)$$

用相似公式计算 D_{AN}、D_{AP}、D_{AQ} 和 β_2、β_3、β_4。

（3）经纬仪置 A 点，后视 B 点，拨 β_1，量 D_{AM} 得 M 点，用同样方法放样 N、P、Q 点。

（4）测量检核。测量矩形 $MNPQ$ 的四个角和四条边。

2. 要求

（1）边长相对误差不大于 1：10 000。

（2）角度误差不大于 20″。

14.12.4　应交资料

（1）建筑物放样草图和放样数据的计算。

（2）测量检核数据。

（3）实训报告。

14.13　实训 13　圆曲线测设

14.13.1　实训目的

掌握圆曲线主点和辅点的测设。

14.13.2　仪器和工具

DJ₆ 经纬仪 1 套，钢尺 1 把，测钎 1 组，记录夹板 1 块。

14.13.3　实训方法和要求

1. 方法

（1）已知圆曲线半径 $R=400\text{m}$，右转折角 $\alpha=13°30'00''$，JD 点的桩号 4＋892.40。要求在实地定出圆曲线的三个主点。在 ZY 点上用偏角法放样辅点，到 QZ 点检核。在 YZ 点上用直角坐标法放样辅点，到 QZ 点检核。在实训场上，定出一个 JD 点，再定一个到 ZY 点的方向点。

（2）测设主点要素计算和主点桩号计算。实地测设主点。

（3）用偏角法放样数据准备和实地放样辅点。

（4）用直角坐标法放样数据准备和实地放样辅点。

2. 要求

（1）主点测设检核。仪器置 ZY 点，后视 JD，对零度，照准 QZ，ZY 点的角差不大于 30″。

（2）辅点测设测量检核。测量相邻两辅点的距离误差不大于 1∶1 000。

14.13.4　应交资料

（1）主点测设放样数据和检查数据。

（2）辅点测设放样数据和检查数据。

（3）实训报告。

第 *15* 章

本门课程求职面试可能遇到的典型问题应对

考察一所高等院校最主要的标准是学生毕业后的就业率。现在求职时一个重要的环节就是面试,而面试是就业的第一关,面试的好坏成为公司是否录用学生的标准。本章试图通过对一些施工测量的典型问题的研讨,加深学生对本门课程的理解和消化,能够较好地应对求职时的面试,过好就业的第一关。

15.1 建筑工程测量的基本知识

1. 建筑工程测量的任务是什么?

1)测绘地形图

按照一定的测量程序,测定一些主要的地面特征点和特征线,根据测图比例尺的要求和国家规定的图式符号,就可将建筑物的形状和大小,地面起伏状态和固定物体,缩小绘制成地形图,这项工作叫做测绘地形图。

2)建筑物施工放样

根据建筑物的设计图,按设计要求,通过测量的定位放线,将建筑物的平面位置和高程标定到施工的作业面上,作为施工的依据,这项工作叫做建筑物的施工放样。

2. 测量工作的实质是什么? 测定地面点位的基本观测量是什么?

测量工作的实质是测定地面点的平面位置(X,Y)与高程(H)。测定地面点的基本观测量是距离、角度和高差。其中距离包括水平距离和斜距,角度包括水平角和竖直角。

3. 什么是测量工作的基准线、基准面?

铅垂线是重力作用线,也是测量工作的基准线。

大地水准面是通过平均海水面的水准面,也是测量工作的基准面。

4. 在工程中采用的平面直角坐标系有哪几种? 使用场合是什么?

在工程中采用的平面直角坐标系有三种:

（1）高斯平面直角坐标系。当测区面积较大时，不能把球面看成平面。通常采用高斯投影的方法将球面坐标和图形转换成相应的平面坐标和图形。根据高斯投影建立起来的平面直角坐标系称为高斯平面直角坐标系。

（2）小区域的测量平面直角坐标系。当测区范围较小时（如小于 $100\mathrm{km^2}$），可以把球面看成平面。通过测区中心 O 点的子午线投影在平面上形成平面直角坐标系的 X 轴，过 O 点垂直于 X 轴方向定为 Y 轴，形成小区域的测量平面直角坐标系。

（3）施工坐标系。在建筑工程中，为了设计和施工方便，使采用的平面直角坐标系的坐标轴与建筑物的主轴线平行，把它称为施工坐标系。

5．什么是"1985 国家高程基准"、地方高程系、建筑物高程系？

（1）"1985 国家高程基准"：我国在 1987 年规定，以青岛验潮站在 1952—1979 年所测定的黄海平均海水面作为全国高程的起算面。

（2）地方高程系：在国家高程基准没有建立之前，各地方自己建立的高程系称为地方高程系。例如北京地方高程系使用的是大沽基准面。它与"1985 国家高程基准"的高程换算公式为

$$H_{北京} = H_{国家} + 0.426\mathrm{m} \tag{15-1}$$

（3）我国目前采用 2000 国家大地坐标系。建筑物的高程系：一般将建筑物首层地面定为高程起算面，其高程为 ± 0.000，称为建筑物的高程系。

6．测量工作应遵循的基本原则是什么？

在测量的布局上是"由整体到局部"，在测量程序上是"先控制后细部"，在测量精度上是"从高级到低级"，在测量检核上是"步步工作有检核"。

7．测量记录和计算的基本要求是什么？

（1）测量记录的基本要求：原始真实，数字正确，内容完整，字体工整。

（2）测量计算的基本要求：依据正确，方法科学，计算有序，步步校核，结果可靠。

8．什么是点的绝对高程、相对高程、高差？

（1）绝对高程：地面点到大地水准面的铅垂距离，用 H 表示。

（2）相对高程：地面点到某一假定水准面的铅垂距离，用 H' 表示。

（3）高差：地面两点的高程之差，用 h 表示。定义式为

$$h_{AB} = H_B - H_A = H'_B - H'_A \tag{15-2}$$

15.2　高程、角度和距离测量

1．高程测量最常用的方法有哪几种？其原理是什么？

（1）水准测量原理：利用水准仪提供的水平视线，在竖立在两点上的水准尺上读数，计算两点间的高差，从而由已知点的高程推算未知点的高程。

（2）三角高程测量原理：利用全站仪提供倾斜视线，照准未知点的棱镜，测得斜距和竖直角，再量取仪器高和棱镜高就可以计算两点间的高差，从而由已知点的高程计算未知点的高程。

2. 水准仪分哪几类?

(1) 按仪器精度分:我国水准仪按精度分为三级。高精密水准仪(S_{02},S_{05}),主要用于一等水准测量;精密水准仪(S_1),主要用于国家二等水准测量;普通水准仪(S_3),主要用于国家三、四等及普通水准测量。

(2) 按仪器构造分:微倾式水准仪,光学自动安平水准仪和电子自动安平水准仪。

3. 单一水准测量路线高差总和检核的方法有哪几种? 哪种方法最好?

水准测量路线高差总和检核的方法有三种:

(1) 往返水准测量法;

(2) 闭合水准测量法;

(3) 附合水准测量法。

附合水准测量方法最好。它不仅能发现高差总和测量是否有错误,还能发现已知水准点的位置是否发生变动和已知水准点的高程是否有错误。

4. 什么是水平角、竖直角、天顶距?

(1) 水平角:地面上一点到两个目标的方向线垂直投影到水平面上所夹的角度,用 β 表示。水平角的取值范围为 $0°\sim360°$。

(2) 竖直角:在同一竖直面内,视线与水平线的夹角,用 α 表示。竖直角的取值范围为 $-90°\sim+90°$。

(3) 天顶距:视线与天顶方向之间的夹角,用 Z 表示。天顶距的取值范围为 $0°\sim180°$。

5. 经纬仪分哪几类?

(1) 按仪器精度分:高精密经纬仪(J_{07}),适用于国家一等平面控制测量;精密经纬仪(J_1),适用于国家二等平面控制测量;普通经纬仪(J_2,J_6),适用于三,四等及等外平面控制测量。

(2) 按仪器构造分:光学经纬仪,电子经纬仪。

6. 全站仪具有哪些特点? 全站仪的标称精度有哪些?

全站仪具有以下特点:①三同轴望远镜;②键盘操作;③数据存储与通信;④倾斜传感器与电子补偿。

仪器的标称精度:$M_D=\pm(A+B\times10^{-6}\cdot D)$,式中 A 为固定误差,B 为比例误差系数。如某型号全站仪标称精度为 $\pm(3+2\times10^{-6}\cdot D)$,则表示该仪器测距精度的固定误差为 3mm,比例误差为每千米 2mm。

7. 钢尺的长度受到哪些因素的影响? 用什么方法可以表示钢尺的实际长度?

钢尺的长度不仅存在制造误差,而且还受温度及拉力变化的影响,使钢尺的名义长度与实际长度不相等。

使用钢尺量距时尺子两端用一定拉力,一般为 49N,钢尺实际长度用尺长方程式来表示

$$l_t = l_0 + \Delta l + \alpha l_0(t - t_0) \tag{15-3}$$

8. 钢尺精密量距时每个尺段需要加哪些改正数? 量距的相对精度是多少?

每个尺段的长度需要加钢尺尺长改正数、温度改正数和倾斜改正数,方能得到水平距离。

钢尺精密量距时丈量的相对精度可达(1∶10 000)～(1∶40 000)。

9. 视距测量当视线倾斜时如何计算水平距离和高差？它们可以达到什么样的精度？

$$D = KL\cos^2\alpha \tag{15-4}$$

$$h = \frac{1}{2}KL\sin2\alpha + i - v = D\tan\alpha + i - v \tag{15-5}$$

视距测量得到水平距离的相对精度为(1∶600)～(1∶300)，得到高差的中误差为±0.02～0.03m。

15.3　大比例尺地形图的测绘

1. 大比例尺地形图测绘时平面控制测量和高程控制测量最常用的方法有哪些？

导线测量,水准测量和 GPS 定位技术。

2. 单一导线的形式有哪几种？最常用的形式是哪一种？为什么？

单一导线的形式有附合导线、闭合导线和支导线。

最常用的导线形式是附合导线。计算附合导线时不但能发现测角和测距的错误,而且能发现已知点的数据错误或点位变动。

3. 什么是地形图？比例尺如何分类？

按一定比例尺,采用规定的符号和表示方法,表示地面地物、地貌平面位置和高程的正射投影图,称为地形图。它是普通地图的一种。

地形图的比例尺分为三类:

(1) 大比例尺地形图——1∶500,1∶1 000,1∶2 000,1∶5 000。

(2) 中比例尺地形图——1∶1 万,1∶2.5 万,1∶5 万,1∶10 万。

(3) 小比例尺地形图——1∶25 万,1∶50 万,1∶100 万。

4. 大比例尺地形图对于地面点的平面位置和高程要求精度是多少？

(1) 城市建筑区地物点的点位误差在图上不大于 0.5mm,邻近地物点间距中误差不大于 0.4mm。

(2) 高程注记点高程中误差 0.07～0.15m。

(3) 等高线内插求点的高程中误差不大于 0.17m。

5. 什么是地形图图式？地物符号和地貌符号是如何分类的？

(1) 在地形图中用于表示地球表面的地物、地貌的专门符号称为地形图图式,如《1∶500　1∶1 000　1∶2 000 地形图图式》(GB/T 7929—1995)。

(2) 地物符号分为比例符号、非比例符号、半比例符号和注记符号。

(3) 大比例尺地形图地貌用等高线方法表示。等高线可分为首曲线、计曲线和间曲线。

6. 地形图应用的基本内容有哪些？在工程设计中地形图的应用有哪些？

地形图应用的基本内容有:确定点的坐标和高程,确定两点间直线的水平距离、方位角和坡度。

地形图在工程设计中的应用内容有:绘制地形图上某直线的纵断面图,在地形图上按限制坡度选线,在地形图上确定面积和计算土石方量。

15.4 建筑施工测量

1. 建筑施工测量的主要内容有哪些? 施工测量精度决定于哪些因素?

建筑施工的主要内容有:

(1) 建立施工平面和高程控制网。

(2) 建筑物、构筑物的详细放样。

(3) 编绘建筑场地的竣工总图。

(4) 对建筑物、构筑物进行变形观测。

施工测量的精度主要取决于工程性质、建筑物的大小高低、使用的建筑材料、施工方法等因素。

2. 施工测量前的准备工作有哪几项主要内容?

(1) 了解工程总体情况,包括工程规模、设计图纸、现场情况及施工安排。

(2) 检校各种测量仪器与工具。

(3) 了解设计意图,校核有关设计图纸。

(4) 校核平面控制点和水准点。

(5) 制定施工测量的方案。

3. 什么是建筑红线? 施工前如何校测已有建筑红线桩?

根据城市规划行政主管部门的批准,并经实地测量钉桩的建筑用地位置的边界线称为建筑红线;这些桩称为建筑红线桩。

校测红线桩的允许误差:角度误差为 $\pm 60''$,边长相对误差为 $1/2\,500$,点位相对误差为 $\pm 5\mathrm{cm}$。

4. 施工放样的基本工作是什么? 放样点的平面位置方法有哪几种?

施工放样的基本工作是放样已知水平距、放样已知的水平角和放样已知的高程。

放样点的平面位置的方法有极坐标法、直角坐标法、角度交会法和距离交会法。

5. 圆曲线测设的任务是什么?

(1) 主点测设:将圆曲线起点(ZY),中点(QZ)和终点(YZ)放样在实地。

(2) 辅点测设:在实地圆曲线上每隔一定弧长钉一桩,以详细标定曲线位置。

6. 什么是建筑物定位、放线和验线?

建筑物定位就是把建筑物外廓各轴线的交点,也称为角桩放样在地面,作为放样基础和细部的依据。

建筑物放线就是根据建筑物外廓的交点桩,放样其他细部轴线到实地的测量工作。

建筑物验线就是对已放样到实地的建筑物和细部轴线进行测量的工作。

7. 建筑物产生变形的原因是什么? 变形观测的目的是什么?

建筑物变形主要由两个方面的原因产生:一是自然条件及其变化,即建筑物地基的工程地质、水文地质;另一种是与建筑物本身相联系的原因,即建筑物本身荷重,建筑物的结构、形式及动荷载的作用。

　　建筑物在施工和运营过程中都会产生变形。这种变形在一定限度内，应认为是正常的现象。但如果超过规定的限度，会危及建筑物的安全。其次，通过对建筑物进行变形观测，为工程设计、施工、管理和科研工作提供资料。

　　8. 变形观测的任务和主要内容是什么？

　　变形观测的任务是：周期性地对观测点进行重复观测，求得其在两个观测周期间的变化量。变形观测的主要内容有建筑物的沉降观测、水平位移测量、倾斜观测和裂缝观测。

　　9. 编绘竣工总平面图的目的是什么？

　　（1）在施工过程中，由于设计有所变更，使建筑物竣工后的平面位置与原设计位置不一致，通过测量反映在竣工总平面图上。

　　（2）为工程竣工后的管理、维修、改建或扩建提供可靠的数据和图纸资料。

　　（3）验收与评价工程质量的依据之一。

附录 A

各种计算器坐标正算和反算的计算程序

1. 坐标正算的计算程序

(1) SH：EL-5812

$\alpha_{(方位角)}$ $\boxed{\text{DEG}}$ $\boxed{\downarrow}$ $D_{(距离)}$ $\boxed{\downarrow}$ $\boxed{\text{2ndf}}$ $\boxed{(}$ ΔX $\boxed{\downarrow}$ ΔY

(2) CA：fx-140

$D_{(距离)}$ $\boxed{\text{INV}}$ $\boxed{-}$ $\alpha_{(方位角)}$ $\boxed{°'''}$ $\boxed{=}$ ΔX $\boxed{\text{X—Y}}$ ΔY

(3) SH：EL-506P

$D_{(距离)}$ $\boxed{\text{a}}$ $\alpha_{(方位角)}$ $\boxed{\text{DEG}}$ $\boxed{\text{b}}$ $\boxed{\text{2ndf}}$ $\boxed{\text{b}}$ ΔX $\boxed{\text{b}}$ ΔY

(4) SH-509G

$D_{(距离)}$ $\boxed{\text{2ndf}}$ $\boxed{\text{STO}}$ $\alpha_{(方位角)}$ $\boxed{°'''}$ $\boxed{\text{2ndf}}$ $\boxed{\text{r}\theta}$ ΔX $\boxed{\rightarrow}$ ΔY

(5) CASIO：fx-100w(82TL,85W,911W)

$\boxed{\text{SHINFT}}$ $\boxed{\text{POI}}$ $D_{(距离)}$ $\boxed{,}$ $\alpha_{(方位角)}$ $\boxed{°'''}$ $\boxed{)}$ $\boxed{=}$ ΔX $\boxed{\text{RCL}}$ $\boxed{\text{Tan}}$ ΔY

(6) CASIO：fx-4500P

$\boxed{\text{SHINFT}}$ $\boxed{-}$ $D_{(距离)}$ $\boxed{,}$ $\alpha_{(方位角)}$ $\boxed{)}$ $\boxed{\text{EXE}}$ ΔX $\boxed{\text{RCL}}$ $\boxed{-}$ ΔY

(7) CASIO：fx-3600

$D_{(距离)}$ $\boxed{\text{SHIFT}}$ $\boxed{-}$ $\alpha_{(方位角)}$ $\boxed{°'''}$ $\boxed{=}$ ΔX $\boxed{\text{SHIFT}}$ $\boxed{\text{X—Y}}$ ΔY

(8) CASIO：fx-350TL

$\boxed{\text{SHIFT}}$ $\boxed{\text{POI(}}$ $D_{(距离)}$ $\boxed{,}$ $\alpha_{(方位角)}$ $\boxed{°'''}$ $\boxed{)}$ $\boxed{=}$ ΔX $\boxed{\text{RCL}}$ $\boxed{\text{Tan}}$ ΔY

(9) ENT-183：

D $\boxed{\text{2ndf}}$ $\boxed{\text{STO}}$ α $\boxed{°'''}$ $\boxed{\text{2ndf}}$ $\boxed{9}$ ΔX $\boxed{\text{2ndf}}$ $\boxed{\text{Exp}}$ ΔY

(10) CA：fx-3650p

$\boxed{\text{SHIFT}}$ $\boxed{-}$ D $\boxed{,}$ α $\boxed{°'''}$ $\boxed{)}$ $\boxed{\text{EXE}}$ ΔX $\boxed{\text{RCL}}$ $\boxed{,}$ ΔY

(11) KLT：FG-115

$$D \boxed{\text{ALPHA}} \boxed{\text{O}} \text{ } \alpha \boxed{\text{SHIFT}} \boxed{\text{·}} \Delta X \boxed{\blacktriangleright} \Delta Y$$

2. 各种计算器坐标反算的计算程序

(1) SH：EL-5812

$$\Delta Y \boxed{\downarrow} \Delta X \boxed{\downarrow} \boxed{\text{2ndf}} \boxed{1/X} D_{(距离)} \boxed{\downarrow} \alpha'_{(方位角10进制)} \boxed{\text{2ndf}} \boxed{\text{DEG}} \alpha_{(方位角60进制)}$$

(2) CA：fx-140

$$\Delta X \boxed{\text{INV}} \boxed{+} \Delta Y \boxed{=} D_{(距离)} \boxed{X-Y} \alpha'_{(方位角10进制)} \boxed{\text{INV}} \boxed{\text{°'''}} \alpha_{(方位角60进制)}$$

(3) SH：EL-506P

$$\Delta X \boxed{\text{a}} \Delta Y \boxed{\text{b}} \boxed{\text{2ndf}} \boxed{\text{a}} D_{(距离)} \boxed{\text{b}} \alpha'_{(方位角10进制)} \boxed{\text{2ndf}} \boxed{\text{DEG}} \alpha_{(方位角60进制)}$$

(4) SH-509G

$$\Delta X \boxed{\text{2ndf}} \boxed{\text{STO}} \Delta Y \boxed{\text{r}\theta} D_{(距离)} \boxed{\rightarrow} \alpha'_{(方位角10进制)} \boxed{\text{2ndf}} \boxed{\text{°'''}} \alpha_{(方位角60进制)}$$

(5) CASIO：fx-100w（82TL，85W，911W）

$$\boxed{\text{POI}} \Delta X \boxed{,} \Delta Y \boxed{)} \boxed{=} D_{(距离)} \boxed{\text{RCL}} \boxed{\text{Tan}} \alpha'_{(方位角10进制)} \boxed{\text{SHIFT}} \boxed{\text{°'''}} \alpha_{(方位角60进制)}$$

(6) CASIO：fx4500p

$$\boxed{\text{SHIFT}} \boxed{+} \Delta X \boxed{,} \Delta Y \boxed{)} \boxed{\text{EXE}} D_{(距离)} \boxed{\text{RCL}} \boxed{-} \alpha'_{(方位角10进制)} \boxed{\text{SHIFT}}$$

$$\boxed{\text{°'''}} \alpha_{(方位角60进制)}$$

(7) CASIO：fx-3600

$$\Delta X \boxed{\text{SHIFT}} \boxed{+} \Delta Y \boxed{=} D_{(距离)} \boxed{\text{SHIFT}} \boxed{X-Y} \alpha'_{(方位角10进制)} \boxed{\text{SHIFT}} \boxed{\text{°'''}} \alpha_{(方位角60进制)}$$

(8) CASIO：fx-350TL

$$\boxed{\text{POI(}} \Delta X \boxed{,} \Delta Y \boxed{)} \boxed{=} D_{(距离)} \boxed{\text{RCL}} \boxed{\text{Tan}} \alpha'_{(方位角10进制)} \boxed{\text{°'''}} \alpha_{(方位角60进制)}$$

（当 $\Delta X, \Delta Y$ 为负值时先按 $\boxed{(-)}$ 键）

(9) ENT-183：

$$\Delta X \boxed{\text{2ndf}} \boxed{\text{STO}} \Delta Y \boxed{\text{2ndf}} \boxed{8} D \boxed{\text{2ndf}} \boxed{\text{EXP}} \alpha' \boxed{\text{2ndf}} \boxed{\text{DMS}} \alpha°$$

(10) CA：fx-3650

$$\boxed{\text{SHIFT}} \boxed{+} \Delta X \boxed{,} \Delta Y \boxed{)} \boxed{\text{EXE}} D \boxed{\text{RCL}} \boxed{,} \alpha' \boxed{\text{SHIFT}} \boxed{\text{°'''}} \alpha°$$

(11) KLT：FG-115

$$\Delta X \boxed{\text{ALPHA}} \boxed{\text{O}} \Delta Y \boxed{\text{SHIFT}} \boxed{\text{O}} D \boxed{\blacktriangleright} \alpha' \boxed{\text{SHIFT}} \boxed{\text{°'''}} \alpha°$$

注意：反算方位角时，当 $\alpha' < 0$，则加 $360°$

附 录 $\mathcal{B}$

教学拓展资源

第一部分　综合能力训练

1.《工程测量》课程"多题多卷"模拟测试题

2.《工程测量》课程综合技能训练模拟操作及测试(PC、手机、PAD 均可使用)

第二部分　单项能力训练

第 2 章　水准测量

1. 水准仪粗略整平演示

2. 水准测量计算 EXCEL 程序

3. 水准测量读数练习

4. 水准测量严密平差 EXCEL 程序

第 3 章　角度测量

1. DJ6 经纬仪读数练习

2. 整平动画演示

3. 测回法计算 EXCEL 程序

4. 电子经纬仪角度测量模拟操作

第 4 章　距离测量与直线定向

1. 坐标正算 EXCEL 程序

2. 坐标反算 EXCEL 程序

第 5 章　电子测绘仪器原理与应用

1. 全站仪数据采集模拟操作

2. 全站仪数据传输模拟操作

3. 全站仪程序测量模拟操作

第 7 章　控制测量

1. 闭合导线计算 EXCEL 程序

2. 附合导线计算 EXCEL 程序

3. 无定向导线计算 EXCEL 程序

4. 全站仪对边测量模拟操作

5. 三、四等水准测量计算 EXCEL 程序

6. 角度后方交会 EXCEL 程序

7. 距离交会 EXCEL 程序

第 8 章 大比例尺地形图测绘

1. 经纬仪测图法模拟操作

2. 等高线勾绘练习

3. 数字测图模拟操作

4. AutoCAD 直接成图模拟操作

第 9 章 大比例尺地形图的应用

1. 利用 CASS 绘制纵横断面图模拟操作

2. AutoCAD 法计算面积模拟操作

3. 利用 CASS 计算土方量模拟操作

第 10 章 施工测量的基本工作

1. 放样数据计算 EXCEL 程序

2. 放样数据计算计算器模拟操作

3. AutoCAD 计算放样数据模拟操作

4. 全站仪放样点位模拟操作

5. GPS RTK 放样点位模拟操作

第 11 章 工业与民用建筑的施工测量

1. 建筑物施工测量方案、变形监测方案

2. 施工测量常用 EXCEL 表格

第 12 章 线路工程测量

1. 圆曲线测设演示

2. 有缓和曲线的圆曲线测设软件演示

第 13 章 桥隧及道路工程测量

1. 桥梁工程施工测量演示

第 14 章 课程实训

1. 实训表格及填写样例

第 15 章 本门课程求职面试可能遇到的典型问题应对

1. 求职面试模拟训练

参 考 文 献

[1] 覃辉.土木工程测量.[M].3 版.上海：同济大学出版社,2008.

[2] 张坤宜.交通土木工程测量[M].武汉：华中科技大学出版社,2008.

[3] 王侬,过静珺.现代普通测量学[M].北京：清华大学出版社,2009.

[4] 赵吉先.电子测绘仪器原理与应用[M].北京：科学出版社,2008.

[5] 刘经南.数字电子水准仪原理综述[J].电子测量与仪器学报,2009,23(7)：89-95.

[6] 肖进丽.几种数字水准仪标尺的编码规则和读数原理比较[J].测绘通报,2004(10)：57-59.

[7] 陈耿彪.数字水准仪标尺编码理论与识别技术研究[D].上海：同济大学机械工程学院,2009.

[8] 马立广.地面三维激光扫描测量技术研究[D].武汉：武汉大学测绘学院,2005.

[9] 张启福.三维激光扫描仪测量方法与前景展望[J].北京测绘,2011(1)：39-42.

[10] 孔达.土木工程测量[M].郑州：黄河水利出版社,2008.

[11] 邹积亭.建筑测量学[M].北京：中国建筑工业出版社,2009.

[12] 陈秀忠.城市建设测量[M].北京：测绘出版社,2008.

[13] 姜晨光.现代土木工程测量技术[M].北京：化学工业出版社,2009.

[14] 朱爱民.土木工程测量[M].北京：机械工业出版社,2005.

[15] 李征航.GPS 测量与数据处理[M].武汉：武汉大学出版社,2010.

[16] 武汉测绘科技大学.测量学[M].北京：测绘出版社,2011.

[17] 顾孝烈,鲍峰,程效军.测量学.[M].4 版.上海：同济大学出版社,2011.

[18] 李青岳,陈永奇.工程测量学.[M].3 版.北京：测绘出版社,2008.

[19] 杨松林.测量学[M].北京：中国铁道出版社,2002.

[20] 中国有色金属工业协会.GB 50026—2007 工程测量规范[S].北京：中国计划出版社,2008.

[21] 国家测绘地理信息局职业技能鉴定指导中心.注册测绘师资格考试辅导教材[M].北京：测绘出版社,2012.

[22] 中华人民共和国建设部.JGJ 8—2007,J 719—2007 建筑变形测量规范[M].北京：中国建筑工业出版社,2007.

[23] 北京市测绘设计研究院.CJJ/T 8—2011 城市测量规范[M].北京：中国建筑工业出版社,2012.